현장에서 필요한

대기 분석의 기초

VOCs, PAHs, 석면 등의 모니터링 기법

대기 분석의 기초

VOCs, PAHs, 석면 등의 모니터링 기법

히라이 쇼지 감수 / 사단법인 일본분석화학회 편저 / 박성복 감역 / 오승호 옮김

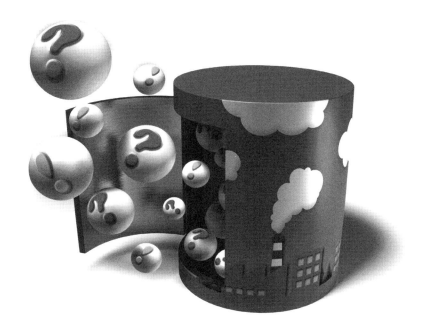

BM (주)도서출판 **성안당**

日本 옴사 · 성안당 공동 출간

감수의 말

우리가 건강하고 안전하게 생활하기 위해서는 주변에 있는 환경물질을 끊임없이 감시하고 지켜보지 않으면 안 된다. 환경을 대기역권, 육역권, 수역권의 셋으로 분류할 수 있지만 본서에서는 이 중 대기역권의 환경물질, 특히 우리 인체에 영향을 미치는 유해물질을 얼마나 신뢰성 높게 측정·분석하는가 하는 것을 대기분석에 종사하고 있는 현장 기술자나 관련 조직의 관리자, 또 농·약학계를 포함한 이공학 분야의 대학·대학원생이 이해하기 쉽게 정리했다.

본서는 「현장에서 도움이 되는 화학분석의 기초」(2006년 2월 발행). 「현장에서 도움이 되는 환경분석의 기초」(2007년 10월 발행). 「현장에서 도움이 되는 금속분석의 기초」(2009년 4월 발행)에 이어 발행되는 것으로, 대기 중의 유해물질, 즉 벤젠 등 휘발성 유기화합물, 알데히드류, 다환 방향족 탄화수소, 중금속류, 수은, 석면(asbestos)을 분석 대상으로 하여 샘플링을 포함한 전처리 방법, 분석방법 및 분석 유의사항을 다루고, 분석현장에서의 분석기술의 지식·기능 향상에 필수적인 기초 항목을 실무의 분석에 입각해서 해설하고 있다.

또, 대기 중 유해물질과 함께 문제가 되어 온 광화학 옥시던트나 잔류성 유기 오염물질 등에 대한 분석기술과 과제도 해설하고 있다. 또한 대기분석에 한정하지 않고, 모든 분석기술에 공통된 신뢰성 확보에 필수적인 시험소 인정제도와 신뢰성의 기본이 되는 수치 평가방법 등에 대해서도 소개하고 있다. 각 장의 집필자는 대학·연구기관이나 민간기관 현장에서 각 분석기술에 탁월한 전문가들이므로 본서의 요소 요소에는 현장에서밖에 체험할 수 없는 주의사항이 기재되어 있다.

끝으로, 본서를 발행함에 있어 기획부터 편집에 힘써 주신 편집 간사 와타나베 세이지(渡邊 靖二) 씨 및 시노미야 미호(四之官 美保) 씨(모두 환경성 환경조사연구소), 또 출판을 도와 주신 옴사(オーム) 출판국 여러분들에게 깊은 감사의 말씀을 드린다.

히라이 쇼지

차례

감수의 말 ·· iii

● 제1장 대기분석의 필요성

1.1 유해 대기오염물질 ··· 2
1.2 유해 대기오염물질에 의한 오염 현황 ······························· 6
1.3 분석법 개발 및 정비 상황 ·· 7
1.4 측정국 선정 방식 ·· 10
1.5 시료채취 시기 및 빈도를 아는 방법 ································· 11
1.6 정밀도 관리 ··· 11
참고문헌 ··· 12

● 제2장 대기시료의 샘플링

2.1 벤젠 등 휘발성 유기화합물 ·· 14
2.2 알데히드류 ··· 23
2.3 다환 방향족 탄화수소(PAH) ·· 25
2.4 중금속류 ··· 29
2.5 수은 ·· 32
2.6 석면 ·· 36
참고문헌 ··· 38

● 제3장 대기시료의 분석

3.1 유기물질의 분석 ··· 42
3.2 무기물질의 분석 ··· 88
참고문헌 ··· 140

◑ 제4장 기기분석법

4.1 가스 크로마토그래프 질량분석법 ·······················144
4.2 액체 크로마토그래프 및 액체 크로마토그래프 질량분석법 ··············162
4.3 원자흡광분석법 ································174
4.4 ICP 발광분광분석법 및 ICP 질량분석법 ·················186
4.5 주사 전자현미경법 및 투과 전자현미경법 ··············201
참고문헌 ······································222

◑ 제5장 분석·분석값의 신뢰성

5.1 분석의 신뢰성 ································226
5.2 분석값의 신뢰성 ·······························229
참고문헌 ······································249

◑ 제6장 대기분석 현황과 향후 동향

6.1 대기환경의 과제와 대기분석 ·························252
6.2 광화학 옥시던트 ·······························254
6.3 미세입자상 물질(PM$_{2.5}$) ························260
6.4 잔류성 유기오염물질(POPs) 모니터링 ·················265
6.5 맺음말 ·····································267
참고문헌 ······································268

찾아보기 ··269

제**1**장

대기분석의 필요성

본서에서는 대기오염물질 가운데 '유해 대기오염물질'에 대해 환경성 고시법에 따라 시료채취, 전처리, 기기분석을 실시하는 현장에서 도움이 되는 지식을 제공하고 유해 대기오염물질 측정방법 매뉴얼에 기재된 기술의 포인트를 해설하였다. 본서가 유해 대기오염물질 분석을 시작하는 이들에게는 입문서가 되고, 현재 분석에 종사하고 있는 이들에게는 분석 조작의 정밀도와 효율을 향상시키는 데 도움이 될 것으로 기대하고 있다.

1.1 유해 대기오염물질

유해 대기오염물질은 계속적으로 섭취하는 경우에 사람의 건강을 해칠 우려가 있는 물질로, 대기오염의 원인이 되는 것이다. 대기오염방지법에 따른 종래의 규제물질(황산화물, 카드뮴 및 그 화합물, 염소·염화수소, 불소·불화수소 및 불화규소, 납 및 그 화합물, 질소산화물, 특정 분진)을 제외한 물질이라고 정의하고 있다(대기오염방지법 제2조 제13항). 사람의 건강을 해칠 우려가 있는 물질이란 다음 4가지 요건에 해당하는 물질이다.

① 발암성에 관해서 일정하게 분류(사람에 대해서 발암성이 있다, 또는 그 가능성이 높다)된 물질
② 외국, 국제기관이 건강 영향 미연 방지 시책의 대상으로 하고 있는 물질
③ 관계 법률에 의해 규제되고 있는 물질
④ 기타 과학적 지식 등에 의해 대기 폭로 영향의 가능성이 있는 물질

다만 요건 ①~③에 대해서는 '물질의 연소 등에 의해 비의도적으로 생성되는 물질 이외의 물질이며, 연간 생산량이 천 톤 미만, 한편 대기 중으로부터의 검출 예가 없는 물질을 제외한 것'이라고 되어 있다. 현재, 유해 대기오염물질에 해당할 가능성이 있는 물질로서 248개 물질이 선정되어 있다(그림 1.1). 유해 대기오염물질은 물질의 종류가 매우 많다. 성질과 상태가 다양하고 발생원 및 배출 형태가 다양하므로 포괄적인 대책의 대상으로 하기 때문에 발생형태를 특정하지 않고 물질에 대해 대책을 취하는 것이 바람직하다. 이 점이 주로 발생원별 대책을 위해서 선정된 종래의 대기환경기준 항목과 다르다(표 1.1).

※이 책에 제시된 분류 및 모든 분석표 등은 일본의 경우임.

A분류 물질 : 유해 대기오염물질에 해당할 가능성이 있는 물질(248물질)
(1996년 제2차 회신, 2010년 제9차 회신)

기타 226물질

B분류 물질 : 우선 대응물질(23물질)
(1996년 제2차 회신, 2010년 제9차 회신)

C분류 물질 : 환경기준(4물질)
(환경기준법에 근거한 고시)
• 디클로로메탄

지정물질 억제기준
(대기오염 방지법에 근거한 고시)

• 벤젠
• 트리클로로에틸렌
• 테트라클로로에틸렌

지침값(8물질)
(2003년 제7차 회신,
2006년 제8차 회신,
2010년 제9차 회신)
• 아크릴로니트릴
• 염화비닐 모노머
• 수은 및 그 화합물
• 니켈화합물
• 클로로포름
• 1,2-디클로로에탄
• 1,3-부타디엔
• 비소 및 그 화합물

• 아세트알데히드
• 염화메틸
• 크롬 및 3가 크롬화합물
• 6가 크롬화합물
• 산화에틸렌
• 톨루엔
• 베릴륨 및 그 화합물
• 벤조[a]피렌
• 포름알데히드
• 망간 및 그 화합물
• 다이옥신류
(다이옥신류 대책 특별조치법에
근거한 대응)

유해 대기오염물질에 해당할 가능성이 있는 물질에서 '크롬 및 그 화합물'로 되었지만 우선 대응물질에서 '크롬 및 3가 크롬화합물'과 '6가 크롬화합물'로 구분하여 분류하기 때문에 그림에 나타내는 물질 수의 합계는 일치 하지 않는다.

〈그림 1.1〉 유해 대기오염물질의 분류

〈표 1.1〉 대기오염방지법의 체계

오염물질	소분류	대상시설 등	구체적인 조치
매연	황산화물	매연 발생시설	배출기준, 개선 명령, 사용정지 명령 설치·변경신고, 계획변경 명령, 측정 의무, 현장검사, 사고 시의 조치, 긴급 시의 조치
	매진		
	유해물질*		
	지정 매연	특정 공장 등	총량규제기준, 개선 명령, 사용정지 명령, 설치·변경신고, 계획변경 명령, 측정의무, 현장검사, 사고 시의 조치, 긴급 시의 조치
휘발성 유기화합물 (VOCs)		휘발성 유기화합물 배출시설	배출기준 준수의무, 개선·사용정지 명령 설치·변경신고, 계획변경 명령, 측정의무, 현장검사, 긴급 시의 조치

오염물질	소분류	대상시설 등	구체적인 조치
분진	일반 분진	일반 분진 발생시설	구조·사용·관리에 관한 기준
	특정 분진(석면)	특정 분진 발생시설	부지경계에 있어서 대기 중 농도의 기준, 기준적합 명령, 사용정지 명령, 신고, 계획변경 명령, 측정의무, 현장 검사
		특정 분진 배출 등 작업	작업 기준, 기준 적합 명령, 사용정지 명령, 신고, 계획변경 명령, 측정의무, 현장검사
유해대기 오염물질			배출억제기준, 국가 : 과학적 지식의 충실, 건강 리스크 평가의 공표, 지방 자치체 : 오염 상황의 파악, 정보의 제공, 사업자 : 배출 상황의 파악, 배출 억제, 국민 : 배출 억제
자동차 배출가스	일산화탄소, 탄화수소, 납, 기타 사람의 건강 또는 생활환경에 피해가 생길 우려가 있는 물질	자동차	허용한도(자동차 배기 가스·연료) 배출가스 농도측정, 측정에 근거한 요청

* 카드뮴 및 그 화합물, 염소·염화수소·불소·불화수소 및 불화규소, 납 및 그 화합물, 질소산화물

    대기오염방지법에 유해 대기오염물질에 해당할 가능성이 있는 물질은 건강 리스크에 따라 A분류 물질 : 대기환경을 경유해 사람의 건강에 유해한 영향을 미칠 우려가 있는 물질이며 일본에서 검출 예가 있거나 검출될 가능성이 있는 물질, B분류 물질 : 국내외에 사람의 건강에 미치는 유해성에 대한 참고가 되는 기준이 있는 물질로 이러한 값에 비추어 대기환경보전상 주의를 필요로 하는 물질군, 또는 물질의 성질과 상태로서 사람에 대한 발암성이 확인된 물질군(우선 대응 23물질), C분류 물질 : 일본에서 환경 목표값을 설정한 경우, 실제로 목푯값을 넘었거나 넘을 우려가 있는 등 건강 리스크가 높아 저감해야 할 물질군(벤젠, 트리클로로에틸렌, 테트라클로로에틸렌, 디클로로메탄)으로 분류된다. 이러한 물질군에 대한 국가, 자치단체, 사업소의 대응을 〈표 1.2〉에, 환경기준값 및 지침값이 설정되어 있는 우선 대응물질을 〈표 1.3〉에 나타낸다.

    유해 대기오염물질의 환경분석에 종사하는 사람은 분석 목적에 밀접하게 관련된 유해 대기오염물질 대책의 범위를 이해해 둘 필요가 있다.

〈표 1.2〉 유해 대기오염물질 리스크에 대응한 대책의 개요

분류	조사의 기본 방침	국가의 조사	자치단체의 조사	사업자의 조사
A분류 물질	목록의 작성·공표에 의한 계몽을 행함과 동시에 기초적인 지식·정보 수집을 행한다. 배출 억제 대책에 관해서는 사업자의 독자적인 조사에 기대	건강 리스크가 높다고 생각되는 것부터 우선적으로 대기환경 모니터링의 실시, 배출 실태의 파악.	건강 리스크가 높다고 생각되는 것부터 우선적으로 필요에 따른 대기환경 모니터링의 실시	자주적인 배출 억제에 기대 주변 주민과의 리스크 커뮤니케이션
		2015년도까지 기초 정보를 수집, 보급 계몽	기초 정보의 수집. 보급 개발.	
B분류 물질	물질에 대하여 체계적으로 자세한 조사를 행하고 배출 억제기술 등의 제공에 노력하며, 사업자의 독자적인 배출 억제를 실시한다.	환경 목푯값의 설정, 대기환경 모니터링의 실시, 배출 실태의 파악, 배출 억제기술 정보의 수집, 보급·계몽 배출 억제 대책의 평가	대기환경 모니터링의 실시 보급 계몽 사업자에게의 지도·조언	자주적인 배출 억제, 주변 주민과의 리스크 커뮤니케이션, 행정의 대응에의 협력
C분류 물질	B분류 물질과 마찬가지로 사업자에 의한 독자관리 및 대기환경 모니터링을 실시하는 것에 덧붙여 대기오염방지법 부칙에 근거하여 지정물질 억제기준을 정하고, 배출 사업자에게 필요한 권고를 행하고, 배출시설의 상황 등의 보고를 요구할 수 있다.	배출 억제정책의 평가	대기오염방지법 부칙에 근거한 권고 사업자의 대응에 관계된 평가	지정물질 억제기준에 입각한 자주적인 배출 억제

〈표 1.3〉 유해 대기오염물질에 관한 환경기준값 및 지침값

물질	기준값	비고
벤젠	연평균값이 0.003$\mu g/m^3$ 이하	제2차 회신
트리클로로에틸렌	연평균값이 0.2$\mu g/m^3$ 이하	제3차 회신
테트라클로로에틸렌	연평균값이 0.2$\mu g/m^3$ 이하	제3차 회신
디클로로메탄	연평균값이 0.15$\mu g/m^3$ 이하	제6차 회신
물질	**지침값**	**비고**
아크릴로니트릴	연평균값이 2$\mu g/m^3$ 이하	제7차 회신
염화비닐 모노머	연평균값이 10$\mu g/m^3$ 이하	제7차 회신
수은 및 그 화합물	연평균값이 0.04$\mu g/m^3$ 이하	제7차 회신
니켈 화합물	연평균값이 0.025$\mu g/m^3$ 이하	제7차 회신
클로로포름	연평균값이 18$\mu g/m^3$ 이하	제8차 회신

물질	기준값	비고
1, 2-디클로로에탄	연평균값이 1.6µg/m³ 이하	제8차 회신
1, 3-부타디엔	연평균값이 2.5µg/m³ 이하	제8차 회신
비소 및 무기 비소화합물	연평균값이 6ng As/m³ 이하	제9차 회신

1.2 유해 대기오염물질에 의한 오염 현황

국가 및 지방 공공단체는 대기오염방지법에 근거해 유해 대기오염물질의 대기환경 모니터링을 실시하고 있다. 구체적으로는 고정 발생원 또는 이동 발생원으로부터의 유해 대기오염물질 배출의 영향을 직접 받기 어렵다고 생각되는 지점을 '일반 환경'으로 하여 지역의 유해 대기오염 상황을 효과적이며 계속적으로 파악할 목적으로 우선 대응물질 중 분석방법이 확립되어 있지 않은 6가 크롬, 다이옥신류특별조치법의 범위에 따라 조사되고 있는 다이옥신류, 2012년부터 환경조사가 개시된 톨루엔과 염화메틸을 제외한 19물질을 감시하고 있다.

고정 발생원으로부터 방출되는 유해 대기오염물질이 대기환경 농도에 미치는 영향을 파악할 목적으로 유해 대기오염물질 사용에 의해 대기 중 농도가 비교적 높지만, 이동 발생원의 영향을 받기 어렵다고 예상되는 지점을 '고정 발생원 주변'으로 하여 고정 발생원으로 사용되고 있는 유해 대기오염물질의 종류, 양에 대응해 자치단체가 선정한 물질에 대해 감시하고 있다. 한편, 자동차에서 배출되는 유해 대기오염물질에 의한 오염 상황을 파악할 목적으로 교차점 및 도로 끝 부근에서 고정 발생원의 영향을 받기 어려운 지점을 '도로변'으로 하여 주로 자동차로부터 배출이 예상되는 아세트알데히드, 포름알데히드, 1,3-부타디엔, 벤젠, 벤조[a]피렌에 대해 감시하고 있다. 그 외에 인위적인 오염원이 없는 백그라운드의 농도 레벨을 파악하기 위해서 적절한 지역을 '백그라운드'로 하여 19물질을 측정하고 있다[1].

본격적으로 전국에서 모니터링이 개시된 1998년부터 지금까지 환경성에 보고된 19물질의 모니터링(상시 감시) 결과는 환경성 홈페이지[2]에서 다운로드할 수 있다.

연평균값의 경년 변화는 벤젠, 트리클로로에틸렌, 테트라클로로에틸렌, 디클로로메탄, 아크릴로니트릴, 염화비닐 모노머, 클로로포름, 1,3-부타디엔, 포름알데히드, 벤조[a]피렌, 니켈 및 그 화합물, 베릴륨 및 그 화합물이 확실히 감소, 1,2-디클로로에탄, 아세트알데히드, 수은 및 그 화합물, 비소 및 그 화합물, 크롬 및 그 화합물, 망간 및 그 화합물이 완만한 저하 경향, 산화에틸렌은 보합상태로 추이하고 있다. 기준값, 지침값의 초과 지점수는 감소 경향을 나타내고 있다. 2008년도 모니터링 결과에 대해 기준값이 설정되어 있는 4물질 중 연평균값이 기준값을 초과한 것은 전 조사지점수 451개 지점 중 1개 지점의 벤젠뿐이었다. 지침값이 설정되어 있는 7물질 가운데 지침값을 초과한 것은 아크릴로니트릴이 370개 지점 중 1개 지점, 1,2 디클로로에탄이 376개 지점 중 1개 지점, 니켈 화합물이 302개 지점 중 1개 지점, 그 외의 4물질은 모든 지점에서 지침값 이하였다.

이와 같이 유해 대기오염물질의 환경 농도는 감소하는 경향을 보이지만, 환경 기준값 또는 지침값을 초과하는 지점이 존재하고 있어 계속 감시할 필요가 있다. 또 환경성은 PRTR 데이터 및 상시 감시 결과 등에 의해 배출량이나 대기환경 농도 등을 계속적으로 검증·평가해 지방 공공단체 및 관계 단체 등과 연계해 유해 대기오염물질 대책을 추진하도록 하고 있으므로 우선 대응물질뿐만 아니라 보다 많은 종류의 유해 대기오염물질에 대해 환경 농도의 지리적인 분포 및 경년 변화를 정확하게 파악하기 위해서 환경 조사의 적극적인 실시가 요구되고 있다.

1.3 분석법 개발 및 정비 상황

우선 대응물질 중 13물질을 대상으로 한 유해 대기오염물질 측정방법 매뉴얼이 1997년에 작성된 이래 분석 가능한 물질의 확충이 진행되어 2010년 3월 시점에 VOCs 53물질, 알데히드류 2물질, 산화에틸렌, 산화프로필렌, 고극성 화학물질 6물질, 중금속류 19종류, 수은, PAHs 14물질, 합계 97종류에 대해 시료채취 전처리법 및 분석법이 정비되었다(표 1.4).

또한, 환경성은「화학물질 환경 실태조사」의 일환으로서 '분석법 개발사업'을 매년 실시하고 있다. 대기환경과 관계되는 '분석법 개발사업'에 관해서는 2007년에 26물질, 2008년에 9물질, 2009년에 13물질이 실시되었으며, 앞으로도 유해 대기오염물질의 분석법 개발이 계속될 것으로 예상된다. 유해 대기오염물질에 종사하는 분석 담당자는 「화학물질 환경 실태조사」로 개발된 분석법을 습득해 조사 대상 유해 대기오염물질의 종류를 적극적으로 확충해 나갈 것으로 기대된다.

〈표 1.4〉 유해 대기오염물질 측정법 측정법 일람(유해 대기오염물질 측정방법 매뉴얼(2008년 10월 및 2010년 3월)[3])을 기초로 작성)

구분		아크릴로니트릴	염화비닐 모노머	클로로포름	1,2-디클로로에탄	디클로로메탄	테트라클로로에틸렌	트리클로로에틸렌	1,3-부타디엔	벤젠	기타 VOCs*1	알데히드류
분석방법	중량차에 의한 측정법											
	디지털 고차비 검량에 의한 측정법											
	시료채취량 야기정량 법교정검량에 의한 측정법											
	시료채취 표정량에 의한 측정법											
	비색법에 의한 측정법											
	전기화학 법에 의한 측정법											
	야기정량 법교정검량에 의한 측정법											
	야기정량 법교정검량 측정법											
	비색 화학 커먼법비검량 측정법											○
	비색 화학 커먼법비검량법											○
	가스 크로마토그래피 흡광광도측정법											○
	가스 크로마토그래피 질량분석법	○	○	○	○	○	○	○	○	○	○	
시료채취-전처리 방법 -필터포집-	필터/고체포집후 가열-용액추출법											
	필터포집 가열-용액추출법											
	여과 흡착관 포집법											
	필터포집 가열-희석가스 용해법											
	필터포집 가열-용액추출법											
	필터포집 가열-질산·과산화법											
	질산·과산화수소법											
	필터포집 가열-황산과 과산화수소법											
	필터포집 가열-황산가열법											
	필터포집 가열-페놀황산시약·질산·과염소산법											
	고정상HBr필터-용액추출법											
	고상DNPH필터-용액추출법											○
	액상 DNPH흡수-용액추출법										○	
	고체흡착-용액·화학분석추출법											
	고체흡착-용액 이온크로마토그래피 추출법			○	○	○	○	○		○		
	고체흡착-가열탈착법	*3	○	○	○	○	○	○	*3	*4	*5	
	용기 채취법	○	○	○	○	○	○	○	○	○	○	

		1	2	3	4	5	6	7	8	9	10	11	12	13	14	15	16	17	18	19
산화에틸렌					○					○									
산화프로필렌					○					○									
고극성 화학물질*2				○						○									
중금속류	크롬					○							○	○	○	○			○	
								○					△	△	△	△			○	
				○		△	△						△	○	○	○				
	니켈					○							○	○	○	○				
								○					○	○	○				
	비소					○							○				○	○		
					○												○	○		
	베릴륨				○		△	△					△	○	○					
						○							○	○	○					
	망간				○		△	△					△	○	○					
						○							○	○	○					
	기타 금속					○														
수은									○										○
벤조[a]피렌								○		○		○							
기타 PAHs								○	○										

어떤 측정법에서도 사전의 회수율 확인이 필요하지만 △로 표시된 전처리법은 특히 주의를 요한다.

*1 TO-14에 해당하는 물질 및 프론류.

*2 2-에톡시에탄올, 에피클로로히드린, 1, 4-디옥시산, N, N-디메틸포름아미드, 2-n-프톡시에탄올, 2-메톡시에탄올.

*3 포집량을 적게 함으로써 측정 가능(2.1절 참조).

*4 포집제의 블랭크 값이 높기 때문에, 측정 불가능으로 되어 있지만, 포집제의 선택, 소각 세정의 온도 설정에 의해 측정 가능하다.

*5 TO-14에 해당하는 33물질, 3-클로로-1-프로펜 및 4-에틸톨루엔이 측정가능[5]

1.4 측정국 선정 방식

상시 감시하는 측정국 수의 개념은 「대기환경 모니터링 측정국 수에 대하여」의 보고서[4]를 참고하면 된다. 보고서의 내용을 요약하면 대기오염물질 전반에 대한 기본적인 일본 전국에 적용할 수 있는 최저한의 측정국 수는 인구 75,000명당 1국으로 계산한 수 또는 가주면적(면적-임야 면적-호수와 늪 면적) 25km²당 1국으로 계산한 수 중 적은 쪽으로 한다. 유해 대기오염물질의 경우는 환경기준 등이 연평균값으로 설정되어 있어 연평균값이 일평균값이나 시간값에 비해 공간 대표성이 크기 때문에 기본 측정국 수의 대략 1/3을 기본 측정국 수로 한다.

한편, 한정된 인적·예산 자원을 사용해 유해 대기오염물질 대책을 효과적으로 실시하기 위해서 〈표 1.5〉에 나타내는 지역성과 관련되는 상황을 감안해 측정국 수를 추가 혹은 중점화하는 것이 요구되고 있다.

〈표 1.5〉 상시 감시 측정국 수 설치를 위한 지역적 관점

관점		기본 측정국 수 산출 사고방식
자연 상황	지형	도시 사이가 산지 등으로 분단되어 대기환경에 일체성이 없는 경우, 한쪽의 측정국이 다른 쪽을 대표하는 것은 적당하지 않다.
	기상	계곡이나 하천, 호수와 늪 등의 부근에서는 기류가 복잡하므로 발생원 가까이에서는 대기오염 농도가 높아지는 경우가 있어 광역적인 측정국에서 이러한 고농도 지점을 대표하게 하는 것이 곤란하다.
사회 상황		대기 발생원의 상태, 주민의 요구, 규제나 계획의 이행 상황 체크, 향후의 개발 예정, 각종 조사연구에 활용 등을 감안해 이들의 상황에 대응하기 위해 필요하게 되는 측정국 수를 명확하게 한다. 고정 발생원 : 석유 콤비나이트 등의 발생원이 집적한 지역은 잠재적으로 방출의 위험성이 있고, 또한 사고 발생 시에 신속하게 대응하기 위한 측정국을 감안한다. 아동 발생원 : 차선수를 포함한 도로 구조, 교통량, 주행차량종, 길가 주변 상황을 감안한다. 대기보전대책을 둘러싼 상황의 변화 : 공장 등의 환경감시 체제의 소홀, 직원 감소 등이 보인 경우는 행정측의 최종 체크로서의 모니터링의 역할이 더해진다.
시점		기본 측정국 수
경위에 관한 상황		평년 변화를 아는 데 있어 중요한 장기간 배치되고 있는 측정국은 존속시킨다.

1.5 시료채취 시기 및 빈도를 아는 방법

환경 기준값·지침값은 생애 폭로농도와 발암 등의 위험률의 관계에 근거해 산출되고 있으므로 기준값·지침값과 비교하는 농도는 생애 폭로농도에 상당하는 연평균값을 구할 필요가 있다.

연평균값 산출에 필요한 시료 수에 대해서는 1년간 매일 24시간 연속 측정한 데이터 세트를 검토하여 모평균값의 ±10~25%에 들어가는 표본의 추출 조건으로서 매달 데이터 중에서 임의의 날의 데이터를 1개, 합계 연간 12개를 추출하거나 또는 3개월마다 수집한 데이터 중에서 임의의 1주간의 데이터 평균값을 연간 4개 추출하는 것이 바람직하다[6].

이 검토 결과를 근거로 하여 유해 대기오염물질 측정방법 매뉴얼에는 매월 1회 24시간 연속 시료채취가 조건으로 되었다. 다만, 유해 대기오염물질의 상당수는 주말에 농도가 내려가므로 평일(weekday)만의 모니터링 결과에 근거하는 연평균값은 전 요일의 연평균값에 비해 3~10% 정도 증가한다고 추측되고 있다. 최근의 기술개발에 의해 1주간 연속 시료채취가 가능하게 된 물질에 대해서는 그러한 방법으로 시료채취를 하면 전 요일의 평균값을 구할 수 있지만, 과거의 데이터와 비교하는 경우에 지장을 일으킬 가능성이 있다.

1.6 정밀도 관리

유해 대기오염물질 측정방법 매뉴얼은 일본의 환경분석에서 처음으로 본격적인 정밀도 관리작업을 도입한 획기적인 것이었다[7]. 유해 대기오염물질의 분석법별 정밀도 관리방법은 3장과 4장의 각론에서 설명하고 또한, 그러한 기초가 되는 이론과 방법에 대해서는 5장에 정리했다. 분석에 종사하는 사람은 정밀도 관리 각 항목의 의의를 이해하고 그 취지에 따라 적절히 실시하는 것이 중요하다.

참고문헌

1) 環境省環境管理局長通達：「大気汚染防止法第 22 条の規程に基づく大気の汚染の状況の常時監視に関する事務の処理基準について」.

2) 環境省ホームページ
http：//www-gis.nies.go.jp/air/yuugaimonitoring/, 環境 GIS 有害大気汚染物質マップ.

3) 環境省水・大気環境局大気環境課：有害大気汚染物質測定方法マニュアル・排ガス中の指定物質の測定方法マニュアル, 2008（最新版：2011）.

4) 「大気環境モニタリングの在り方について‒報告書‒」 平成 17 年 6 月
www.env.go.jp/air/report/h17-01.pdf.

5) 水戸部英子ら：固体吸着-加熱脱着-GC/MS 法による VOC 測定に関する基礎的検討, 新潟県保健環境科学研究所年報, 15 巻, pp. 91‒100, 2000.

6) 中央環境審議会：「今後の有害大気汚染物質対策のあり方について（第 2 次答申）」, 平成 8 年 10 月, 別添 5（http://www.env.go.jp/air/kijun/index.html のリストからダウンロード可能）.

7) 環境庁大気保全局大気規制課監修：「有害大気汚染物質測定の実際」, 平成 9 年.

제2장

대기시료의 샘플링

2.1 벤젠 등 휘발성 유기화합물

(휘발성 유해 대기오염물질 : VOHAPs)

▶ 1. 시료채취법의 개요

VOHAPs(Volatile Organic Hazardous Air Pollutants)의 측정법에는 용기포집-가스 크로마토그래프 질량분석법, 고체흡착-가열탈착-가스 크로마토그래프 질량분석법, 고체흡착-용매추출-가스 크로마토그래프 질량분석법이 있다. 본절에서는 측정법별 시료채취 방법을 설명한다. 또한 이 3가지 방법에서 공통되게 시료 흡인구는 지상 1.5~10m, 건물 벽의 영향을 받지 않는 곳에서 토양 입자, 빗방울 및 펌프 등의 배기를 흡입하지 않게 설치한다.

▶ 2. 용기채취법

감압한 용기(캐니스터)에 24시간 연속으로 시료를 채취한다. 채취법에는 감압법과 가압법이 있다. 개요를 〈그림 2.1〉에 나타낸다.

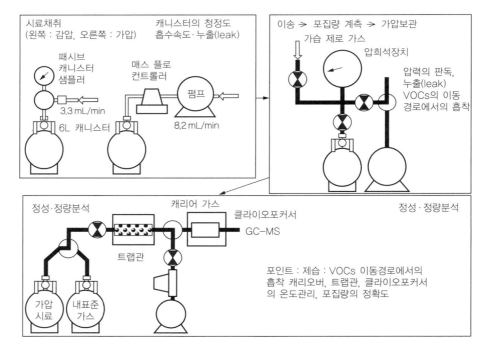

〈그림 2.1〉 용기포집-가스 크로마토그래프 질량분석법의 개요

[1] 기구와 장치

- 캐니스터 : 종류에는 SUMMA 캔과 실리콘 캔이 있다. SUMMA 캔의 안쪽은 VOHAPs의 흡착을 방지하기 위해서 전해연마 크롬 니켈 산화 피막 처리되어 있고, 실리콘 캔은 용융 실리카 박막 도포가 되어 있다. 우선 조사 대상 VOHAPs 및 TO-14성분[1]의 흡착은 두 종류에 우열은 보이지 않지만, 극성 VOHAPs에 관해서는 실리콘 캔의 흡착이 적다고 생각된다. 용량은 0.1~15L의 제품이 있지만, VOHAPs의 채취에는 통상 6L가 사용된다.
- 패시브 캐니스터 샘플러(매스 플로 컨트롤러) : 감압 채취에 있어서 대기압과 캐니스터 내압에 20kPa 이상의 차이가 있을 때 채취 유량을 3.3mL/min±10%의 정밀도로 제어할 수 있다. 유량 제어방식에는 가변식과 고정식이 있고, 가변식은 주위 온도에 따라 유량이 크게 변화하므로 캐니스터를 실외에 설치하는 경우에는 고정식을 사용한다.
- 매스 플로미터 : 패시브 캐니스터 샘플러의 유량 조정에 이용한다. 3.3mL/min의 유량을 0.1mL/min까지 정확하게 측정할 수 있다.
- 비 막는 덮개용 도입관 : VOHAPs의 흡착이 없는 재질의 관으로 달았을 때에 끝에서 빗방울이 들어가지 않는 형상을 하고 있다.
  예 : 1/4인치의 실리콘 스틸 캔을 L자로 굽혀 설치구 측에 스웨지록 나사를 붙인 것.
- 캐니스터 클리너 : 캐니스터를 130℃ 정도로 가온하면서 감압과 가습 제로 가스에 의한 가압을 반복함으로써 세정한다.

[2] 시약

- 정제수 : 가습 제로 가스용으로는 VOCs 오염이 적은 미네랄 워터를 사용할 수 있지만, 캐니스터에 첨가할 때 함께 사용해서는 안 된다. 정제수를 직접 제작하는 경우는 JIS K 0125의 방법[2]에 따른다.
- 가습 제로 가스 : 정제수 중 또는 정제수를 넣은 용기의 헤드 스페이스에 통기한 초고순도 질소(99.99995% 이상).

[3] 샘플링 준비

유해 대기오염물질 측정방법 매뉴얼에 기재되어 있는 준비 공정을 〈그림 2.2〉에 나타낸다. 캐니스터 밸브의 누설(leak) 체크는 다음 공정의 클리닝을 위해서 클리닝 장치에 캐니스터를 달았을 때에 실시하는 누설 체크로 대행 가능하다.

패시브 캐니스터 샘플러의 필터(스테인리스강으로 메시 사이즈가 2μm 정도인 것)는

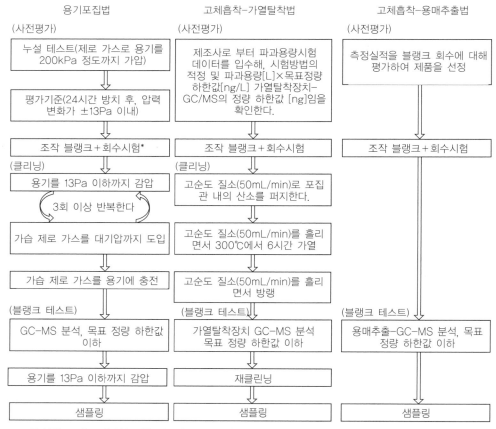

용기포집법	고체흡착-가열탈착법	고체흡착-용매추출법
(사전평가)	(사전평가)	(사전평가)
누설 테스트(제로 가스로 용기를 200kPa 정도까지 가압)	제조사로 부터 파과용량시험 데이터를 입수해, 시험방법의 적정 및 파과용량[L]×목표정량 하한값[ng/L] 가열탈착장치-GC/MS의 정량 하한값 [ng]임을 확인한다.	측정실적을 블랭크 회수에 대해 평가하여 제품을 선정
평가기준(24시간 방치 후, 압력 변화가 ±13Pa 이내)		
조작 블랭크＋회수시험*	조작 블랭크＋회수시험	조작 블랭크＋회수시험
(클리닝) 용기를 13Pa 이하까지 감압	(클리닝) 고순도 질소(50mL/min)로 포집 관 내의 산소를 퍼지한다.	
3회 이상 반복한다	고순도 질소(50mL/min)를 흘리면서 300℃에서 6시간 가열	
가습 제로 가스를 대기압까지 도입		
가습 제로 가스를 용기에 충전	고순도 질소(50mL/min)를 흘리면서 방랭	
(블랭크 테스트) GC-MS 분석, 목표 정량 하한값 이하	(블랭크 테스트) 가열탈착장치 GC-MS 분석 목표 정량 하한값 이하	(블랭크 테스트) 용매추출-GC-MS 분석, 목표 정량 하한값 이하
용기를 13Pa 이하까지 감압	재클리닝	
샘플링	샘플링	샘플링

＊조작 블랭크 시료 및 회수시험 시료의 조제방법은 3.1.1절에서 설명한다.

〈그림 2.2〉 샘플링 준비공정

교환 또는 정제수로 초음파 세정한다. 본체는 캐니스터 클리너를 사용해 세정한다. 세정 조건은 대기압 이상으로 가압 가능한 연성형과 대기압까지의 감압형, 내열온도에 대응해 변경한다. 세정 후 실내에 방치하면 오염되므로 샘플링 전날에 세정해 마개를 막아 샘플링까지 보관한다.

[4] 캐니스터 및 패시브 캐니스터 샘플러의 운반

캐니스터는 절대압으로 13Pa 이하로 감압하고 밸브를 닫아 캡 너트로 마개를 막아 운반한다. 패시브 캐니스터 샘플러는 흡인구와 캐니스터 부착구에 마개를 막아 채취 현장에 반입한다.

[5] 현장에서의 채취(감압법)

① 감압한 캐니스터(시료채취용은 아니다)에 패시브 캐니스터 샘플러, 매스 플로미터, 비 막는 덮개용 도입관을 부착한다.

② 6L의 캐니스터를 사용하는 경우 캐니스터의 밸브를 열고 흡인을 시작해 매스 플로미터의 표시값을 보면서 패시브 캐니스터 샘플러 유량을 3.3~3.4mL/min $(6,000 \times 81.3/101.3)/(60 \times 24)=3.34(6,000$: 캐니스터의 체적[mL], 81.3 : 대기압-20kPa, 101.3 : 대기압[kPa]. 60×24 : 채취시간[min]))으로 조정한다. 이때에 패시브 캐니스터 샘플러와 비를 막는 덮개용 도입관은 현장의 대기로 모두 씻겨진다. 패시브 캐니스터 샘플러는 실험실에서 유량 조정해 채취 장소에 반입해도 괜찮지만 현장 대기에 의한 공동 세척을 실시한다.

③ 유량 조정한 패시브 캐니스터 샘플러를 시료채취용 캐니스터에 부착하고(비 막는 덮개 도입관은 달지 않는다), 흡인구를 막는다.

④ 캐니스터 밸브를 열어 캐니스터 샘플러 압력계의 표시값이 내려가면 캐니스터 밸브를 막아 압력계의 지시값을 읽어 기록한다.

⑤ 10분 이상 기다려 다시 지시값을 읽어 기록한다. 2개의 압력에 변화가 없으면 누설되지 않는다고 판정해 시료 도입관을 달고 시료 포집을 개시한다. 압력이 변화했을 경우 누설을 멈추는 처치를 하고 조작 ④~⑤를 실시한다.

⑥ 24시간 후의 샘플 종료 시에 캐니스터의 내압, 샘플링 종료시간, 기온, 기상 조건을 기록한다. 캐니스터 밸브를 닫고 패시브 캐니스터 샘플러와 시료 도입관을 떼어내 마개를 막는다.

가압법에 의한 시료채취법은 일반적이지 않기 때문에 설명을 생략한다.

[6] 이중측정 시료

전 채취 지점 수의 10% 지점에서 시료를 병행해 채취한다.

[7] 트래블 블랭크 시료

가습 제로 가스를 80kPa 정도까지 도입한 캐니스터를 채취 지점에 옮기고, 시료채취 중에는 샘플링용 캐니스터 옆에 놓아둔다. 샘플링 종료 후에는 샘플링용 캐니스터와 마찬가지로 처리해서 실험실에 가지고 돌아가 가습 제로 가스로 가압한다. 시료는 전 시료 수의 10%로 적어도 3개 이상 조제한다.

오염 가능성이 거의 없는 용기포집법에서는 매회 트래블 블랭크 시료를 조제할 필요가 없겠지만 SOP에서 규정하는 운반 방법에 따라 1회 이상의 트래블 블랭크 시험을 실시해 오염이 없는 것을 확인하고 그 데이터를 제시할 수 있도록 해 둘 필요가 있다.

[8] 시료의 운반과 보관

캐니스터를 실험실에 가지고 돌아와 캐니스터 클리너 등을 사용해 내압을 0.1kPa까지 측정하고 채취 시료량을 구해 설정 유량의 ±10%의 흡인속도로 시료채취를 했는지 여부를 판정한다(허용범위 72.2~88.2kPa). 허용범위를 넘은 시료는 재샘플링을 실시한다. 가습 제로 가스를 200kPa 정도까지 충전해 희석배율을 구한다. 캐니스터의 흡인구를 캡 너트로 마개를 막아 냉암소에서 측정 시까지 보관한다. 보관기간은 일주일 이내로 한다.

◐ 3. 고체흡착법(가열탈착법)

측정법의 개요를 〈그림 2.3〉에 나타낸다.

[1] 기구와 장치
• 포집관 : 양 끝을 밀폐할 수 있는 내경 3mm 정도의 불활성화 처리한 유리관에

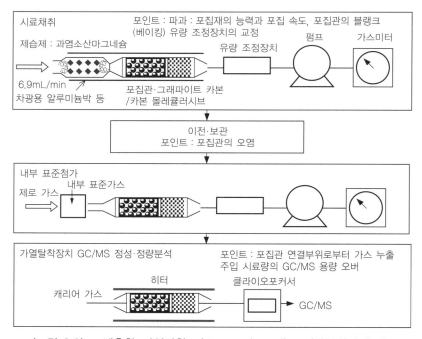

〈그림 2.3〉 고체흡착-가열탈착-가스 크로마토그래프 질량분석법의 개요

0.1g의 그래파이트 카본과 0.15g의 카본 몰레큘러시브를 청정한 석영울로 분리해 공극이 없게 충전하고, 양 끝을 스웨지록 등으로 마개를 한 것. 자세한 사양은 사용하는 가열탈착장치에 따라서 다르다. 흡착제의 특성에 근거하는 사용상의 주의점에 대해서는 「유해 대기오염물질 측정의 실제」[3]가 참고가 된다.

- 제습관 : 유리관에 과염소산마그네슘을 10~15g 넣고, 그 양측에 청정한 석영울을 채운 것. 고습도 시료를 채취하는 경우 염화비닐 모노머는 채취량 2L 이상으로, 1,3-부타디엔은 채취량 8L 이상에서 파과되기 쉬우므로 이러한 양을 넘어 시료를 채취하는 경우는 제습관이 필요하다. 그렇지만 아크릴로니트릴은 제습관에 흡착해 회수율이 저하하므로 측정 대상물질, 채취 시료량에 따라 사용할지 여부를 결정한다.
- 펌프(유량 조정장치) : 1.4~6.9mL/min로 정밀도가 ±10%인 유량 조정 기능을 가지고, 최대 흡인 압력이 제습관, 포집관과 가스미터에 의한 압력 손실에 대해서 충분히 크며, 포집관과의 연결이 가능한 것.
- 가스미터 : 최소 눈금이 5mL 이하인 습식 가스미터나 건식 가스미터를 사용한다. 습식 가스미터의 경우는 수온계가 붙어 있는 것, 가스미터는 1년에 1회 이상의 빈도로 교정한다.

[2] 시약

과염소산마그네슘(원소 분석용) 개봉 후에는 마개를 해 실리카겔을 깐 데시케이터 안에서 보관한다.

[3] 샘플링 준비

공정을 〈그림 2.2〉에 나타냈다. 모든 포집관은 포집관 세정장치 또는 세척기능이 있는 가열탈착장치의 매뉴얼에 따라 세정한다. 이 공정에 있어서의 일반적인 주의점은 아래와 같다.

- 초고순도 질소가스가 카본 몰레큘러시브 측으로 흐르도록 포집관을 단다.
- 카본 몰레큘러시브는 산소 공존상태에서 가열하면 열화하므로 가온 전에 포집관 내의 산소를 초고순도 질소가스로 퍼지해 세정한 후 실온으로 돌아갈 때까지 초고순도 질소가스를 흘린다.
- 세정조건은 300℃에서 6시간이 추천되고 있지만 고온에서의 베이킹(baking)은 포집제의 열화를 촉진한다. 실제는 250℃ 정도로 충분히 세정할 수 있다. 또한, 세정장치의 트랜스퍼 라인과 밸브 등의 온도를 포집관과 같든가 +10℃ 정도로 설정해 세정장치에 오염이 남지 않게 한다.

제습관용 유리관 및 석영울은 메탄올로 세정해 130℃ 정도의 청정한 오븐에서 하룻밤 굽기(baking)한 후 데시케이터 안에서 방랭한다. 과염소산마그네슘을 충전한 제습관은 활성탄을 깐 나사구병에 넣어 마개를 막아 사용 시까지 보관한다.

[4] 포집관의 반입
양 끝을 마개로 막은 포집관은 활성탄을 깐 스크루 캡 병 등에 넣어 마개를 하고, 제습관은 보관 용기별로 시료채취 현장에 반입한다.

[5] 현장에서의 채취
① 〈그림 2.3〉과 같이 포집관을 조립해 10L 포집할 경우 시료채취용 포집관과 압력 손실이 동일한 더미의 흡착관을 연결해 유량을 6.9mL/min로 조정한 후에, 시료채취용 포집관을 카본 몰레큘러시브가 펌프 측이 되도록 접속한다. 2L 포집량의 경우는 채취 유량을 1.4mL/min로 조정하지만 이 유량을 제어할 수 있는 펌프를 입수할 수 없는 경우에는 패시브 캐니스터 샘플러에 포집관을 연결해 시료를 채취한다. 혹은 24시간의 평균 농도를 얻을 수 있도록 적당한 용량의 펌프를 사용해 일정 간격의 단시간 포집을 반복한다.
② 포집관으로부터 가스미터의 접속부 사이에 누설이 없는(흡입구를 막았을 때에 유량이 제로가 된다) 것을 확인한다.
③ 제습관의 시료 흡인구 측에 물방울이 들어가지 않게 알루미늄박 등으로 비를 막는 덮개를 해, 포집관을 차광한다.
④ 시료채취 개시시간, 흡인속도, 가스미터의 표시값, 기온, 기압, 습식 가스미터를 사용하는 경우에는 수온을 계측해 기록한다.
⑤ 시료채취 종료시간, 흡인속도, 가스미터의 표시값, 기온, 기압, 습식 가스미터를 사용하는 경우에는 수온을 계측해 기록한다.

[6] 이중측정 시료
병행 채취한 시료 중에서 채취지점의 10% 지점에서 채취한 것을 이중측정 시험 시료로 한다.

[7] 트래블 블랭크 시료
마개를 막은 포집관을 채취 지점에 반입해 시료채취 준비 중에 마개를 떼어내고, 채취 중에는 마개를 해 샘플링용 포집관 측에 놓아둔다. 시료채취 종료 후에도 마개의 해체·부착을 실시한다. 그 후에는 샘플링 시료와 같이 취급한다. 시료 운반 중에 오염될

가능성이 있는 고체흡착법에서는 트래블 블랭크 시료를 샘플링할 때마다 시전 시료 수의 10%로 적어도 3개 이상 작성한다.

[8] 시료의 운반과 보관
포집관의 양 끝을 막아 활성탄을 깐 갈색 데시케이터 또는 스크루 캡이 달린 전용 밀폐용기에 넣어 냉장고에 보관한다. 보관기간은 1주간 이내로 한다.

➡ 4. 고체흡착법(용매추출법)
개요를 〈그림 2.4〉에 나타낸다.

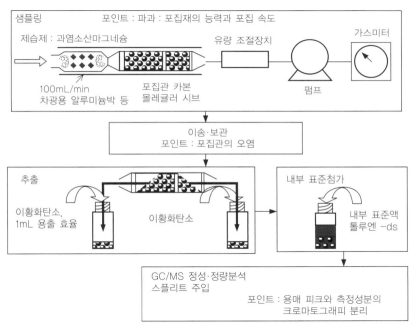

〈그림 2.4〉 고체흡착-용매추출-가스 크로마토그래프 질량분석법의 개요

[1] 기구와 장치
• 포집관 : 카본 몰레큘러시브를 내경 3~4mm의 유리관 앞 부위에 0.2g, 뒤 부위(백업용)에 0.1g 충진해 양 부위의 사이 및 유리관의 양 끝을 석영울로 채운 것.
이 사양의 시판품에는 Carbosieve S-Ⅲ 0.2g과 0.1g을 충진해, 유리관의 양 끝을 봉입한 ORB091L 및 ORB091XL(슈펠코사제, 두 제품은 포집관의 내경과 길이가 다르다)이 있다. 이 포집관을 사용하면 포집제의 세정 대신에 뽑아낸 표본의 블랭크 체크를 실시함으로써 품질을 확인할 수 있다. 또, 포집관 유리관의 양 끝을 용융시키므로 보관 중에 오염될 가능성은 제로에 가깝다. 또 이러한 제품은 사용 실적이 많아 참조할 수 있는 데이터가 풍부하게 있다.

- 제습관 : Carbosieve S-Ⅲ는 휘발성물질과의 소수성 무극성 상호작용에 의해 휘발성물질을 머무르게 하는 타입의 포집제이므로 제습관 없이 고습도 시료채취를 실시하면 디클로로메탄이 파과된다. 작성방법은 3항 [1]과 같다.

[2] 시약
3항 [2]와 같다.

[3] 샘플링 준비
공정을 〈그림 2.2〉에 나타냈다.

[4] 포집관의 반입
봉입형 이외의 포집관을 사용하는 경우에는 운반 중의 오염방지대책이 필요하다.

[5] 현장에서의 채취
① 〈그림 2.4〉를 참고로 해 포집관을 단다. 펌프의 난기운전(暖機運轉) 및 유량 조정은 펌프의 매뉴얼에 따라 실시한다.
② 양 끝을 자른 포집관을 펌프에 달아 누설 여부를 체크한다. 펌프로 흡인하면서 제습관의 흡인구를 손가락으로 막아 펌프의 유량이 제로가 되면 누설되지 않는다고 판단한다.
③ 이하 3항 [5] 참조.

[6] 이중측정 시료
2항 [6]과 같다.

[7] 트래블 블랭크 시료
샘플링 현장에서 샘플링 종료시점에 용봉형 포집관의 양 끝을 잘라 캡을 하고 실제 시료와 마찬가지로 처리해서 실험실에 가지고 돌아간다. 시전 시료 수의 10%로 적어도 3개 이상 작성한다.

[8] 시료의 운반과 보관
3항 [8]과 같다.

2. 2 알데히드류

알데히드는 반응성이 높기 때문에 반응시약을 이용한 포집법이 일반적이다. 반응시약에는 DNPH(2,4-dinitrophenylhydrazine)(그림 2.5), CNET(O-(4-cyano-2-ethoxybenzyl) hydroxylamine)(그림 2.6), PFBOA(O-(2,3,4,5,6-pentafluorobenzyl)-hydroxyamine)(그림 2.7), 아세틸아세톤 등이 사용되고 있다. 이 중 아세틸아세톤법은 포름알데히드의 분석에, 그 외의 반응시약은 다성분 알데히드의 일제분석에 사용된다. 또, PFBOA법은 물속의 알데히드 분석에 사용된다.

대기 중 다성분 알데히드의 분석에 표준적으로 사용되는 것이 DNPH법(그림 2.5)이다. 이 방법은 공기 중 알데히드가 포집제의 DNPH와 반응해 생성한 히드라존류를 HPLC나 GC로 측정하는 방법이다. 감도와 선택성, 회수율이 뛰어난 방법이다. 그러나 불포화 알데히드와 부반응을 하고, 오존과 반응해 분해되며, DNPH가 변이원성을 가지는 것 등에 주의해 사용할 필요가 있다. 불포화 알데히드, 예를 들면 아크롤레인 분석에는 CNET법을 사용하면 좋다. 또, DNPH법을 개량해 아크롤레인을 분석할 수 있도록 한 방법도 보고되고 있다.

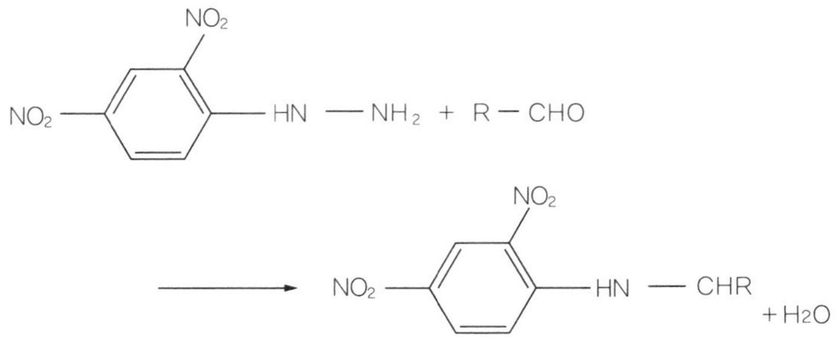

〈그림 2.5〉 DNPH와 알데히드의 반응

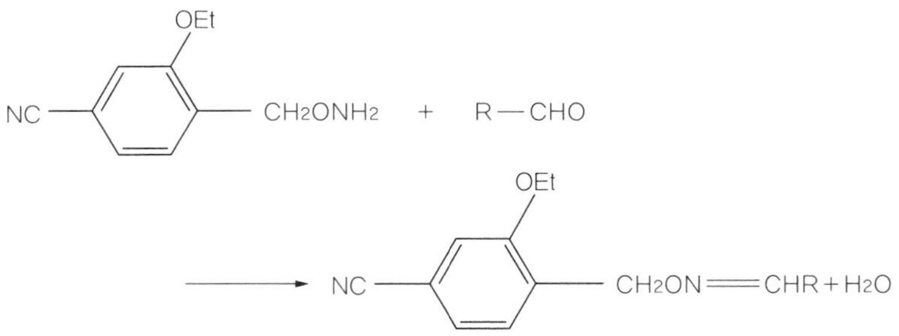

〈그림 2.6〉 CNET와 알데히드의 반응

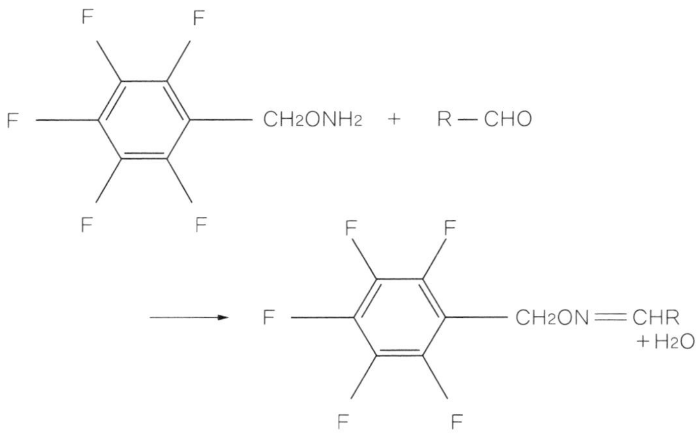

〈그림 2.7〉 PFBOA와 알데히드의 반응

본절에서는 DNPH법에 의한 알데히드의 분석에 대해 설명한다. 대기 중 알데히드류의 포집에는 카트리지 등을 이용한 고상추출법으로 실시하는 것이 일반적이다. 포집 카트리지를 미니 펌프나 유량계와 실리콘 튜브 등으로 접속한 시스템으로 포집을 실시한다. 〈그림 2.8〉에 일례를 나타낸다. 포집 유량은 DNPH 카트리지에 따라 다르지만 0.1~1L/min 정도로 실시한다. 아세톤 등의 케톤류를 동시에 측정하는 경우에는 0.5L/min 이하로 실시하지 않으면 고온 시에 파과가 일어나는 경우가 있다.

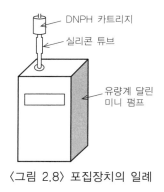

DNPH 카트리지
실리콘 튜브
유량계 달린 미니 펌프

〈그림 2.8〉 포집장치의 일례

알데히드는 오존 등에 의해 분해되므로 일반 환경(실외)에서 포집하는 경우에는 오존 스크러버를 사용한다. 일반적인 오존 스크러버로는 요오드화칼륨 제재를 충진한 튜브가 이용되지만, 수분에 의해 녹아서 알데히드를 흡수해 버리므로 이 경우 가온(加溫)이 필요하다. 가온 장치는 시판되고 있다. 또 수분의 영향을 받지 않는 BPE(*trans*-1,2-비스(피리딘)에틸렌)를 이용한 오존 스크러버도 시판되고 있어 오존 농도도 동시에 측정 가능하다.

알데히드 포집법으로는 패시브 포집법도 개발되어 있다. 패시브 포집법이란 샘플러를 조사지점에 놓아두는 것만으로 분자 확산을 이용해 대상 화합물(주로 가스상 물질)을 포집하는 방법이다. 이 외에 DNPH 패시브 샘플러나 CNET 패시브 샘플러가 시판되고 있다.

또, 포름알데히드와 같이 환경 중 농도가 비교적 높은 경우에는 액티브(active)법용의 포집 튜브를 그대로 패시브 샘플링용으로 이용하는 것도 가능하다.

알데히드의 포집 시에는 데이터 시트에 측정 장소에 대한 정보, 포집 개시·종료시간, 포집 시의 기후, 온·습도 등을 기입한다.

정밀도 관리의 일환으로서 이중측정과 필드 블랭크 시험(트래블 블랭크)을 반드시 실시한다. 각각, 샘플 수의 10% 정도의 수에 대해 실시하지만, 샘플 수가 적은 경우에는 최저 3세트의 이중측정과 3개의 트래블 블랭크를 잡는다. 신축 주택에서 시험을 실시하는 경우 실내 2곳, 실외 1곳에서 측정한다. 이 경우, 모두 이중측정해 블랭크를 3샘플 사용하므로 전부 9개의 카트리지와 6세트의 샘플링 시스템(펌프 등)이 필요하다. 이러한 카트리지는 같은 로트로 갖춘다. 트래블 블랭크는 포집장소에서 포집 종료 시에 개봉해 샘플과 마찬가지로 현장에서 재밀봉해 보존, 운반한다.

측정 후의 샘플러는 냉동고에 보존해 가능한 한 빨리 분석한다. 이때, 전용 캡에 넣어 실러를 이용해 가열 실(seal)해 두면 오염을 줄일 수 있다.

2.3 다환 방향족 탄화수소(PAH)

환경측정에서는 피검성분의 물성, 특히 휘발성은 샘플링이나 그 후의 분석에 있어서 중요한 인자가 된다. 일반적으로 화학물질은 다음 3개의 물질군으로 분류된다.

① 피검성분 모두가 여과지를 통과하는 휘발성 유기화합물(VOC)
② 피검성분 일부가 여과지를 통과하는 반휘발성 유기화합물(SVOC)
③ 피검성분 모두가 여과지에 흡착되는 불휘발성 화학물질(NVC)

이러한 물질군의 엄밀한 정의는 때로는 의견이 갈리지만, 미국환경보호청(USEPA)의 분석법에서 25℃의 포화 증기압이 10^{-1} mmHg 이상인 물질을 'VOC', $10^{-1} \sim 10^{-7}$ mmHg의 범위인 것을 'SVOC', 그 이하인 것을 'NVC'로 분류하고 있다. 현재로서는 이 카테고리가 화학물질의 측정방법을 결정하는 데 일반적인 기준이 되고 있다.

다환 방향족 탄화수소(PAH : Polycyclic Aromatic Hydrocarbons)는 벤젠고리 2개 이상으로 구성되는 축합 탄화수소의 총칭이며, 그 휘발성은 물질에 따라 크게 다르다. 25℃의 포화 증기압은 가장 저분자인 나프탈렌이 8.3×10^{-2}, 벤조[a]피렌(B[a]P)이 5.5×10^{-9}, 코로넨이 1.5×10^{-12} mmHg로 SVOC 혹은 NVC의 범위이다. 측정 대상으로 하는 PAH가 어느 쪽에 속하는지에 따라 샘플링 방법은 다르다.

PAH를 대상으로 한 대기시료의 샘플링에 대해서는 지금까지 많은 보고가 있으며, 그중에서도 환경성의 유해 대기오염물질 측정방법 매뉴얼[4](이하, 환경성 매뉴얼) 및

<표 2.1> 환경대기의 샘플링 방법과 대상물질

출처	환경성 매뉴얼[4]		USEPA TO-13A[5]
	제7장*1	제8장*2	
샘플링 방법 시료포집량 기준 여과지 재질 백업용 포집재	Hi-vol/Lo-vol*3 1,000m³/30m³ 석영/유리 없음	Lo-vol 30m³ 석영/유리 디스크형 고상흡착제*4 /수지흡착제*5	Hi-vol 1,000m³ 석영 PUF*6/XAD™-2
(대상물질)			
나프탈렌	−*7	−	△
아세나프틸렌	−	−	△
아세나프텐	−	−	△
플루오렌	−	−	○
안트라센	−	○	○
페난트렌	−	○	○
플루오란텐	−	○	○
피렌	−	○	○
벤조[a]안트라센	−	○	○
크리센	−	○	○
벤조[b]플루오란텐	○	○	○
벤조[j]플루오란텐	○	○	−
벤조[k]플루오란텐	○	○	−
벤조[e]피렌	○	○	○
벤조[a]피렌	○	○	○
페릴렌	○	−	○
인데노[1,2,3-cd]피렌	−	○	○
벤조[ghi]페릴렌	○	○	○
디벤조[ah]안트라센	−	○	○
코로넨	−	−	○

*1 환경성 물·대기환경국 대기환경과 : 유해 대기오염물질 측정방법 매뉴얼·배기가스 중 지정물질의 측정방법 매뉴얼, 제7장 대분진 중의 벤조[a] 피렌의 측정방법(2008).
*2 환경성 물·대기환경국 대기환경과 : 유해 대기오염물질 측정방법 매뉴얼·배기가스 중 지정물질의 측정방법 매뉴얼, 제8장 대기 중의 다환 방향족 탄화수소의 다성분 측정방법(2008).
*3 "Hi-vol" 하이볼륨 에어 샘플러. "Lo-vol" = 로우볼륨 에어 샘플러.
*4 디스크형 고상흡착제에는 3M™ 엠포어™ 디스크(C18) 등이 있다.
*5 수지흡착제에는 XAD™-2를 충진한 카트리지 등이 있다.
*6 "PUF" = 폴리우레탄 폼.
*7 "−"대상물질로서 명기되어 있지 않은 물질, "△"=백업용 포집재가 XAD™-2뿐인 경우에만 대상이 되는 물질(예를 들면, PUF에서는 나프탈렌의 포집효율이 35% 정도밖에 없다), "○"=대상물질로서 명기되어 있는 물질.

USEPA의 TO-13A[5)]는 환경측정 현장에서 가장 널리 이용됨과 동시에 휘발성 등 피검성분의 물성에 대해서도 잘 정리된 방법이다. 2의 샘플링 방법과 대상물질을 〈표 2.1〉에 나타낸다.

환경대기에 대해서는 환경기준이나 폭로량이 일평균값에 의해 평가되기 때문에 24시간 연속포집이 원칙이다. 24시간 평균적으로 대기를 포집하는 샘플링 장치에는 하이볼륨 에어 샘플러 혹은 로볼륨 에어 샘플러가 이용되고, 로볼륨 에어 샘플러가 30m³ 정도의 시료량인데 대해, 하이볼륨 에어 샘플러는 1,000m³ 이상의 시료량을 얻을 수 있기 때문에 검출한계를 낮추고 예비 시료를 확보하기 쉬운 점에서 유리하다. 하이볼륨 에어 샘플러를 이용하는 샘플링 장치의 개요를 〈그림 2.9〉에 나타낸다.

환경성 매뉴얼에는 하이볼륨 에어 샘플러를 이용해 B [a] P 등 분자량 252 이상의 PAH를 포집하는 샘플링 방법이 기재되어 있다. 이 방법은 포집재가 여과지뿐이고 취급이 간단하기 때문에 환경측정 현장에서는 매우 유효하고 실적도 많다.

TO-13A에는 여과지의 후단에 백업용 포집재를 이용해 안트라센 등 저분자량의 PAH를 포집하는 샘플링 방법이 제시되어 있다. 백업용 포집재에는 폴리우레탄 폼(PUF)이나 XAD™-2가 사용되고, PUF은 압력손실이 적고 설치·운반 등의 작업성도 좋기 때문에 XAD™-2에 비해 실용적이다. 그렇지만 PUF은 나프탈렌 등의 포집효율이 낮고 그것들을 피검성분으로 하는 경우에 주의를 필요로 한다. 나프탈렌은 300m³ 정도

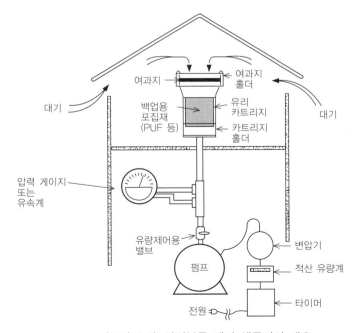

〈그림 2.9〉 하이볼륨 에어 샘플러의 개요

의 시료량이면 PUF을 이용한 하이볼륨 에어 샘플러로 포집 가능하다고 하지만, 시료량을 제한하더라도 기온 등 샘플링 시의 조건에 따라서는 파과될 가능성이 있기 때문에 샘플링 스파이크의 회수율이나 예비시험 등에 의한 타당성 확인이 필요하다.

이상과 같이 PAH의 샘플링에 대해서는 분석 대상으로 하는 PAH의 종류를 정확히 알고 적절한 포집재를 선정하는 것이 가장 중요하다. 그 외의 샘플링에 관한 유의점에 대해서는 아래의 시료채취 계획에서 나타낸다. 덧붙여 배기가스 시료를 포집하는 '여과지-흡수액-흡착제 포집법'[5]은 실적이 적기 때문에 여기서는 지면 관계상 생략한다.

◉ 1. 시료채취 계획(샘플링의 유의점)

샘플링은 단지 시료를 포집할 뿐만 아니라 시료의 운반, 보관, 채취 데이터의 기록 등을 포함해 조사의 목적을 달성하는 데 중요한 역할을 하는 작업이다. 때문에 적절한 시료채취 계획(샘플링 계획)을 바탕으로 실시되지 않으면 안 된다. 한편, 샘플링 계획을 세울 때 조사의 목적에 따라 지점이나 시기가 결정되는 것이므로 계획 수립에 앞서 조사의 목적을 명확하게 하는 것이 매우 중요하다. 아래에 PAH를 측정할 때의 샘플링 계획 수립 및 유의점을 열거한다.

[1] 샘플링 지점·시기 등의 결정

시료가 조사 지역의 상황을 올바르게 반영할 수 있는 지점, 시기, 기간 및 빈도를 결정한다. 조사의 목적을 잘 이해하고 주변 상황을 감안하여 최소의 노력으로 샘플링 목적을 완수할 수 있도록 결정한다.

[2] 샘플링의 사전 준비

사전 준비에는 시료 포집재의 조제, 샘플링 장치의 점검 및 주변 상황 조사가 있다. 시료 포집재는 품질이 보증된 것을 구입하거나, 직접 조제하는 경우에는 석영섬유 여과지는 400℃로 5시간 이상 가열, PUF 등은 용매로 세정 후 건조한다. PUF는 건조가 불충분한 것을 사용하면 피검성분의 파과나 샘플링 장치의 펌프를 손상시키는 경우가 있으므로 감압하에서 완전하게 용매를 제거한 것을 사용한다.

하이볼륨 에어 샘플러 등의 샘플링 장치는 정기적으로 유량 교정을 실시해, 포집하는 대기 시료량의 트레이서빌리티를 확보한다. 주변 상황에 대해서는 지도 등의 위치 정보와 함께 주변 간선도로나 공장 등 발생원의 종류, 위치, 샘플링 지점까지의 거리 등을 조사해 기록한다.

또, 샘플링 전에 반드시 결정해야 할 사항으로서 우송이나 자가용차 등의 시료 운송 수단 및 트래블 블랭크나 이중측정의 실시 유무가 있다. 조사 목적을 잘 생각해 실시

전에 명료하게 결정해 두어야 작업을 원활히 진행할 수 있다.

[3] 시료 운송·보관

시료나 포집재는 알루미늄 포일로 싸서 보관 용기에 넣어 운송한다. 샘플링 후의 시료는 오염이 적은 냉암소에 보관하고, 가능한 한 신속하게 분석한다. 또한, 시료 보관 용기에 시료의 속성을 기록한 직인을 첨부하는 등 시료 취급에서 실수 방지책을 강구한다.

[4] 샘플링 데이터의 기록

샘플링에 관한 부대 데이터로는 일시, 장소, 시료명, 채취자의 이름, 기후, 기온, 습도, 기압, 풍향·풍속, 대기 포집 유속, 대기 포집량, 트래블 블랭크·이중측정의 유무 등이 있다. 또한, 사전 준비에서 조사한 주변 발생원의 샘플링 기간 중 조업 상황 등을 기록한다.

2.4 중금속류

대기시료 중의 중금속류는 고체의 입자상 물질로서 존재한다. 대기 중을 부유하는 입자상 물질은 부유 입자상 물질(SPM : Suspended Particulate Matter)로 불린다. 중금속류 분석에 이용하는 시료의 포집은 필터에 대기 중의 부유 입자상 물질을 포획함으로써 행해진다. 본절에서는 중금속류 분석을 위한 대기시료의 포집 순서에 대해 해설한다. 포집 조작과 관련된 오염의 요인이나 주의점에 대해서는 3.2절 제1항을 참조하기 바란다.

⟐ 1. 준비

대기 중의 중금속류 분석에 이용하는 시료의 포집에는 석영섬유 필터, 테플론 섬유 필터, 셀룰로오스제 필터가 이용된다. 필터는 입경 0.3μm의 입자에 대해 99% 이상의 포집률을 갖고, 압력손실이나 흡습성·가스상 물질의 흡착성이 낮은 것을 사용한다[6]. 특히 측정 대상원소의 방해 요인이 되는 성분을 포함하지 않는 것이 중요하다. 제조사 카탈로그에 기재되어 있는 정보를 참고로 해 사전에 필터 중의 분석 대상원소 농도를 시료와 같은 분석법으로 측정해 확인한다. 로트에 의한 분석 대상원소 농도가 불규칙한 경우도 있으므로 로트가 바뀌면 반드시 분석 대상원소 농도를 확인한다.

환경대기 중 부유 입자상 물질의 포집에 이용되는 샘플러에는 하이볼륨 에어 샘플러와 로볼륨 에어 샘플러가 있다. 높은 시간 분해능이 필요한 경우에는 하이볼륨 에어 샘플러를 사용하고, 상세하게 부유 입자상 물질을 분급할 필요가 있는 경우는 로볼륨 에어 샘플러와 분급장치를 조합해 사용한다. 분급장치에는 임팩트형과 사이클론형이 있는데, 샘플러의 전단에 설치하면 특정 입경 미만의 입자만 포집할 수 있다. 부유 입자상 물질을 입경별로 포집하기 위해서 앤더슨 샘플러를 다는 경우도 많다.

앤더슨 샘플러는 복수의 금속 스테이지가 겹겹이 쌓인 구조로 스테이지마다 지름이 다른 다공식 제트 노즐을 갖추고 있어, 각 스테이지에서 임팩트 방식으로 부유 입자상 물질을 분급해 채취한다. 로볼륨 에어 샘플러와 앤더슨 샘플러를 조합하면 10단계 정도로 세세하게 분급한 부유 입자상 물질로 포집이 가능하다.

포집작업에 사용하는 장갑·핀셋, 회수한 필터를 재단하는 커터·가위, 필터를 보관하는 케이스 등은 중금속류의 오염이 적은 수지로 된 것을 사용한다. 필터 취급 시에는 핀셋이나 장갑을 사용하고, 필터의 시료채취면에는 닿지 않도록 한다.

● 2. 순서

필터를 샘플러에 설치하기 전에 온도 20℃, 상대습도 50%의 조건에서 항량으로 한 후 필터를 0.1mg까지 정확하게 칭량한다. 필터가 띤 정전기가 칭량값에 영향을 주는 경우가 있으므로 정전기 제전장치 등을 이용해 필터의 정전기를 칭량 전에 방전시키면 좋다.

칭량 후에는 케이스에 넣어 필터를 운반해 재빠르게 필터를 샘플러에 설치한다. 필터 아래에 철망이 존재하는 경우에는 필터와 철망 사이에 수지로 된 그물을 깔아 필터가 직접 샘플러의 금속부에 접하지 않게 주의한다. 포집구에는 비 막음을 달아 빗방울이 들어가지 않게 한다. 해안 부근 등 바람이 강한 환경에서 포집하는 경우 강풍이 포집구에 직접 불어오지 않게 샘플러 주위에 울타리를 설치하는 등의 대책을 세운다. 흡인 펌프의 배기에 의해 지표면의 먼지가 들뜨지 않게 샘플러 아래에 비닐시트 등을 깔고, 가능하면 사전에 청소해 둔다.

하이볼륨 에어 샘플러의 경우는 흡인 유량 0.7~1.5m³/min로, 로볼륨 에어 샘플러의 경우는 흡인 유량 10~30L/min로 설정하고 포집을 개시한다. 포집 개시 일시와 개시 시점의 유량을 반드시 기록한다.

기후·기온·습도·풍향·풍속 등의 기상 정보에 대해서도 동시에 관측해 기록하는 것이 바람직하지만, 그렇지 못할 경우에는 포집을 실시하는 지역 근처의 기상센터에서 발표하는 정보를 활용한다. 포집기간 중에는 정기적으로 흡인 유량을 점검해, 유량이 현저하게 저하되었을 경우에는 포집을 도중에 종료한다. 포집기간은 하이볼륨 에어 샘플러를 사용하는 경우에는 24~48시간, 로볼륨 에어 샘플러를 사용하는 경우에는 1~2주일이 기준이다. 포집기간이 종료되면 일시와 종료 시의 유량을 기록하고 에어 샘플러를 정지시킨다.

가능한 한 포집 종료 시의 기상 정보도 기록한다. 적산 유량이 기록되는 방식의 에어 샘플러의 경우에는 적산 유량도 기록한다. 회수한 필터는 수지로 된 케이스에 넣거나 지퍼 달린 폴리에틸렌 봉지에 넣는다.

회수한 필터를 온도 20℃, 상대습도 50%의 조건에서 0.1mg까지 정확하게 칭량한다. 칭량한 필터는 수지로 된 케이스 또는 지퍼 달린 폴리에틸렌 봉지에 넣어 데시케이터 내에 보관한다. 성분에 따라서는 공기 중의 수분과 반응해 2차 생성물을 생성할 우려가 있으므로 포집 후에는 가능한 한 빨리 분석을 실시하는 것이 바람직하다.

포집 개시 시와 종료 시의 유량, 포집시간, 포집기간 중의 평균 대기압으로부터 포집기간 중의 대기 흡인량을 구하고, 포집 전후의 필터 중량 차이와 포집기간 중의 대기 흡인량으로부터 부유 입자상 물질의 질량 농도를 계산한다. 대기 흡인량은 중금속류의 측정결과를 대기 중 농도로 환산할 때 필요하고, 부유 입자상 물질의 질량 농도는 시료를 포집한 필터의 용액화에 이용하는 시약량 결정에 중요하다.

$$V_{20} = (F_s + F_e) \times S_t)/2 \times 293/(273+t) \times P/101.3$$

$$C_w = (W_e - W_s) \times 1,000/V_{20}$$

V_{20} : 20℃, 101.3kPa에서의 포집기간 중 대기 흡인량 [m³]
  (적산 유량계가 부속되어 있는 에어 샘플러를 사용한 경우에는 읽은
   값에 기온과 기압의 보정을 실시한 값)

여기서,　F_s : 포집 개시 시의 유량 [m³/min]

　　　　F_e : 포집 종료 시의 유량 [m³/min]

　　　　S_t : 포집시간 [min]

　　　　t : 포집기간 중의 평균기온 [℃]

　　　　P : 포집기간 중의 평균 대기압 [kPa]

　　　　C_w : 포집한 입자상 물질의 포집기간 중 평균 질량농도 [μg/m³]

　　　　W_e : 포집 후의 필터 중량 [mg]

　　　　W_s : 포집 전의 필터 중량 [mg]

◐ 3. 트래블 블랭크 시험

샘플링 시의 필터 운반과정·필터·전처리 과정·분석과정의 오염 합계 평가를 위해서 트래블 블랭크 시험을 실시한다. 포집 시에 시료용과 동일한 로트의 필터를, 포집 조작 이외에는 똑같이 운반해 포집 중에는 시료를 채취하고 있는 필터 측에 밀봉해 둔다. 회수 후에도 트래블 블랭크 시험용 필터는 시료용 필터와 마찬가지로 전처리·분석한다.

포집의 오염정도가 충분히 낮다는 것을 보증하기 위해 조사 개시 전에 트래블 블랭크 시험을 실시해 둔다. 조사 중에는 조사지역·시기·수송방법·수송거리 등에 대해서 동등하다고 간주되는 일련의 포집에 대해 시료 수의 10% 정도 빈도로 3시료 이상 실시한다[6].

┃ 2.5 수은

◐ 1. 들어가며

대기 중 수은은 주로 가스상 금속수은(가스상 Hg(0))과, 다른 물질과 화합물을 형성하는 2가 수은(가스상 Hg(Ⅱ)) 및 대기 부유입자 중에 존재하는 수은(입자상 Hg, 이하 Hg(p))의 3개 형태로 존재하고 있다.

일반 대기 중에는 가스상 Hg(0)이 전체 수은의 95% 정도를 차지하고 있고, 나머지 약 5%가 가스상 Hg(Ⅱ)과 Hg(p)이다[7],[8]. 가스상 Hg(Ⅱ)과 Hg(p)의 존재 비율은 작지만 가스상 Hg(0)에 비해 강수 등의 습성 침착 과정 및 가스의 확산이나 입자의 침강 등의 건성 침착 과정에 의해 제거되기 쉽다. 때문에 환경 중의 수은 순환에 크게 기여하고 있다[9].

한편, 가스상 Hg(0)은 난용성이므로 강수에 의해 제거되기 어렵다. 또, 건성 침착 속도도 가스상 Hg(Ⅱ)과 Hg(p)에 비해 느리다[10]. 그래서 가스상 Hg(0)의 대기 중 체류기간은 0.5~2년으로 매우 길어 방출원으로부터 지표에 도달하기까지 수천 km나 수송되는 경우가 있다[11],[12]. 그리고 그 일부는 가스상 Hg(Ⅱ) 혹은 Hg(p)로 변화해[13],[14] 방출원으로부터 먼 지역의 수은 순환에 기여한다. 이러한 대기 중 수은의 동태가 밝혀진 현재, 수은의 환경 리스크를 평가하는 데 대기 중 수은의 형태별 모니터링이 필요하다.

〈표 2.2〉에 대기 중 수은의 존재형태와 모니터링하기 위한 샘플링 방법을 나타냈다. 대기 중 수은의 샘플링 방법은 고상흡착법과 용액흡수법으로 대별되지만, 취급 및 이후의 전처리가 간편하기 때문에 고상흡착법이 주로 이용되고 있다. 다음 항부터 고상흡착법을 중심으로 대기 중 수은의 샘플링 방법에 대해 설명한다.

<표 2.2> 대기 중 수은의 존재형태와 샘플링 방법

대기 중 수은의 존재형태	고상흡착법	용액흡수법
가스상 Hg(0)	금 아말감 포집	$KMnO_4$ 용액 포집
가스상 Hg(Ⅱ)	KCl 디뉴더 포집 이온교환막 여과지 포집	HCl 용액 포집
Hg(p)	석영섬유 여과지 포집	−

◆ 2. 대기 중 수은의 샘플링 방법

[1] 가스상 Hg(0)의 샘플링

Hg(0)이 금과 아말감을 형성하는 성질을 이용해, 규조토나 석영울에 금을 코팅한 포집관(이하, 금 아말감 포집관)으로 가스상 Hg(0)을 포집하는 방법이 널리 이용되고 있다. 1항에서도 살펴본 것처럼 일반 대기 중 수은의 95% 정도는 가스상 Hg(0)이기 때문에 금 아말감 포집관에 의해 포집되는 수은을 총 수은으로서 일반 대기 중의 수은을 모니터링하고 있다. 또한, 금 아말감 포집관에는 가스상 Hg(0) 이외에 가스상 Hg(Ⅱ)의 대부분도 포집된다[15]. 가스상 Hg(0)을 포집하는 방법에는 황산 산성 과망간산칼륨($KMnO_4$) 용액을 이용한 용액흡수법도 있다. 그러나 흡수액의 블랭크(블랭크 시험값)를 관리하는 것이 어렵고, 기구 세정 등의 절차도 번잡하기 때문에 현재는 그다지 이용되지 않는다.

금 아말감 포집관에 의한 가스상 Hg(0)의 샘플링에서는 흡인량을 일정하게 유지할 수 있는 에어 샘플러에 포집관을 접속해 일정 시간 대기를 흡인한다. 적산 유량은 대기 흡인속도와 포집시간의 곱으로써 구하지만, 적산 유량계에 의해 측정하는 것이 바람직하다. 샘플링 후에는 포집관을 보존용기에 넣어 마개를 해 분석 시까지 보관한다.

또, 샘플링을 실시하기 전에는 포집관을 고온(약 600℃)으로 수 시간에서 하룻밤 가열함으로써 포집관 내의 수은을 미리 제거해 둔다. 포집관의 조제방법이나 특성 및 샘플링 방법의 자세한 내용은 환경성 매뉴얼 등[15],[16]에 기재되어 있으므로 그것을 참조하기 바란다.

(2) 가스상 Hg(Ⅱ)의 샘플링

가스상 Hg(Ⅱ)이 가스상 Hg(0)에 비해 물에 매우 녹기 쉬운 성질을 이용해 가스 흡수병[17] 또는 NH_3 등의 가스상 화학성분을 포집할 경우에 잘 사용되는 미스트 챔버[18] 등을 이용해 가스상 Hg(Ⅱ)만을 포집 용액에 흡수시킨다. 포집용액으로 묽은 염산(HCl)을 이용한다. 그 이유는 Hg(Ⅱ)이 염화물 이온(Cl^-)과 착체를 형성해 안정화시키므로 포집 후의 안정성도 확보하기 위해서다.

위의 용액흡수법 이외에도 가스상 Hg(Ⅱ)을 선택적으로 포집하는 방법으로서 고상 흡착법인 애뉼러 디뉴더(annular denuder법)[19]가 있다. 이 방법에서는 디뉴더관으로 불리는 석영 이중관의 내벽을 염화칼륨(KCl)으로 코팅해 (KCl 디뉴더, 그림 2.10), 가스상 Hg(Ⅱ)만을 KCl층에 선택적으로 포집한다. 이하에 KCl 디뉴더의 조제방법을 나타낸다. KCl 디뉴더를 이용한 방법은 용액흡수법에 비해 조작이 간편하고 대기 흡인속도를 높일 수 있기 때문에 포집량도 많아 널리 보급되고 있다.

사용할 때 KCl 디뉴더를 수직으로 세워 대기 중 수분의 영향을 제거하기 위해서 파이프 히터 등에 의해 약 50℃로 가온하면서 샘플링을 실시한다(내관의 구멍이 있는 쪽을 위쪽으로 해 아래쪽으로부터 대기를 흡인한다).

또, 대기 중의 조대입자(통상 2.5μm 이상)를 제거하기 위해 대기 흡인구에 사이클론이나 임팩터를 다는 것이 일반적이다.

KCl 디뉴더의 출구(위쪽)를 테플론 연결기에 접속해 흡인량을 일정하게 유지할 수 있는 에어 샘플러와 튜브로 연결해 10L/min로 대기를 흡인한다. 샘플링 후에는 KCl 디뉴더의 양측에 뚜껑을 덮어 파손되지 않게 보호커버 등으로 가려 분석 시까지 보관한다. 다만 실제 대기 중의 가스상 Hg(Ⅱ)을 샘플링하는 경우, 포집시간이 길어짐에 따라 포집효율이 저하하는 경향이 있기 때문에 최장 12시간마다 KCl 디뉴더를 교환하는 것이 추천되고 있다[20]. 이러한 방법 이외에도 양이온 교환막 필터를 이용해 가스상 Hg(Ⅱ)을 포집할 수 있다[21].

대기 　내관 　안쪽을 KCl로 코팅

외관 　가열 고온 시의 파손방지를 위해 구멍이 뚫려 있다.

〈그림 2.10〉 KCl 디뉴더관의 개략도

[3] Hg(p)의 샘플링

Hg(p)을 포함한 대기 부유입자는 로볼륨 에어 샘플러 또는 하이볼륨 에어 샘플러를 이용해 석영섬유 여과지에 포집한다. 샘플링 전에 여과지를 고온으로 몇 시간부터 하룻밤 가열해 여과지의 수은을 충분히 제거해 둔다. 흡인 유량은 전자가 수~수십 L/min, 후자가 수백~1,000L/min이다. 샘플링 후의 여과지는 시료 포집면을 안쪽으로 꺾어 접고, 보존용기(테플론 또는 유리) 혹은 2겹의 지퍼 달린 폴리봉지에 넣어 분석 시까지 냉동 보존한다.

여과지 취급 시에는 초음파 세정기 등으로 잘 세정한 핀셋을 사용한다. 또한, 10L/min 정도의 저유량 샘플링에서는 대기 부유입자를 포집하는 여과지의 상류 측에 KCl 디뉴더 관을 달았을 경우와 그렇지 않은 경우에 측정되는 Hg(p) 농도에 차이가 나는 경우가 있다[22]. 즉, 디뉴더 관을 달지 않은 편에서는 대기 중의 가스상 Hg(Ⅱ)이 여과지 및 여과지에 포집된 대기 입자층에 흡착 유지되는 경우가 있기 때문에 Hg(p) 농도를 실제 농도보다 높게 평가할 가능성이 있다. 때문에 가스상 Hg(Ⅱ) 농도가 높은 대기환경에서의 저유량 샘플링에는 주의를 필요로 한다.

◐ 3. 맺음말

대기 중 수은의 형태별 모니터링은 유럽과 미국을 중심으로 실시되고 있고, 아시아 지역에서도 관측점이 증가하고 있다. 대기 중 수은의 형태별 분석방법은 3.2절 2항에서 설명하겠지만 샘플링부터 분석까지를 자동으로 실시하는 형태별 수은 모니터링 장치도 시판되고 있어[23], 많은 지점에서 귀중한 데이터를 얻을 수 있다.

2.6 석면

○ 1. 시료의 포집

석면(asbestos)의 대기 중 농도 측정에서는 시료를 필터에 포집한다. 시료의 포집에는 필터 홀더·유량계·흡인 펌프를 고무 호스로 직렬로 연결한 포집장치를 이용한다. 분석에는 위상차 현미경(광학 현미경의 일종)과 투과형 전자현미경(TEM) 및 주사형 전자현미경(SEM)을 사용하므로 각각의 분석법에 따라 포집법의 세부는 약간 다르다. 또, 측정법에는 국내외에 많은 표준법이 있는데, 각 표준법마다 포집법에도 약간의 차이점이 있다.

[1] 필터 및 필터 홀더

석면(asbestos) 섬유를 포집하는 필터는 위상차 현미경법에서는 포어 사이즈가 0.8 μm의 멤브레인 필터(셀룰로오스 혼합 에스테르 필터)가 사용된다. 전자현미경법에서는 멤브레인 필터 이외에 폴리카보네이트(polycarbonate) 필터가 사용되는 경우도 있다. 필터 지름은 47mm 또는 25mm인 것이 사용된다. 필터 홀더는 필터 지름에 대응한 오픈 페이스형이 사용된다. 필터 홀더에는 필터 표면을 보호하고, 기류를 안정시키기 위해서 카울(원통형 커버)을 장착한다. 카울의 길이는 필터 유효지름의 1.5~3배의 범위로 한다[24].

대전에 의한 입자 부착을 피하기 위해 카울에는 전기 도전성이 좋은 재질을 사용한다. 25mm 지름의 필터에는 카울이 달린 일회용 카세트가 시판되고 있다. 필터 홀더는 스탠드를 사용해 높이 약 1.5m의 위치에 필터면을 지면에 대해서 수직(공기의 흡인은 수평 방향)으로 설치한다. 이 설치법과 필터면을 아래 방향으로 했을 경우와 비교할 때 측정값에 차이는 없다는 보고가 있다[25]. 필터 홀더를 반복해 사용하는 경우에는 포집용 필터의 오염을 막기 위해 압력손실이 적은 필터를 깐 위에 포집용 필터를 두고 샘플링을 실시한다.

필터상의 입자 밀도가 높아지면 입자의 겹침에 의해 현미경 관찰에 지장이 생긴다. 해체 현장이나 교통량이 많은 도로 근방에서 샘플링할 경우, 대기 중의 입자 농도가 높을 때에는 필터상 입자 밀도가 높아지지 않도록 샘플링 기간 중에 필터를 교환할 필요가 있다. 포집 종료 후의 필터는 분진면을 손으로 만지는 일이 없게 핀셋 등으로 필터 홀더로부터 꺼내 청정한 페트리 슬라이드에 1개씩 보관한다. 페트리 슬라이드에는 필터의 ID 번호를 기입해 둔다.

[2] 유량계

유해물질의 대기 중 농도의 측정오차는 (유해물질의 분석 오차)+(흡인 유량의 계측 오차)로 나타내고, 흡인 유량의 계측오차는 유해물질의 분석 오차와 동등한 무게를 가지고 있다. 유량계에는 플로미터나 건식 가스미터가 사용되지만 흡인 유량을 적산해 표시할 수 있는 매스 플로미터를 사용하면 정밀도가 높은 적산 유량을 얻을 수 있다. 또한 매스 플로미터의 초기설정에는 필터의 압력손실 데이터가 필요하므로 구입 시에 주의해야 한다.

[3] 흡인펌프

입자 포집에 의해 필터의 압력손실이 높아져도 소정의 흡인 유량을 얻을 수 있는 흡인력을 갖고, 또한 맥동이 없는 펌프를 사용한다. 이러한 조건을 만족하는 소형·경량 다이어프램형 드라이 진공 펌프가 시판되고 있어 매스 플로미터로 일체화한 흡인장치를 저렴하게 조립할 수 있다. 이 흡인장치에서는 전원을 얻을 수 없는 측정지점에서도 배터리를 전원으로 하면 흡인 유량 10L/min로 4시간 이상의 샘플링이 가능하다.

[4] 샘플링의 기록

샘플링 시간·총흡인 유량과 농도 산출에 필요한 항목은 원래 샘플링 지점의 배치도나 샘플링 중의 돌발적 사건(일시적 정전, 기상 조건의 변화 등), 주변에서의 해체 공사 유무 등 데이터 해석 시에 필요한 항목도 모두 기록해 두지 않으면 안 된다.

[5] 다양한 포집법

일본에서 채용되고 있는 포집법은 정적 포집법(static sampling)으로 불리는 방법이다. 해외에서는 석면(asbestos) 제거 공사 후의 실내농도 측정에 대해 빗자루나 블로어로 마루의 먼지를 고의로 발진시키는 포집법(aggressive sampling)이 채용된다. 또 석면(asbestos) 함유가 의심되는 토양 등에서의 비산을 평가하는 경우에도 실제 인간 활동(자동차의 주행이나 농사일 등)으로 발진시키는 포집법(activity-based sampling)이 사용된다.

1) Compendium of Methods for the Determination of Toxic Organic Compounds in Ambient Air
   http：//www.epa.gov./ttnamtil/files/ambient/airtox/to-14or.pdf
2) JIS K 012: 1995　用水・排水中の揮発性有機化合物試験法，日本規格協会
3) 環境庁大気保全局大気規制課監修：有害大気汚染物質測定の実際，1997
4) 環境省水・大気環境局大気環境課：有害大気汚染物質測定方法マニュアル・排ガス中の指定物質の測定方法マニュアル，2008（最新版：2011）
5) U. S. Environmental Protection Agency：Compendium of Methods for the Determination of Toxic Organic Compounds in Ambient Air, 2nd ed., Determination of Polycyclic Aromatic Hydrocarbons in Ambient Air Using GC/MS, Compendium Method TO-13A, 1999
6) 環境省水・大気環境局大気環境課：有害大気汚染物質測定方法マニュアル・排ガス中の指定物質の測定方法マニュアル，2011
7) O. Lindqvist and H. Rodhe：Atmospheric mercury, Tellus, 37B, pp. 136-159, 1985
8) O. Lindqvist, K. Johansson, M. Aastrup, A. Adersson, L. Bringmark, G. Hovsenius, L. Hankanson, A. Iverfeldt, M. Meili and B. Timm：Mercury in the Swedish environment: recent research on causes, consequences and corrective methods., Water, Air, and Soil Pollut., 55, 1e261, 1991
9) S. E. Lindberg and W. J. Stratton：Atmospheric Mercury Speciation: Concentrations and Behavior of Reactive Gaseous Mercury in Ambient Air, Environ. Sci. Technol., 32, pp. 49-57, 1998
10) R. Shia, C. Seigneur, P. Pai, M. Ko and N. D. Sze：Global simulation of atmospheric mercury concentrations and deposition fluxes, J. Geophy. Res., 104 (19), pp. 23747-23760, 1998
11) F. Slemr, W. Seiler and G. Schuster：Latitudinal distribution of mercury over the Atlantic Ocean., J. Geophy. Res., 86, pp. 1159-1160, 1981
12) P. Weiss-Penzias, D. A. Jaffe, A. Mcclintick, E. M. Prestbo, and M. S. Landis：Gaseous Elemental Mercury in the Marine Boundary Layer：Evidence for Rapid Removal in Anthropogenic Pollution, Environ. Sci. & Technol, 37, pp. 3755-3763, 2003
13) W. H. Schroeder, G. Yawhood and H. Niki：Transformation processes involving mercury species in the atmosphere - Results from a literature survey, Water, Air and Soil Pollut., 56, pp. 653-666, 1991
14) C. Seigneur, J. Wrobel and E. Constantinou：A chemical kinetic mechanism for atmospheric inorganic mercury, Environ. Sci. Technol., 28, pp. 1589-1597, 1994
15) 有害大気汚染物質測定の実際編集委員会編：有害大気汚染物質測定の実際，第7章 水銀の測定方法（第2版），pp. 381-395, 2000
16) 環境省水・大気環境局大気環境課：有害大気汚染物質測定方法マニュアル・排ガス中の指定物質の測定方法マニュアル，第1編有害大気汚染物質測定方法マニュアル，第6章 大気中の水銀の測定方法，pp. 169-178（2008）

17) C. Brosset : The behaviour of mercury in the physical environment, Water, Air and Soil Pollut., 34, pp. 145-166, 1987

18) W. J. Stratton and S. E. Lindberg : Use of a refluxing mist chamber for measurement of gas-phase mercury(II) species in the atmosphere, Water, Air and Soil Pollut., 80, pp. 1269-1278, 1995

19) Z. Xiano, J. Sommar, S. Wei and O. Lindqvist : Sampling and determination of gas phase divalent mercury in the air using a KCl coated denuder, Fresenus J. Anal. Chem., 358, pp. 386-391, 1997

20) M. S. Landis, R. K. Stevens, F. Schaedlich and E. M. Prestbo : Development and characterization of an annular denuder methodology for the measurement of divalent inorganic reactive gaseous mercury in ambient air, Environ. Sci. Technol., 36, pp. 3000-3009, 2002

21) G. - R. Sheu and R. P. Mason : An examination of methods for the measurements of reactive gaseous mercury in the atmosphere, Environ. Sci. Technol., 35, pp. 1209-1216, 2001

22) M. M. Lynam and G. J. Keeler : Artifacts associated with the measurement of particulate mercury in an urban environment: The influence of elevated ozone concentrations, Atmos. Environ., 39, pp. 3081 - 3088, 2005

23) TEKRAN Insturuments Coporation homepage,
    http : //www.tekran.com/products/ambient_products.aspx

24) WHO : Determination of airborne fibre number concentrations - A recommended method, by phase-contrast optical microscopy (membrane filter method), World Health Organization, Geneva, 1997

25) Beckett. S. T. : THE EFFECTS OF SAMPLING PRACTICE ON THE MEASU - RED CONCENTRATION OF AIRBORNE ASBESTOS, Ann. occup. Hyg., Vol. 23, pp. 259 - 272, 1980

제3장

대기시료의 분석

3.1 유기물질의 분석

● 1. 벤젠 등 휘발성 유기화합물의 분석

여기에서는 분석 성능시험에 대해 설명한 후 검량선 작성용 시료의 조제방법, 시료의 전처리 방법, 가스 크로마토그래프 질량분석계에 도입하는 장치(용기포집법의 시료 도입장치와 고체흡착—가열탈착법의 가열탈착장치)의 동작원리와 조작방법에 대해 설명한다.

[1] 분석 성능시험

조작 블랭크 시험과 회수시험은 분석자의 분석기술 숙련도를 포함한 분석법의 성능 시험으로서 실시한다. 시료 조제방법을 〈표 3.1〉에 정리했다. 시험결과의 평가는 이중 측정 등의 정밀도 관리 시험결과와 함께 4.1절 1항에서 설명한다.

〈표 3.1〉 조작 블랭크 시험과 회수(파과)시험

측정법	조작 블랭크 시험	회수(파과)시험
용기 채취법	적어도 3개의 캐니스터에 가습 제로가스를 200kPa 정도로 가압한다(채취시료를 가압할 때의 도달압력과 똑같이 한다). 이것을 조작 블랭크 시료로 한다. 캐니스터의 사용 이력으로부터 통상보다도 분명히 고농도의 VOHAPs를 도입한 캐니스터 및 시료의 분석에서 통상보다 다량의 방해성분이 보이는 캐니스터에 관해서는 반드시 블랭크 시험을 실시한다.	환경농도 상당의 표준시료*를 피시험 캐니스터 및 기준 캐니스터(측정 이력으로부터 VOHAPs의 캐니스터의 내면에 흡착이 없다고 판정할 수 있는 것)에 조제하고, 기준 캐니스터의 각 성분의 면적비(/내부 표준물질)에 대한 피시험 캐니스터 면적비의 백분율을 회수율로 한다. 시험은 모든 캐니스터에 대하여 6개월에 1회 실시한다.
고체 흡착법 (가열탈착)	필요한 수의 포집관을 태우고 나서 세척하고, 그중 적어도 3개 이상의 포집관을 조작 블랭크 시료로 한다. 통상보다도 분명히 고농도의 VOHAPs를 포집한 포집관 및 시료의 분석으로 통상보다 다량의 방해성분이 인정된 포집관에 관해서는 반드시 블랭크 시험을 행한다	포집관으로부터의 VOHAPs의 회수에는 포집관으로부터의 파과와 가열탈착장치에서의 흡착제로부터 탈착률이 관계되기 때문에 각각을 시험한다. 파과시험은 2개의 포집관을 직렬로 연결해 시료를 채취하고, 포집관을 제각기 측정해 농도를 비교한다. 이 시험은 포집관의 로트나 시료채취 속도를 바꾸었을 때에 3회 이상 행한다. 시료 매트릭스의 탈착률에 미치는 영향은 표준시료와 전형적인 채취시료의 포집관을 각각 한 번 가열탈착 측정한 후 한번 더 측정하고, 농도비(2회째/1회째)를 채취시료와 표준시료로 비교함으로써 확인한다. 회수시험은 포집관의 로트를 바꾸었을 때 실시한다.

측정법	조작 블랭크 시험	회수(파과)시험
고체 흡착법 (용매추출)	동일 로트 포집관의 적어도 3개 이상의 포집관을 조작 블랭크 시료로 한다.	측정에 있어서 VOHAPs의 회수에는 포집관으로부터의 파과와 흡착제로부터의 회수(추출)율이 관계된다. 이 방법에서 사용한 시판 포집관에는 전상과 후상이 있고, 이들을 제각기 대기시료를 동일한 방법으로 전처리한 추출액을 파과시험 시료로 한다. 채취한 전체 검체의 10%로 적어도 3개 이상의 포집관을 파과시험에 제공한다. 흡착제로부터의 회수시험 시료는 [4]의 표준용액 조제와 동일한 방법으로 3검체 이상 작성한다. 회수시험은 포집관의 로트를 바꾸었을 때 실시한다.

＊적당한 농도로서 검출 하한값-정량 하한값 산출을 위해서 최저 농도의 반복 분석 데이터를 기본으로 측정 대상 VOHAPs 대부분의 성분에서 변동계수(CV%)가 5% 이하가 된다고 추측되는 농도를 생각할 수 있다.

[2] 용기포집-가스 크로마토그래프 질량분석법
(a) 표준가스 조제

시판되는 혼합 표준원 가스를 압희석법, 유량비 혼합법, 실린지법 중 하나 혹은 이들을 조합해 희석해 2ppbv 정도의 SCAN 측정용 표준가스와 5단계 이상의 농도 검량선 작성용 표준가스를 조제한다.

검량선 작성용 표준가스의 농도범위는 최소 농도가 기준값의 10분의 1 이하이고, 최대 농도가 환경시료의 농도범위를 감당하도록 설정한다. 환경농도는 모니터링 대상지역의 종전의 모니터링 결과로부터 예측한다(그림 3.1). 한편, 검량범위를 너무 넓지 않게 할 필요가 있다. 그 이유는 최소제곱법으로 작성하는 검량선에서는 검량 농도범위를 넓게 함에 따라 검량 농도범위의 저농도 영역의 괴리도[표준가스의 MS 응답값(면적)을 검량선의 식에 대입해 산출한 농도(기댓값)와 표준가스 농도 차이의 표준가스 농도에 대한 백분율]가 커진다(표 3.2). 즉 저농도 범위에서의 정량오차가 커지는 경향이 있기 때문이다. 이것 때문에 교정용 표준시료의 농도범위를 최대 100배 이하로 하는 것이 적당하다고 생각된다. 검량 농도범위를 넘는 검체는 공시하는 시료량을 줄여 측정한다.

또한, 검량 농도범위를 결정하려면 채취시료 전처리의 희석배율(농축배율)을 고려한다.

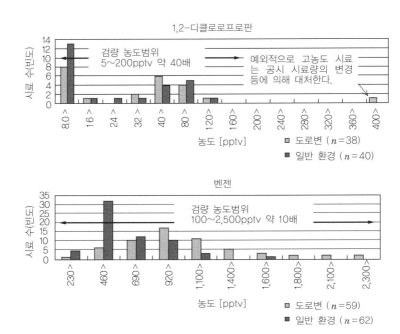

<그림 3.1> 실시료의 농도분포를 고려한 검량 농도범위 결정 방법

<표 3.1> 검량 농도범위가 다른 상대 검량선의 괴리도(예 : 염화비닐 모노머)

농도 [pptv]	가중치 없음	가중치 (1/농도^2)	가중치 없음	가중치 (1/농도^2)	가중치 없음	가중치 (1/농도^2)	가중치 없음	가중치 (1/농도^2)
5	250%	0%	−48%	−1%	−25%	0%	−13%	1%
10	120%	−2%	−23%	−1%	−11%	−2%	−7%	−3%
30	42%	9%	7%	11%	12%	10%	10%	8%
50	13%	−5%	−4%	−2%	−1%	−4%	−3%	−6%
100	−1%	−6%	−2%	−4%	−1%	−5%		
300	−5%	−1%	5%	2%				
500	−13%	−7%	−2%	−5%				
1,000	3%	11%						
기울기	2,9E−03	2,6E−03	2,5E−03	2,6E−03	2,4E−03	2,6E−03	2,5E−03	2,7E−03
절편	−3,6E−02	7,6E−04	7,5E−03	1,2E−03	4,8E−03	1,0E−03	2,9E−03	5,3E−04
r^2	0,993	0,994	0,999	0,996	0,997	0,994	0,990	0,994

가중치 없는 상대 검량선에서 모든 검량점의 괴리도가 15% 미만이었던 것은 농도범위가 5~50pptv의 경우였다.

검량 표준시료 농도범위≒1/2.5×환경시료의 예상 농도범위

2.5 : 3.3mL/min에서 24시간 연속 채취한 시료를 측정 전에 200kPa까지 가압 희석하는 경우의 희석배율

조제한 표준시료의 농도 트레이서빌리티는 혼합 표준원 가스의 농도 보증값·보증 기간과 자주 작성하는 표준작업 순서(SOP)에 준거해 희석 조작함으로써 담보한다.

이상의 검량 농도범위 설정방법과 트레이서빌리티의 개념은 단체 흡착─가열탈착─가스 크로마토그래프 질량분석법 및 고체흡착─용매추출법─가스 크로마토그래프 질량분석법에도 공통된다.

(b) 시약

정제수·가습 제로 가스 : 2.1절 2항 [2] 참조.

표준원 가스 : 혼합 표준원 가스는 함유 성분의 종류, 농도, 충진 압력이 다른 시판품 중에서 측정 대상항목과 희석법에 대해 요구되는 압력에 적합한 것을 선택한다.

융점이 실온 이상인 VOHAPs에 대해서는 일정 용량 혹은 일정 중량의 표준물질을 희석병에 첨가해 기화시켜 표준가스를 조제할 수 있지만, 희석병에서의 보존성이 나쁘고, 실내 공기에 의한 오염 위험성이 높다. 희석병에 의한 조제방법은 시판 혼합 표준원 가스에 포함되지 않는 물질의 분석법을 검토할 때에 유효하다.

시판 혼합 표준원 가스 농도의 유효자릿수는 2자릿수에서 4자릿수이며, 제조사에 따라서 다르다. 농도 보증기간의 기준은 산화에틸렌과 같은 극성성분이 농도 변화율 ±15% 이하에서 반년에서 1년 정도, 그들 이외의 소수성 성분은 농도 변화율 ±10% 이하에서 1년 정도이다.

내부 표준원 가스 : 플루오로벤젠, 톨루엔-d_8. 클로로벤젠-d_5, 브로모플루오로메탄 등의 물질을 질소로 1ppmv 정도로 희석된 단품 또는 혼합제품을 사용한다.

■ 압희석법

압희석법의 개념도를 〈그림 3.2〉에 나타낸다.

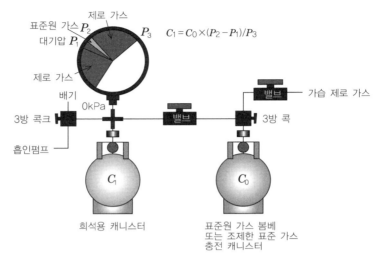

〈그림 3.2〉 압희석법의 개념도

(1) 원리

일정한 온도로 유지한 캐니스터에 가스를 도입하는 경우, 도입한 가스의 체적은 캐니스터의 내압에 비례한다. 이로부터 진공 배기한 캐니스터에 내압(P_1 [kPa])까지 가습 제로 가스를 도입하고, 다음으로 농도 C_0 [ppbv]의 표준가스를 내압(P_2 [kPa])이 될 때까지 도입하고, 또 가습 제로 가스를 내압(P_g [kPa])까지 도입했을 때의 표준가스 농도 C_1 [ppbv]는 다음 식으로 계산한다.

$$C_1 = C_0 \times (P_2 - P_1)/P_3$$

(2) 압희석 장치

압희석 장치는 희석용 가습 제로 가스 공급 라인, 흡인 펌프 라인, 장치 내 가스의 배기 라인, 희석원 캐니스터(봄베)의 부착구, 희석선 캐니스터의 부착구와 압력계로 구성된다.

(3) 조작 준비

• 압희석 장치에 가습 제로 가스를 배관한다.
• 온도조절이 가능한 방에서 압희석 장치, 희석선 캐니스터(블랭크 시험이 끝난 캐니스터를 13kPa 이하로 감압한 후 6L의 캐니스터에 대해서 $100\mu L$의 정제수를

첨가한 것), 표준원 가스 또는 희석원의 표준가스가 들어간 봄베(캐니스터)의 온도가 안정되는 것을 기다린다.

• 장치 내의 배관에 누설이 없는지를 확인한다.

(4) 조작

1. 표준원 가스 봄베(희석원 캐니스터) 및 희석선 캐니스터를, 가습 제로 가스를 분출시키면서 설치하고 설치구의 누설 체크[*1]를 실시한다.
2. 캐니스터 및 가스 봄베의 밸브[*2]를 닫은 상태에서 유로의 세정(진공 배기(1psia)→가습 제로 가스 도입(200kPa)→배기)을 3회 이상 반복한다.
3. 캐니스터에 가습 제로 가스를 대기압+10kPa[*3] 정도까지 도입하면서 밸브를 닫아 압력계의 지시값이 안정되는 것을 기다려 압력 지시값(P_1)을 읽는다.
4. 희석선 캐니스터의 밸브를 닫고 유로에 남은 가습 제로 가스를 배기·흡인 후, 희석원 캐니스터의 밸브를 열어, 유로를 표준가스로 3회 이상 모두 세정(도입→배기→흡인)한다.
5. 유로에 표준가스를 P_1까지 도입해 희석원 봄베(캐니스터)의 밸브를 닫는다.
6. 희석선의 캐니스터 밸브를 열어 압력계의 지시값이 변동하지 않는지 확인한다.
7. 희석원의 봄베(캐니스터) 밸브를 열고, 표준가스를 P_2 부근까지 희석선 캐니스터에 도입하면 희석원의 봄베(캐니스터) 밸브를 닫아 압력계의 지시값이 안정되는 것을 기다려 압력(P_2)을 읽는다[*3].
8. 희석선 캐니스터의 밸브를 닫고 장치 내에 남는 표준시료를 배기·흡인했으면 가습 제로 가스로 장치를 3회 이상 모두 세정한다.
9. 가습 제로 가스로 장치 내의 압력을 P_2에 맞추고 희석선 캐니스터의 밸브를 열어 가습 제로 가스를 도입한 후, 가습 제로 가스의 밸브를 닫아 압력계의 지시값이 안정되는 것을 기다려 압력(P_3)을 읽는다.
10. 캐니스터의 밸브를 닫아 가습 제로 가스를 분출시키면서 분리한다. 캐니스터 내에서 농도가 균일하게 될 때까지 경험상 3시간 필요하다.

[*1] 유로를 감압해 펌프 밸브를 닫고 압력계의 지시값이 안정되는 것을 기다려 지시값을 읽는다. 그리고, 1분 후에 압력계의 지시값을 읽어 앞의 지시값에서 변화하지 않았으면 누설이 없다고 판정한다.
[*2] 표준원 가스에 장착하는 압력 조정기의 압력 게이지가 정압 측만 있는 경우에는 조정기 안을 감압할 수 없기 때문에 가스 봄베 설치구까지의 세정은 장치의 봄베 설치구에 공마개를 한 상태로 실시한다.
[*3] 압력계의 정확도가 가장 좋은 이 부근의 지시값을 사용해 표준원 가스 도입분의 압력을 계측한다.

■ 유량비 혼합법

유량비 혼합법의 개념도를 〈그림 3.3〉에 나타낸다.

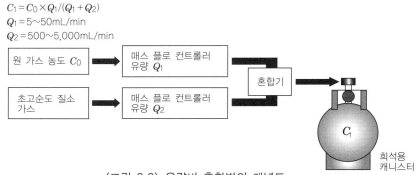

$C_1 = C_0 \times Q_1 / (Q_1 + Q_2)$
$Q_1 = 5 \sim 50 mL/min$
$Q_2 = 500 \sim 5,000 mL/min$

〈그림 3.3〉 유량비 혼합법의 개념도

(1) 원리

농도 C_0(ppbv)의 표준원 가스를 유속 Q_1(mL/min)로, 가습 제로 가스를 유속 Q_2(mL/min)로 흘려 충분히 혼합한 가스를 감압한 캐니스터에 충전한다. 충전한 가스의 농도 C_1(ppbv)은 다음 식으로 계산한다.

$$C_1 = C_0 \times Q_1 / (Q_1 + Q_2)$$

(2) 유량비 혼합장치

유량비 혼합장치는 Q_1, Q_2를 제어하는 고정밀도 매스 플로 컨트롤러와 가스의 혼합기로 구성된다.

(3) 준비

• 유량비 혼합장치에 가습 제로 가스 및 표준원 가스가 들어간 봄베를 배관해 희석선 캐니스터(블랭크 시험이 끝난 캐니스터를 13Pa 이하로 감압한 후, 6L의 캐니스터에 대해서 100μL의 정제수를 첨가한 것)를 달아 장치의 조작 매뉴얼에 따라 누설이 없는지 확인한다.
• 실온이 안정되어 있는지 확인한다.

(4) 조작

1. 두 매스 플로 컨트롤러의 유량을 설정한다.
2. 가습 제로 가스, 표준원 가스 봄베를 열어 가스의 유속이 안정되고 혼합기 안의 농도가 균일하게 될 때까지 두 가스를 흘린다(흘리는 시간은 장치 매뉴얼에 따른다).

3. 캐니스터의 밸브를 열어 혼합 가스를 200kPa 정도까지 충전한다.

■ 실린지법
실린지법에 의한 희석의 개념도를 〈그림 3.4〉에 나타낸다.

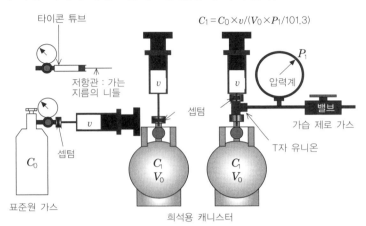

좌측 : 주입 후 가습 제로 가스로 희석한다. 우측 : 가습 제로 가스를 흘리면서 주입하고
다시 희석한다.
〈그림 3.4〉 실린지법에 의한 희석의 개념도

(1) 원리
농도 C_0[ppbv]의 표준원 가스가 들어간 봄베(캐니스터)에서 일정량(v[mL])의 시료
를 가스 타이트 실린지로 양을 재어, 감압한 셉텀 달린 캐니스터(체적 V_0[L])에 주입한
다. 그 캐니스터를 가습 제로 가스를 충전 가능한 압력계 달린 장치(압희석장치 또는
캐니스터 세정장치 등)에 달아 가습 제로 가스를 P_1[kPa]까지 충진한다. 조제한 표준
시료의 농도 C_1[ppbv]는 다음 식으로 계산한다.

$$C_1 = C_0 \times v/(V_0 \times P_1/101.3)$$

(2) 장치·기구
가습 제로 가스 환기장치, 가스 타이트 실린지(유리 배럴, 테플론 실 달린 플런저, 횡
혈식 스테인리스 니들). 압희석장치 또는 캐니스터 세정장치, 셉텀 달린 캐니스터
(13Pa 이하로 감압한 후 6L의 캐니스터에 대해서 100μL의 정제수를 첨가한 것)

(3) 준비
• 표준원 가스, 조제용 캐니스터의 온도가 안정되는 것을 기다린다.

(4) 조작

1. 표준원 가스가 들어간 봄베에 설치한 압력 조정기로부터 소량의 가스를 흘리면서, 가스 취출구에 셉텀을 부착 너트로 고정한다(타이콘 튜브를 연결해 출구에 저항관을 붙여도 괜찮다).
2. 가스 타이트 실린지를 원 가스로 일정 횟수 씻어낸다[4].
3. 감압한 캐니스터에 셉텀을 설치하고 너트로 고정한다.
4. 취하는 체적보다 조금 많은 가스를 가스 타이트 실린지에 취해, 플런저를 눈금에 맞추어 캐니스터에 설치한 셉텀을 통해 재빠르게 주입한다.
5. 캐니스터 클리너(또는 압희석장치)에 캐니스터를 설치하여 누설 여부를 확인한 후, 가습 제로 가스를 200kPa 정도까지 도입한다.

   3종류의 희석법의 장점, 단점을 〈표 3.3〉에 정리했다.

[4] VOHAPs 중에는 가스 타이트 실린지의 내벽에 흡착하기 쉬운 성분이 존재한다(그림 3.5). 가스 타이트 실린지는 온도조절한 방에서 채취하기 전에 희석원의 가스로 씻어낸다.

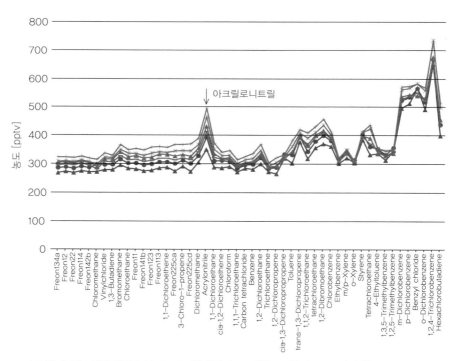

〈그림 3.5〉 실린지법으로 5mL 첨가하여 조제한 표준시료로 정량한 25mL 첨가하여 조제한 시료의 농도
(이 정량방법에서는 실린지에 흡착하기 쉬운 성분이 과대 평가된다)

〈표 3.3〉 희석 방법의 비교

조건	압희석법	유량비 혼합법	실린지법
초기경비	압희석장치	유량비 혼합장치(고가)	캐니스터 클리너 또는 압희석장치가 있으면 좋다.
1회 희석배율 (6L의 캐니스터를 사용하는 경우)	15~30배	10~5,000배	240~12,000배
조작 도중 VOHAPs의 흡착	아크릴로니트릴이 20pptv 이하에서 문제가 된다.	가장 영향이 없다(라인의 불활성화에 시간이 걸린다).	영향을 받기 쉽다.
조작의 자동화	불가능, 훈련이 필요	자동화 가능	불가능, 훈련이 필요
조제한 캐니스터 중의 농도 균일성	확인 불가능, 조제 3시간 후부터 사용 가능	조제 후 바로 사용 가능	확인 불가능, 조제 3시간 후부터 사용 가능
희석원 표준가스의 압력	150kPa 이상 ($>P_2$, 〈그림 3.5〉 참조)	300kPa 이상, 표준원 가스로부터 조제한 표준가스는 압력이 부족하므로 다음의 희석원 가스로 사용할 수 없다.	대기압 이상
1회 희석에 사용하는 원가스의 양	250~500mL	600~6,000mL	1~100mL (가스 타이트 실린지의 용량)

■내부 표준가스 조제

(1) 농도 설정

1회 측정에서 내부 표준물질의 주입량은 피크 면적의 적분오차를 무시할 수 있는 충분한 양이어야 한다. 다만, 필요 이상으로 주입했을 경우 내부 표준원 가스 내 불순물질(예를 들면 톨루엔–d_8 내의 톨루엔)의 영향이 염려된다. 그래서 내부 표준가스의 농도는 검량 농도범위의 중간 농도 정도가 되도록 조제한다.

(2) 조작

농도의 트레이서빌리티는 표준가스 정도로 요구되지 않는다. 특별히 주의할 필요가 있는 것은 희석조작으로 오염시키지 않을 것, 동일 배치의 검사 대상물체를 같은 내부 표준가스를 사용해 측정할 수 있는 충분한 양을 조제하는 것이다. 이러한 점을 고려해 내부 표준원 가스의 희석 방법은 실린지법을 추천한다.

한번에 조제하는 내부 표준가스의 체적은 다음 식으로 추측한다.

내부 표준시료 체적 [L]=(검사 대상물체 수+검량선 작성용 표준시료 수(5개 이상)
　　　　　　　　　+정량 하한값 산출용 검사 대상물체 수
　　　　　　　　　+조작 블랭크 시험용 검사 대상물체 수)
　　　　　　　　　×1회 측정에 사용하는 내부 표준가스의 체적 [L]

6L의 캐니스터를 사용해 250kPa의 내부 표준가스를 조제했을 경우에 사용 가능한 체적은 9L 정도, 1회 측정에 0.1L를 사용하는 경우 측정 가능한 검사 대상물체 수(표준가스, 정밀도 관리 시료를 포함한다)는 90검체 정도이다. 그 이상의 시료를 하나의 배치로서 측정하는 경우에는 15L의 캐니스터를 사용하면 좋다.

■시료 농축장치
(1) 동작 원리와 구조
캐니스터에 포집한 시료는 질량분석계의 검출감도 이상이 되도록 농축장치(자동 저온 농축장치, 전자동 캐니스터 농축 도입시스템이라고도 부른다)를 이용해 농축 후 GC에 도입한다. 대기시료 중에는 VOHAPs에 비해 대량의 수분 및 이산화탄소가 포함된다. 이것들은 분석을 방해하므로 농축장치에는 VOHAPs를 손실 없이 물이나 이산화탄소의 대부분을 제거하는 기능이 갖춰져 있다.

일본에서 보급되어 있는 자동 농축장치는 엔테크사의 7100 시리즈, 테크마사의 AUTOCan, GL 사이언스사의 AERO 타워 시스템(그림 3.6)에 한정된다.

각 농축장치의 기본 동작을 〈표 3.4〉에 정리했다.

(2) 조작
- 캐니스터 부착 : 농축장치의 부착구로부터 퍼지가스(헬륨가스 또는 질소가스)를 흘리면서 부착한다. 테크마사의 농축장치 및 GL 사이언스사의 농축장치에서는 연결한 캐니스터의 밸브를 연 단계에서 캐니스터부터 밸브까지의 트랜스퍼 라인이 오토샘플러 포지션 #1의 캐니스터 가스로 채워진다. 따라서, 교차오염을 막기 위해서 포지션 #1에는 가습 제로 가스를 충전한 캐니스터를 접속한다.
- 누설 테스트 : 농축장치 내의 누설 부분은 퍼지가스를 백플러시하면서 가스 누설 검출기를 사용해 체크한다. 6방향, 8방향, 16방향 밸브는 가온해 금속 부품이 팽창한 상태로 가스가 누설되지 않는 구조로 되어 있으므로 가온 상태로 누설 체크한다. 캐니스터 접속 부분으로부터의 누설을 막기 위해서는 고가의 접속부 나사산을 파손하지 않도록 너트를 조이는 것을 피하고, 일단 너트를 풀었다가 다시 체결하면 좋다. 밸브로부터의 누설은 제조사와 상담해 대처한다.
- 농축장치의 조작 : 농축장치의 동작조건을 지정하는 장치 메소드와 측정하는 캐니스터의 포지션 및 1회 측정에 공시하는 시료와 내부 표준가스의 체적을 지정하는 측정순서 파일을 작성한다.

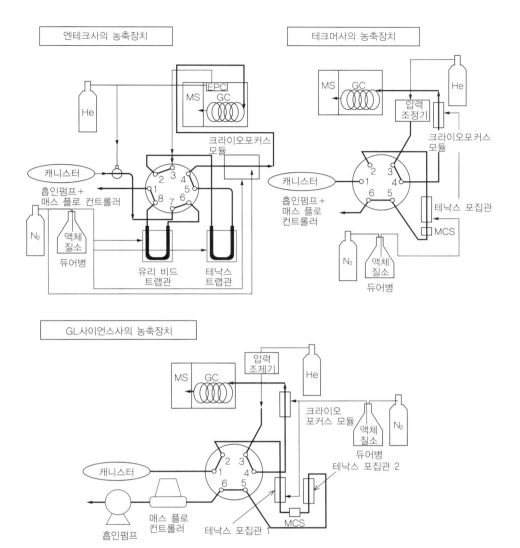

<그림 3.6> 농축장치의 개요

〈표 3.4〉 농축공정의 장치 간 비교

공정	엔테크사	테크머사	GL사이언스사
1. 셀프 테스트	장치 조작 프로그램을 시작하면 자동으로 실행한다.		
2. 장치 내부의 누설 테스트	캐니스터 설치구와 연결된 라인의 전자밸브를 닫은 상태에서 다이어프램 펌프를 사용하여 캐니스터부터 다이어프램 펌프까지의 라인을 일정 시간 흡인하고, 펌프 직전의 전자밸브를 닫은 직후의 압력(P_0)을 계측한다. 라인을 닫은 상태를 1~2분간 유지한 후 한 번 더 압력(P_t)을 계측한다. 압력차(ΔP)가 제로에 가까우면 ($\Delta P = P_1 - P_0$) 누설되고 있지 않다고 판정*1 한다.		
3. 누설 테스트	캐니스터 설치구와 연결된 라인의 전자밸브를 열고, 캐니스터의 밸브를 닫은 상태에서 공정 2와 똑같이 하여 ΔP를 기초로 판정한다.		
4. 베이크	자동화되어 있지 않으므로 더미의 시료를 측정하든가, 메뉴얼로 베이크를 실행한다. 퍼지 가스 유량, 가열 온도, 시간은 메소드의 항목으로서 지정한다.	시퀀스 측정의 첫 번째 시료를 측정하기 전에 트랩관, 크라이오 모듈에 퍼지 가스를 흘리면서 가열해 방해물질을 뽑아낸다(스페셜 베이크라고 불러 시료측정 후에 행하는 베이크와 구별한다). 퍼지 가스 유량, 가열 온도, 시간은 메소드 항목으로서 지정한다.	
5. 포집관 냉각	유리 비드를 충전한 포집관(실리코스틸관(1/8인치))을 단열시킨 박스에 넣은 모듈 1의 내부에 액체질소를 불어넣고 −150℃*2로 냉각한다.	테낙스를 충진한 포집관에 단열한 박스에 넣은 모듈 1의 내부에 액체질소를 불어넣어 −100℃로 냉각한다.	2개의 테낙스 포집관을 연결한다. 시료가 처음 통과하는 포집관(이하 트랩 1로 표기)을 50℃로 온도를 조절하고 고비점 성분은 여기에 트랩된다. 두 번째 포집관(이하 트랩 2로 표기)은 액체질소에 불어넣어 −100℃로 냉각시키고 첫 번째 포집관으로 트랩되지 않은 저비점 성분이 트랩된다.
6. 농축	매스 플로미터로 유속을 제어한다. 디폴트의 설정 유량은 제조사에 따라 다르다. 유속의 정밀도를 확보하기 위해 시료 캐니스터의 내압은 대기압 이상이 바람직하다.		
7. 탈이산화탄소	시료 탈수공정에서 20℃로 유지한 모듈 1의 포집관으로부터 탈착한 이산화탄소를 포함한 시료를 −10℃로 설정한 모듈 2의 트랩관(테낙스를 충전)에 통과시키면 VOHAPs는 트랩관에 머무르고, 이산화탄소는 머물지 않으므로 다이어프램 펌프로부터 배기된다. 공정 8의 탈수공정과 병행하여 실시한다.	포집관을 −10℃로 유지하여 65mL/min로 퍼지가스를 흘리면, VOHAPs는 포집관에 남고, 이산화탄소는 이탈하여 배기된다.	이산화탄소는 트랩 2에 포집되고 있다. 트랩 1을 50℃, 트랩 2를 −10℃로 유지하여 트랩 1에서 트랩 2의 방향으로 20mL/min의 퍼지가스를 3분 정도 흘리면 VOHAPs는 포집관에 남고, 이산화탄소는 탈리하여 배기된다.

공정	엔테크사	테크머사	GL사이언스사
8. 탈수	마이크로 퍼지 & 트랩법*³	모이스처 컨트롤 시스템법*³	
9. 재농축	8방향 밸브의 조작에 의하여 포집관과 클라이오 포커스 모듈을 GC캐리어가스 라인*⁴에 연결한 후, 크라이오포커스 모듈에 액체질소를 넣어 냉각한다. 포집관을 히터로 가열하고 VOHAPs를 탈착시켜 설정 온도까지 냉각한 클라이오 포커스 모듈에 재농축한다.	6방향 밸브의 조작에 의한 포집관과 크라이오포커스 모듈을 GC 캐리어가스 라인*⁴에 연결한 후, 크라이오 포커스 모듈에 액체질소를 불어 넣어 냉각한다. 포집관을 히터로 6분 정도 가열하여 VOHAPs를 탈착시키고, MCS를 통과하여 설정 온도까지 냉각한 크라이오포커스 모듈에 재농축한다.	6방향 밸브의 조작에 의해 포집관 2 및 1과 크라이오 포커스 모듈을 GC 캐리어가스 라인*⁴에 연결한 후 크라이오 포커스 모듈에 액체질소를 불어 넣어 냉각한다. 포집관 2에 포집되어 있던 VOHAPs 성분은 가열·탈착하여 MCS를 통과하고 포집관 1에서 가열 탈착시킨 VOHAPs 성분과 함께 가열탈착하여 크라이오포커스 모듈에 재농축한다.
10. GC 칼럼에 도입	크라이오포커스 모듈은 가열한 질소가스를 넣고 2분 정도 가열한다. 가열탈착이 시작된 시점에서 GC-MS 프로그램이 시작된다. GC 프로그램 가운데에서 펄스(고압) 주입을 실시함으로써 크라이오포커스 모듈과 GC 칼럼까지 약 1.5m의 거리를 VOHAPs가 이동하는 사이에 확산하여 시료 밴드폭이 확산되지 않도록 한다. 트랜스퍼 라인을 가온한다.	크라이오포커스 모듈은 히터로 2분 정도 가열한다. 크라이오포커스 모듈부터 GC 칼럼까지의 트랜스퍼라인의 가온은 GC의 히터를 사용한다.	크라이오포커스 모듈은 히터로 2분 정도 가열한다. 크라이오포커스 모듈과 GC 칼럼까지의 거리는 약 1.5m이지만 펄스 주입은 실시하지 않는다. 트랜스퍼 라인을 가온한다.
11. 베이크	유리 비드 포집관, 테낙스 포집관에 퍼지가스를 흘리면서 가열한다. 퍼지가스 유량, 온도, 시간은 메소드 중에서 지정한다. 이 베이크한 가스는 흡인펌프로부터 배기시킨다.	포집관, MCS에 퍼지가스를 흘리면서 가온한다. 퍼지가스 유량, 온도, 시간은 메소드 중에서 지정한다. 베이크한 가스는 흡인펌프로부터 배기시킨다.	

*1 엔테크사의 판정기준 : $\Delta P \leqq 0$psi, 테크머사와 GL사이언스사의 판정기준 : $\Delta P \leqq 0.4$psi. 그 차이는 엔텍크사 장치에 있어서의 압력계와 흡인펌프의 거리가 테크머사와 GL사이언스사 장치에 비해 멀기 때문이라고 추측된다. 또한, 누설이 없을 때의 감압 도달 압력은 흡인펌프의 성능에 3psi 이하로 내려가지 않는 경우는 펌프의 메인티넌스를 실시한다.

*2 설정 온도의 차이는 VOHAPs 포집 능력이 테낙스 유리 비드이기 때문이다.

*3 VOHAPs와 함께 포집관에 포집된 수분을 VOHAPs와 분리, 제거하는 방법에는 아래의 4가지가 있다.
  • 마이크로 퍼지 & 트랩법

- 모이스처 컨트롤 시스템(MCS)법
- 화학 수지막(나피온 드라이어)을 이용하는 방법(USEPA TO-14 메소드 등으로 사용, 설명 생략)
- 제습제(과염소산 마그네슘 등)를 이용하는 방법

마이크로 퍼지 & 트랩법은 시료를 포집한 유리 비드를 20℃로 설정해 퍼지가스(헬륨)를 흘림으로써 수분을 남겨 VOHAPs를 우선적으로 기화시킨다(그림 3.7).

모이스처 컨트롤 시스템(MCS)법은 고압의 GC 캐리어 가스를 흘리면서 포집관으로부터 함께 탈착한 시료를 40℃(테크머사 장치), 30℃(GL사이언스사 장치)로 유지한 실리콘스틸관(내경 0.53mm)에 통과하면 포화 수증기압 이상의 수분이 응축해 제거된다. MCS 내 시료의 압력 인상 온도를 낮게 함으로써 수분의 제거 효율이 오르지만 VOHAPs의 회수는 반대로 나빠질 우려가 있다. MCS법에서 회수가 나빠지기 쉬운 성분은 고비등점 성분이다. GL사이언스사 농축장치에서는 고비점 성분을 트랩 1에서 포집되고 트랩 2로부터 가열탈착되어 MCS를 통과하는 시료에는 고비점 성분이 포함되지 않으므로 MCS의 온도를 어느 정도 낮게 설정할 수 있게 되어 있다.

*4 엔테크사 장치에서는 GC 스플릿/스플릿리스 주입구에 연결한 라인을 GC 캐리어 가스에 사용함으로써 GC/MS 메소드로부터 디지털 제어가 가능하다. 테크머사 및 GL사이언스사 장치에서는 외부 부착 아날로그식 압력 제어장치로 공급압을 제어한다. 가열탈착에는 가스를 사용하지 않고 히터를 사용한다.

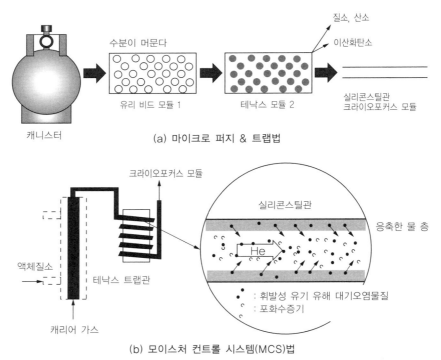

(a) 마이크로 퍼지 & 트랩법

(b) 모이스처 컨트롤 시스템(MCS)법

〈그림 3.7〉 시료 도입장치에서 채용되고 있는 탈수방법

장치 메소드는 각 제조사가 추천하는 메소드를 사용한다. 측정을 반복함에 따라 점차 트랩관(테낙스관)에 오염이 축적해 흡착 능력이 떨어졌을 경우에는 메소드의 변경으로 어느 정도 커버할 수 있다. 예를 들면, 오염이 축적해 고비점 성분의 회수가 나빠졌을 때는 탈착온도를 올리고 탈착시간을 길게 한다. 트랩관의 흡착 능력이 열화해 저비점 성분의 회수율이 저하했을 때는 트랩온도를 낮추거나 시료의 환기속도를 늦춰 드라이 퍼지 시간을 짧게 한다. 다만, 고비점 성분의 회수율을 향상시키기 위한 메소드의 수정은 저비점 성분에 대해서는 회수를 악화시킬 우려가 있다. 따라서 메소드를 수정한 경우에는 전체 측정성분에 대해 회수시험을 실시해야 한다.

　농축장치의 동작은 측정할 때마다 QA/QC 리포트 형태로 보존된다. QA/QC 리포트의 내용은 각 파트의 온도, 유량, 압력 등의 설정값과 실측값을 포함한다. QA/QC 리포트는 원인이 농축장치에 기인하는 것은 아니라는 확인을 포함해 크로마토그램의 이상이 관찰된 경우나 이상값이 검출된 경우의 원인 추정에 도움이 된다.

　QA/QC 리포트를 확인할 때에 체크하면 유효한 내용은 다음과 같다.

- 시료 캐니스터의 내압(측정 전 P_1[psi], 측정 후(P_2[psi])와 농축량(v[L])의 관계 : $P_2/P_1 ≒ 1 - v/6$. 압력 측정 타이밍, 측정 정밀도가 높지 않기 때문에 등호(＝)는 반드시 성립하지 않는다.
- 시료 가스의 농축속도(매스플로 컨트롤러 설정값)≒동 실측값. 농축속도는 트랩관에 막힘이 있으면 늦어진다.
- 포집관, 크라이오포커스 모듈의 각 설정온도 ≒ 동 실측값.

[3] 고체흡착–가열탈착–가스 크로마토그래프 질량분석법
■시료 전처리(내부 표준가스 첨가)
(1) 시약
내부 표준원 가스, 초고순도 질소가스 : 2.1절 2항 [2] (시약) 참조.

(2) 장치·기구
　초고순도 질소가스 환기장치(그림 3.8), 가스 타이트 실린지(1mL) 3.1절 1항 [2] 실린지법 참조.

(3) 조작
　포집관에 초고순도 질소가스를 10~30mL/min로 흘리면서 가스 타이트 실린지 또는 가스 샘플러를 사용해 내부 표준원 가스 1mL를 포집관의 그래파이트 카본 측에서 첨가한다. 가열탈착장치에 내부 표준가스의 자동첨가 기능이 갖춰져 있는 경우는 1회

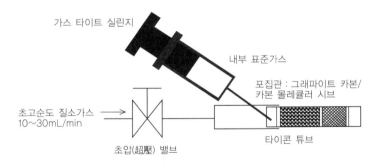

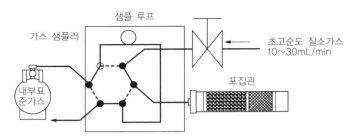

〈그림 3.8〉 가스 타이트 실린지를 사용한 내부 표준가스의 첨가(위),
가스 샘플러를 사용한 내부 표준가스의 첨가(아래)

의 측정으로 첨가하는 각 내부 표준물질의 질량이 5ng 정도가 되도록 조제한 내부 표
준가스를 접속한다.

■ 표준시료 조제
(1) 시약
• 혼합 표준원 가스, 내부 표준원 가스 : [2] (시약) 참조

(2) 조작
　SCAN 측정용 표준시료는 실린지법에 의해 청정한 포집관에 혼합 표준원 가스
10mL, 내부 표준가스 10mL를 첨가한다.
　검량선 작성용 표준시료는 실린지법 또는 가스 샘플러법에 의해 청정한 포집관에 혼
합 표준원 가스의 체적을 0~5mL의 범위에서 5단계 이상으로 바꾸어 첨가한다. 계속
해 내부 표준원 가스 1mL를 첨가해 포집관의 양끝을 마개로 막고 가열탈착장치에 세
트한다.
　이러한 방법 외에 유량비 혼합장치를 사용해 조제한 표준가스를 포집관에 환기하는
방법이 있다. 이 방법으로 조제한 표준시료의 포집관 내 VOHAPs의 존재 상태는 앞서

설명한 방법으로 조제한 표준시료에 비해 대기시료에 더 가깝다고 추측되므로 흡착재를 적층하는 포집관을 사용하는 경우에는 정량 정밀도가 우수하다고 여겨지고 있다. 그렇지만 가열탈착용 표준시료 작성에는 실용적이라고 할 수 없다.

■ 가열탈착장치

동작의 원리와 구조를 〈그림 3.9〉에 나타낸다.

포집관을 세트했으면 누설 여부를 확인한다. 다음으로 포집관의 카본 몰레큘러 시브 측으로부터 캐리어 가스를 흘려 포집관으로부터 측정을 방해하는 산소, 질소, 수분 등의 무기성분을 제거한다(이 공정을 드라이 퍼지라고 부른다). [1] 시료 농축장치의 드라이 퍼지에서는 수분을 제거할 수 없었지만, 가열탈착장치로 가능한 이유는 시료 농축장치에 장착하는 트랩관(tenax)의 흡착 능력에 비해 그래파이트 카본과 카본 몰레큘러 시브를 적층한 포집관의 흡착 능력이 강하기 때문이다.

다음으로 포집관을 가열해 VOHAPs를 탈착(1차 탈착)시켜 냉각한 트랩관(마이크로 트랩이라고도 한다)에 재농축한다. 이어서 트랩관을 급속히 가열해 탈착(2차 탈착)한 VOHAPs를 GC 칼럼에 도입한다. 이쪽의 트랩관에는 VOHAPs를 탈착하기 쉬운 흡착제(Tenax 등)를 사용함으로써 GC에 도입하는 시료의 분포 폭(시료 밴드)을 좁게 하는 효과가 있다.

최초의 스플릿비 1/1~1/50과 GC/MS 측정해 얻어진 성분의 피크 강도 사이에는 직선관계가 성립한다. 두 번째 스플릿비 1/5~1/200와의 사이에도 직선관계가 성립한다.

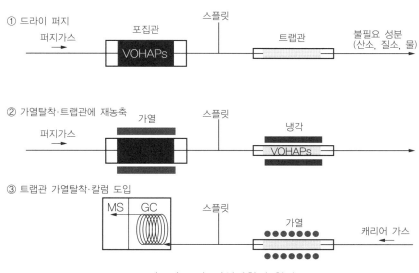

〈그림 3.9〉 가열탈착의 원리

따라서 스플릿 기능에 의해 저농도부터 고농도 시료까지 측정이 가능하다. 대기시료를 측정했을 때의 VOHAPs 피크 강도가 검량선의 정량범위를 넘는 경우에는 적절한 스플릿비로 변경해 병행 채취해 둔 예비 시료를 측정한다.

가열탈착장치에 의해 냉각방법(액체질소 분사나 전자냉각(peltier device)), 1차 탈착한 시료를 스플릿하는 기능, 2차 탈착한 시료를 스플릿하는 기능과 거기서 스플릿한 시료를 다른 포집관에 재포집하는 기능의 유무, 캐리어 가스의 유량제어 방식이 장치에 따라서 다르다.

(1) 조작

가열탈착장치는 조작조건 파일(메소드)과 측정하는 포집관의 위치를 지정하는 순서 시퀀스 파일에 의해 제어한다. 메소드로 지정하는 파라미터(parameter)는 장치에 따라서 다르지만 주요 파라미터를 아래에 열거한다.

> 누설 판정 조건(허용압력 변화 [kPa]), 포집관의 탈착온도[℃], 탈착유량 [mL/ min], 탈착시간[min], 최초의 스플릿비 또는 유량[mL], 밸브(GC에 흘리는 캐리어 가스 라인과 탈착 라인의 변환용) 온도 [℃], 트랜스퍼 라인 온도[℃], 트랩관의 트랩 온도[℃], 탈착온도[℃], 대기온도[℃], 탈착시간 [min], 두 번째 스플릿비 또는 유량[mL/min], 캐리어 가스의 유량 [mL/min], GC의 오븐 온도상승 프로그램 개시 신호 송신의 타이밍, 포집 관을 꺼내기 전의 냉각온도 [℃], 냉각시간〔분〕

조작의 포인트는 블랭크 대책이다. 블랭크의 발생원은 가열탈착장치에 세트하는 포집관용 O-링이나 트랩관의 흡착제, 캐리어 가스 라인의 오염 등을 생각할 수 있다. O-링의 블랭크 대책으로는 블리드(오염 발생)가 적은 퍼플루오르엘라스토머로 된 것을 사용하고, 사용 전 컨디셔닝(청정한 불활성 가스를 흘리면서 가열탈착장치로 설정하는 탈착온도로 가온)을 하는 방법이 있다. 포집관은 가열 세정한 것을 사용하지만, 블랭크가 사라지지 않는 경우에는 가열온도를 올려 세정한다.

다만, 흡착제의 내열온도를 넘어 가열하면 포집제의 열화가 촉진되는 동시에 벤젠의 블랭크가 높아진다(제조사의 의견). 또한, 보관 중의 오염방지를 고려한다. 캐리어 가스 라인이 오염되면 고스트 피크가 출현하거나, 고비점 성분의 감도가 내려간다. 이러한 현상은 시료로부터 가열탈착한 고비점 성분이 유로의 특정 부분에서 재응축하는 것, 흡착제의 미립자가 유로 도중에 체류하는 것이 원인이라고 생각되므로 제조사와 상담을 통해 유지관리한다.

[4] 고체흡착-용매추출-질량분석법

포집관의 흡착제를 이황화탄소로 추출해 마이크로 실린지로 내부 표준액을 첨가한 후 GC/MS로 분석한다.

(1) 시약

이황화탄소 : 작업환경 시험용 측정성분으로 오염되어 있지 않은 것.

내부 표준액 원액 : 실내환경 측정용 톨루엔-d_8 표준(분자량 100.19, 비중 0.94)

내부 표준액(94μg/mL) : 내부 표준원액 1μL를 이황화탄소 10mL에 첨가한다.

GC/MS 측정에서 GC 주입구를 사용하므로 내부 표준의 첨가는 불가결한 요소다.

조제한 내부 표준액은 헤드 스페이스가 생기지 않도록 갈색 바이알(병)에 조심스럽게 옮겨 넣고 스크루 캡을 해서 주위를 테플론 실로 감아 두면 냉동고 속에서 2주간 정도 보관할 수 있다.

(2) 추출·내부 표준액 첨가 조작

1. 포집관의 유리울을 긁어내서 전상과 후상의 흡착제를 함께 바이알로 옮겨 넣는다. 봉입형 포집관 전용 튜브 커터와 충전 칼럼인 유리울 마개 꺼내기용 기구의 플라스틱을 사용하면 작업효율을 올릴 수 있다. 이 조작에서는 극소량의 흡착제가 유리울에 부착하여 취하기 어렵지만, 재빠르게 작업해야 한다.

2. 바이알이 넘어지지 않게 바이알 랙에 세워 이황화탄소 1mL를 첨가하고 곧바로 캡을 씌운다.

3. 거품이 나지 않을 때까지 흔들어 섞으면서 시료액으로 캡 셉텀에 붙은 흡착제가 씻기도록 천천히 흔들어 섞은 후, 1시간 이상 놓아 둔다. 캡에 흡착제가 부착하면 회수율이 떨어질 뿐만 아니라, 캡을 일단 벗겨 내부 표준액을 첨가한 후에 재차 캡을 했을 때의 기밀성이 나빠진다.

4. 내부 표준액을 첨가한다. 마이크로 실린지를 사용한 첨가에서는 용매 세정, 블랭크 세정, 용매 세정의 횟수, 니들 바깥 측을 킴와이프로 닦는 횟수를 결정해 실시하면 재현 정밀도가 향상된다.

■ 표준액 조제

조제방법에는 표준원액을 이황화탄소로 희석하는 방법과 표준가스를 환기한 포집관을 환경 시료와 함께 추출하는 방법이 있다.

표준원액으로부터 희석하는 방법

(1) 시약

- 표준원액 : 각 측정 대상물질의 표준액을 마이크로 실린지로 양을 재고, 각 표준물질의 밀도로부터 중량/체적 농도로 환산해 100ng/μL 정도가 되도록 표준원액을 작성한다. 이 방법에서는 마이크로리터 스케일에서 첨가를 반복할 필요가 있으므로 조작하는 사람은 마이크로 실린지 취급에 익숙해야 한다. 그리고 조작 도중에 표준물질의 휘산과 실내공기에 의한 오염에 주의할 필요가 있다.

- 휘발성 유기화합물 혼합 표준액 : 표준원액 대신에 시판되는 휘발성 유기화합물 혼합 표준액(1,000μg/mL 메탄올)을 사용할 수 있다. 예를 들면, 수질분석용 23종 휘발성 유기화합물 혼합 표준액에는 이 방법의 대상물질인 6물질(클로로포름, 1,2-디클로로에탄, 디클로로메탄, 테트라클로로에틸렌, 트리클로로에틸렌, 벤젠, 사염화탄소) 외에, 〈표 1.4〉의 2물질(1,3-디클로로프로펜 1,1,2-트리클로로에탄)이 포함되어 있다. 다만, 사염화탄소는 가스 크로마토그래프에 장착하는 캐필러리 칼럼의 액상에 WAX계(폴리에틸렌 글리콜계)를 이용해 측정하면 메탄올보다 먼저 용출하므로 측정할 수 없다.
  또 실내공기 측정용 품종 혼합 표준액(각 1,000ng/μL, 이황화탄소 용액)에는 이 방법의 대상물질이 포함되어 있다.

- 내부 표준액 : 대기시료의 추출액 첨가용과 동일한 것.

- 메탄올 : 프탈산에스테르 시험용 또는 트리할로메탄 측정용. 오염을 방지하기 위해서 매회 새로운 병을 개봉해 사용하므로 용량이 적은 제품을 사용하면 좋다.

(2) 조작

- SCAN용 표준액 : 23종 VOCs와 내부 표준액 각 10μg/mL, 이황화탄소 1mL를 청정한 바이알에 재어 넣고, 마이크로 실린지를 사용해 23종 혼합 표준원액(1,000μg/mL) 10μL와 내부 표준액(100μg/mL 이황화탄소) 100μL를 첨가한다.

- 검량선 작성용 표준액 : 시판되는 표준액은 메탄올로 조제된 것이 대부분이다. 메탄올은 이황화탄소에 5%(v/v) 정도밖에 녹지 않기 때문에 혼합 표준원액을 메탄올로 희석한 표준액을 조제해, 각각으로부터 적당한 양(수 μL)을 1mL의 이황화탄소에 첨가해 검량선 작성용 표준액을 조제한다.

조제하는 표준액의 최소농도는 측정 대상성분 중에서 가장 목표 정량 하한값이 낮은 1,1,2-트리클로로에탄의 8.6ng/mL를 커버하는 5ng/mL로 하고, 최대농도는 그 50배 정도로 한다. 농도는 5단계 이상 마련한다.

표준액 조제 도중 휘발성 유기화합물의 휘산은 메탄올을 냉장해 두거나, 메스플라스크의 마개 및 바이알의 스크루 캡을 단단히 조이면 어느 정도 경감할 수 있다. 조제한 첨가용 표준액은 바이알에 헤드 스페이스가 생기지 않도록 넣어 테플론 라이너 부착 스크루 캡을 씌워 나사 부분을 파라필름으로 감아 냉동 보관하면 2주간까지 사용할 수 있다. 그 이상의 기간을 보관하는 경우는 앰플관에 봉입한다.

(3) 순서
1. 청정한 바이알에 이황화탄소 1mL를 재어 넣는다.
2. 농도 계열 혼합 표준액 각각으로부터 $2\mu L$ 첨가한다.
   또한, 용액에 표준액의 첨가량을 바꾸어 조제한 표준액은 각각의 전체 체적이 다르지만 내부표준법에 따라 보정할 수 있다.

표준가스를 통기한 포집관으로부터 추출하는 방법
(1) 시약
혼합 표준원 가스, 내부 표준원 가스 : [2] (시약) 참조.
내부 표준액 : 대기시료의 추출액 첨가용과 동일한 것.
이황화탄소

(2) 조작
1. 〈그림 3.8〉 상단 그림과 같이 포집관에 초고순도 질소가스를 흘리면서 표준원 가스를 0, 2.5, 5.0, 10, 25, 50mL 첨가한다.
2. 그리고 몇 분간 초고순도 질소가스를 흘려, 표준원 가스를 완전하게 포집관에 흡착시킨다. 포집관을 떼어내 [4] (추출·내부 표준액 첨가 조작)와 동일한 조작을 실시해 검량선 작성용 표준액을 조제한다.

■ 시료 도입 장치
시료액은 마이크로 실린지를 사용해 가스 크로마토그래프의 스플릿 주입구에 1~$2\mu L$를 주입한다. 자세한 것은 4.1절 1항을 참조.

○ 2. 알데히드류의 분석

[1] 전처리
DNPH 카트리지로 포집한 알데히드류는 용매 추출 후, 고속 액체 크로마토그래피 (HPLC) 혹은 가스 크로마토그래피(GC)로 분리 분석한다. 전처리에 이용하는 용매로는 아세토니트릴 혹은 아세토니트릴 수용액이 좋다. 물의 비율은 적어도 0~70%까지

는 회수율이 저하하지 않는다. 추출법으로는 카트리지에 용매를 통해 용출시키는 방법이나, 충전제를 시험관에 넣고 용매를 첨가해 초음파 처리 등에 의해 추출하는 방법이 있다.

카트리지에 용매를 통액하는 방법을 취하기 위해서는 카트리지와 용매류를 접속하는 것이 필요하다. 시판되는 대부분의 DNPH 카트리지는 그대로 접속이 가능하지만, 카트리지에 따라서는 적절한 어댑터가 필요한 경우가 있다. 이 방법으로 추출할 경우에는 카트리지를 통과해 용출해 나온 용액을 메스플라스크로 계량하며, 용출속도가 그다지 빠르지 않게 해야 한다. 또 반대로 막힘이 생겨 용매의 유출속도가 느린 경우에는 주사통의 플런저를 이용해 용매를 밀어내든지 전용 감압식 용출 시스템(진공 매니폴드)이 필요하다. 이 감압식 용출 시스템은 여러 회사에서 시판되고 있지만 그중에는 포름알데히드 수지를 사용한 경우가 있다. 이것은 오염의 원인이 되므로 미리 확인해 두면 좋다. 또 주사통을 사용하는 경우(그림 3.10), 접속부가 루어 로크 타입이 되어 있으면 용매의 누설을 막을 수 있다.

용출 순서는 아래 설명대로이다.

기구를 조립해 용매 저장통에 용매를 5mL 정도 넣는다. 약 1mL/min의 속도로 용매가 유출하도록 조정한다. 속도가 빠른 경우에는 용매통 위를 눌러(주사통의 경우 플런저를 눌러) 천천히 유출하도록 하고, 속도가 느린 경우에는 압력을 가해(주사통의 경우 플런저를 밀어 넣어) 빨리 유출하도록 한다. 용매 모두가 유출하면 카트리지 내부의 용매도 밀어낸다. 그 후 메스플라스크를 용매를 이용해 메스업한다.

카트리지로부터 충전제(포집제)를 꺼내 시험관에 넣고 용매를 첨가해 초음파 처리 등

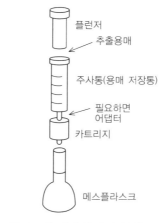

〈그림 3.10〉 추출용기의 일례

에 의해 추출하는 방법을 사용하면 많은 샘플을 한 번에 처리할 수 있다. 다만, 간단하게 카트리지로부터 포집제를 꺼낼 수 있는 샘플러와 꺼내는 것이 어려운 샘플러가 있으므로 미리 검토할 필요가 있다. 이 방식으로 추출하면 용매량을 줄일 수 있는 이점도 있다. 순서로는 시험관에 추출 용매를 2mL 정도 피펫 등으로 재어 취하고, 여기에 충전제를 꺼내 더한다. 1분 정도 원심분리(3,000rpm 정도)해 충전제를 아래로 떨어뜨리고 나서 10분 정도 초음파를 조사하거나 진탕기로 진탕한다. 이후, 시험관을 10분간 원심분리(3,000rpm 정도)해, 그 위의 맑은 액만을 분석한다.

[2] 분석방법

다성분 알데히드를 일제히 분석하는 경우에는 HPLC, LC-MS 또는 GC로 분리 분석한다. HPLC나 LC-MS를 이용하는 경우 추출액을 그대로 분석에 사용할 수 있다. HPLC에 주입량을 늘림으로써 감도를 올릴 수 있다는 등의 이점이 있다. GC를 이용하는 경우, 검출기에 질량검출기를 사용하면 질량수가 다른 방해물질의 영향을 받지 않는 이점이 있다. 문제점으로는 HPLC를 이용했을 때에는 방해물질의 영향을 받기 쉽고, GC를 이용했을 때에는 시료용액을 이온교환수지 등을 통해 미반응 시약을 제거할 필요가 있는 점 등을 들 수 있다.

DNPH/HPLC법으로 알데히드를 분석할 때의 분석조건 일례를 〈표 3.5〉에 그때의 HPLC 크로마토그램 일례를 〈그림 3.11〉에 나타낸다.

〈표 3.5〉 DNPH-HPLC법을 이용한 알데히드 분석조건의 일례

장치	L-6000 시리즈(히타치(日立) 제작소)	
칼럼	Wakosil-DNPH II(길이 15cm, 내경 4.6cm)	
검출기	자외가시 흡광광도계 SPD-10A(시마즈(島律) 제작소)	
검출파장	360nm	
칼럼 온도	40℃	
주입량	100μL(시료액은 50% 아세토니트릴 수용액)	
이동상	아세토니트릴-메탄올-증류수	
	0min	5 : 45 : 50
	0~30min	5 : 45 : 50 → 5 : 65 : 30

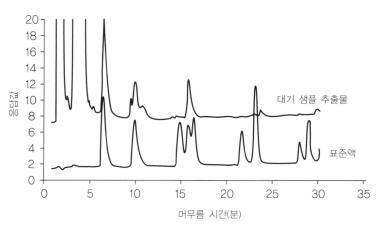

〈그림 3.11〉 표준액과 대기 샘플의 HPLC 크로마토그램의 일례
(DNPH법, 분석조건은 〈표 3.5〉에 나타낸다)

〈그림 3.11〉에 나타낸 크로마토그램은 시판하는 표준액을 희석한 시료와 환경대기 (실외)에서 샘플링한 시료의 것이다. 크로마토그램에서는 6.5분에 포름알데히드 유도체가, 10분 부근에 아세트알데히드 유도체가 검출되고 있다.

샘플의 5분 이전의 큰 피크는 미반응 DNPH와 그 분해 생성물, 아세트알데히드 유도체(Z체)의 피크 부근에는 입체 이성체(E체)와 DNPH 분해 생성물의 피크를 볼 수 있다. 샘플의 크로마토그램 중 16분 부근의 피크는 아세톤의 피크로 그 전후에 접근하고 있는 프로판알이나 아크롤레인의 피크는 매우 작다. 이 크로마토그램을 기초로 화합물 농도를 계산한다.

검출 하한값은 시그널 노이즈비(SN비)가 5~15가 되도록 표준액을 희석하고, 이 표준액을 5~7회 측정해 표준편차의 3배를 검출 하한값, 그 표준편차의 10배를 정량 하한값으로 한다. $S/N=3$을 검출 하한값으로 하는 방법은 사용하지 말 것. 블랭크 샘플로부터 DNPH 유도체의 피크가 검출될 때는 이 블랭크 샘플을 5~7회 분석해 이때의 표준편차로부터 위의 계산 방법으로 검출 하한을 산출한다. 이 때문에 블랭크로부터 검출되는 화합물의 검출 하한값이 꽤 높아진다.

SN비를 검토할 경우에는 피크 같은 것이 시그널인지 노이즈인지 판정하기는 어렵다. 〈그림 3.12〉에 조금 전 샘플의 크로마토그램 일부를 확대한 그림을 다시 게재한다. 노이즈는 그림 중의 실선으로 표시한 부분에서 이 2개의 실선 사이의 거리를 노이즈로 한다. 점선은 노이즈 사이의 중앙 라인이며, 피크 높이는 이 바탕선으로부터의 높이가 된다.

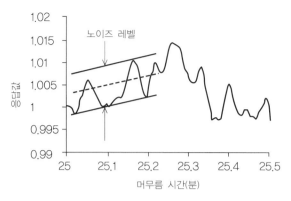

〈그림 3.12〉 알데히드 분석의 노이즈

표준액의 농도(C_{std} ($\mu g/mL$))와 피크 높이(P_{std}), 샘플의 피크 높이(P_{samp})로부터 샘플 용액 중 화합물의 농도(C_{samp} ($\mu g/mL$))를 계산할 수 있다.

$$C_{samp} = C_{std} \cdot P_{samp}/P_{std}$$

사용한 추출 용매의 양이 V_{solv}[mL], 포집 공기량이 V_{air}[m³]이면, 대상 화합물의 공기 중 농도(C_{air} [$\mu g/m^3$])은

$$C_{air} = C_{samp} \cdot V_{solv}/V_{air}$$

가 된다.

분리 분석법으로서 GC를 이용할 수도 있다. GC-MS로 분석하는 경우 미반응 반응 시약(DNPH 등)이 시료 내에 대량으로 존재하면 이온원의 필라멘트를 손상시킨다. 그리고 미리 샘플을 양이온 교환 칼럼에 통과시켜 반응시약을 없앨 필요가 있다.

패시브 샘플러로 알데히드류를 포집할 경우 액티브 샘플러로 포집했을 경우와 같은 방법으로 전처리, 분리 분석을 실시할 수 있다. 이 경우 얻을 수 있는 데이터는 패시브 샘플러에 의한 포집량이지 공기 중 농도는 아니다. 그래서 이 포집량을 공기 중 농도로 환산해야 한다. 환산계수는 샘플러 제조사로부터 입수할 수도 있지만 실험적으로 확인해 두면 좋다.

[3] 분석상의 유의점

(a) 알데히드의 포집편

① 포집 시약은 열화하고 있지 않는가?

포집용 카트리지의 보존 상황에 따라서는 오염이 생길 가능성이 있다.

아세톤을 세정 용매 등으로 많이 사용하고 있는 실험실에서는 아세톤의 오염이 생기기 쉽다.

② 포집 유량은 정확한가, 유량계는 정확한가?

가끔 습식 유량계를 사용해 유량계와 펌프의 정확도를 조사할 필요가 있다. 이 검토는 샘플링 전에 실시한다.

③ 포집 조건은 적합한가?

아세톤의 DNPH 유도체는 여름에 실시하는 샘플링에서 파과되는 경우가 있다. 이것은 아세톤으로 오염된 카트리지를 사용해 실외에서 샘플을 포집했을 때 샘플 포집 후의 카트리지로부터 아세톤의 DNPH 유도체가 검출되지 않은 것을 통해 알았다. 이 원인은 측정 시의 온도가 높았기 때문이라고 생각된다.

(b) HPLC편

① HPLC의 유로에 누설이 없는가?

유로의 접속부에 여과지를 댐으로써 누설 여부를 검출할 수 있다. 또, 검출기로부터 나오는 용매를 메스실린더에 도입함으로써 유속의 정확도와 누설 유무를 동시에 검출할 수 있다.

② HPLC에 잘 주입되고 있는가 ?

표준시료의 피크가 낮아지지 않는지 매번 체크한다. 오토샘플러를 사용하는 경우 세정용 용매가 없어지는 경우가 있으므로 매번 체크할 것.

③ 펌프의 압력은 높지 않은가?

처음에 사용할 경우는 펌프의 압력을 기록해 두며, 펌프의 압력은 사용함에 따라 높아진다. 처음과 비교해 10% 정도 높아지면 전치칼럼의 교환을 고려한다.

(c) GC편

① 캐리어 가스의 누출은 없는가?

칼럼에 산소가 들어가면 칼럼 안쪽의 코팅제가 산화되어 분리에 영향을 끼친다. 그래서 캐리어 가스가 새지 않는지 확인하는 것이 중요하다.

칼럼의 검출기 측을 분리하고, 그 앞을 헥산 등에 넣어 캐리어 가스의 거품이 나오지 않은지, 그 유량은 어떤지를 확인하고 나서 검출기에 붙인다. 검출기가 GC-MS인 경우에는 산소나 물의 피크가 어느 정도의 높이가 되는지를 보면 누설 여부를 판정할 수 있다.

② 대상 화합물의 머무름 시간의 재현성은 어떤가?

칼럼이 손상되면 머무름 시간이 변화한다. 머무름 시간의 재현성이 나빠지거나 분리가 나빠지면 칼럼 교환시기인 것이다.

[4] 대량 시료 주입법이란?

HPLC에 주입하는 양은 보통 10~20μL이며, 칼럼의 내경, 길이 등의 조건에 따라 정해지는 값이다. 이것은 알데히드 DNPH 유도체에 대해서도 같다. 실제 알데히드 DNPH 유도체의 아세토니트릴 용액을 ODS 칼럼을 사용해 분리 분석하려고 하면, 20μL 이상의 주입으로 피크의 리딩이 생긴다. 리딩은 피크의 머무름 시간이 짧은 측에 저변이 퍼지는 현상이다. 그 반대로 피크의 머무름 시간이 긴 측에 저변이 퍼지는 현상을 테일링이라고 하며, 테일링의 주원인으로 칼럼의 열화를 들 수 있다.

HPLC에 주입을 많이 할 수 있으면 분석 감도는 향상된다. 다환 방향족 탄화수소(PAH)의 예에서는 고압 그래디언트 시스템을 이용해 믹서를 인젝터 바로 뒤에 설치하고 그 바로 뒤에 전치칼럼을 배치함으로써 주입량을 증가시킬 수 있다. 이것은 PAH의 소수성이 높기 때문에 전치칼럼의 입구에서 농축할 수 있기 때문이다. 한편, 알데히드의 DNPH 유도체는 친수성도 있어 같은 방법으로 대량 시료 주입은 달성할 수 없다. 그래서 여러 가지 검토한 결과, 샘플에 물을 첨가하면 전치칼럼 입구에서 농축을 할 수 있게 됨을 알 수 있었다. DNPH 유도체의 추출을 아세토니트릴을 용매로 하여 실시하는 경우에는 추출 후에 증류수를 더하면 좋고, DNPH 유도체의 추출을 아세토니트릴 수용액(아세토니트릴 30~50%)을 이용해 실시하는 것도 가능하다. 이와 같이 샘플 용액에 물을 더함으로써 100~400μL 정도의 샘플을 주입하더라도 충분히 샤프한 피크를 얻을 수 있게 되었다.

[5] 알데히드의 독성

포름알데히드는 국제암연구기관(IARC)의 발암성 평가로 그룹 1, 즉 인간 발암물질로 분류되어 있다. 다만 가벼운 기도 폭로(호흡을 통해 체내에 섭취)의 경우이며, 경구 폭로(식사나 음료수를 통해 섭취)의 경우에는 발암성은 관찰되지 않는다. 포름알데히드의 용량 반응 어세스먼트는 USEPA의 종합리스크 정보시스템(IRIS)을 참조하면 좋다. 이 중에서 1991년의 평가에서는 10^{-5} 리스크 상당 농도로서 $0.8\mu g/m^3(0.6ppb)$라는 값이 제시되었지만, 2010년에 공개된 수정안에서는 약 $0.1\mu g/m^3(0.08ppb)$로 보다 엄격한 값이 제안되었다. 이것은 포름알데히드가 상인두암, 호지킨 림프종, 백혈병을 일으킨다는 역학조사 결과로부터 산출되었다. 이것에 대해서 후생노동성 실내환경 가이드라인이나 WHO의 가이드라인에서는 포름알데히드의 자극성을 토대로 $100\mu g/m^3$을 규정하고 있다. 한편, 아세트알데히드의 실내환경 가이드라인은 $48\mu g/m^3$이지만, 이것은 쥐에게 4주간에 걸친 장기 폭로실험으로 나타난 비강 취각 상피의 변화를 기초로 산출된 값이다. 또한, USEPA의 IRIS에서 제시된 10^{-5} 리스크 상당농도는 $5\mu g/m^3$
이다. IARC에 의한 발암성 평가에서는 그룹 2B(사람 발암물질의 가능성이 있다)로 되어 있다.

프로판알, 부탄알, 펜탄알에 관한 독성 정보는 적다.

아크롤레인은 급성 독성이 비교적 높고(쥐에 대한 경구 독성 LD_{50}은 82mg/kg), 유전자 장해성도 가지고 있지만 발암성에 관한 정보는 적고 IARC의 발암성 평가에서는 그룹 3(현시점에서 데이터 불충분)으로 되어 있다.

노난알은 경구 폭로로 독성을 나타낸다고 보고되었지만, 발암성 정보는 충분하지 않으며, 실내 환경 가이드라인의 잠정값으로 $41\mu g/m^3$가 제안되고 있다.

[6] 대기 중의 알데히드

알데히드는 분자 내에 알데히드기($-CHO$)를 가진 화합물의 총칭이다.

이 중 환경에서 문제가 되고 있는 알데히드에는 아래와 같은 화합물이 있다. 포름알데히드($HCHO$), 아세트알데히드(CH_3CHO), 프로판알(프로피온 알데히드 : C_2H_5CHO), 부탄알(부틸알데히드 : C_3H_7CHO), 펜탄알(발레르알데히드·길초산알데히드 : C_4H_9CHO), 아크롤레인($CH_2=CHCHO$, 노난알($C_8H_{17}CHO$). 이 중 포름알데히드는 고농도로 눈이나 코 등에 대한 자극성을 가지는 화합물이며, 아세트알데히드, 프로판알, n,i-부탄알, n,i-펜탄알은 특정 악취물질이다.

알데히드는 알코올의 산화, 이중결합의 산화분해 등에 의해 생성되고, 또한 산화되면 카르본산으로, 반대로 환원되면 알코올로 변화한다. 이와 같이 반응성이 비교적 높은 화합물군이다.

[7] 대기 중의 알데히드 발생원

포름알데히드를 물에 녹인 용액을 포르말린이라고 부른다. 포르말린의 2008년도 일본 내 생산량은 113만t이다. 포르말린은 목재의 방부·방충처리나 접착제 등으로 사용되어 왔다. 또, 포름알데히드 수지(페놀수지, 요소수지(우레아 수지), 멜라민 수지, 폴리아세탈 수지 등)의 원료로도 사용되고 있다.

아세트알데히드는 화학공업에서 반응 중간체로서 사용되는 것 외에 한때 포름알데히드의 대체 화합물로서 사용되었던 적이 있지만 현재는 신축 주택에서의 농도는 저하 경향을 보이고 있다. 아세트알데히드는 음주에 의해 체내에서도 생성된다.

그 외의 지방족 알데히드는 의약·수지 원료, 향료 원료 등에 사용되고 있다. 아크롤레인은 화학공업 원료가 되는 것 외에 담배연기에 포함되어 있다고 알려져 있다.

◑ 3. 다환 방향족 탄화수소(PAH) 분석

다환 방향족 탄화수소(PAH : Polycyclic Aromatic Hydrocarbons)는 프탈산에스테르나 PCB, 다이옥신류 등과 함께 환경에 항상 존재하는 성분이며, 일반 환경대기 중에 검출된다. 환경 중의 농도는 표 〈3.6〉에 나타내듯이 ppt(ng/m³) 레벨, 혹은 그 이하의 초미량 농도범위이다[6),7)]. 또, 대기 중에는 PAH 이외에도 분석을 방해하는 다양한 불순물이 포함되어 있다.

그러한 환경시료의 분석은 추출, 농축, 분리·정제, 검출이라는 순서에 따라 이루어지며, 특히 검출과정에서 이용되는 분석기기의 선택성과 감도가 중요하다. PAH의 검출에 이용하는 분석기기는 감도와 선택성을 고려하면 이용 가능한 것은 한정되어 가스 크로마토그래프 질량분석계(GC-MS) 혹은 형광 검출기 부착 고속 액체 크로마토그래프(HPLC-FL)가 환경측정 현장에서 범용된다.

HPLC-FL은 여기파장의 최적화나 시료 주입량을 많이 함으로써 GC-MS보다 고감도로 검출할 수 있는 반면, HPLC 칼럼의 이론단수가 GC-MS에서 사용되는 캐필러리 칼럼에 비해 뒤떨어지기 때문에 검출물질의 확인이나 다성분 동시분석이 곤란한 경우가 있다. 또, PAH의 종류에 따라 여기파장이 다르기 때문에 파장 고정형 검출기로는 동시 분석할 수 있는 물질이 한정된다. 최근에는 파장 고정형 대신 파장 가변형이 보급되어 동시분석이 가능하게 되었지만, 파장 가변형은 여기광원의 수명이 짧아진다. 때문에 HPLC-FL은 개별분석이나 동시분석에 있어서도 소수의 피검성분을 대상으로 하는 경우가 많다.

〈표 3.6〉 환경대기 중 PAH의 농도 레벨[6), 7)]

물질명	검출농도(ng/m³)
아세나프텐	3.9~4.4
페난트렌	1.6~29
크리센	0.26~3.9
플루오란텐	0.58~9.3
피렌	0.39~25
벤조[b]플루오란텐	0.05~7.8*
벤조[e]피렌	0.04~3.
벤조[a] 피렌	0.01~3.0
벤조[ghi]페릴렌	0.08~5.5
디벤조[ah]안트라센	0.07~7.5

* 벤조[j]플루오란텐, 벤조[k]플루오란텐을 포함

한편 GC-MS는 다음과 같은 이점이 있다.

① 고감도의 다성분 동시분석이 가능하다.
② 동위체 희석법이나 내부 표준법 등을 이용함으로써 정량 정밀도를 높일 수 있다.
③ 질량 스펙트럼에 의한 검출물질의 확인이 가능하다.

한편, 크로마토그램상의 불순 피크에 대해서 질량 스펙트럼으로부터 물질정보를 얻을 수 있기 때문에 방해물질을 제거하는 클린업 방법의 검토나 분석법을 개량할 때의 타당성 확인 등에 효과를 얻을 수 있다.

더욱이, GC-MS는 PAH 이외에도 많은 환경 화학물질의 분석에 이용되기 때문에 환경분석에 있어 필수 분석기기이며, 환경 분석자는 그 사용방법이나 응용성에 대해 풍부한 지식, 기술, 경험이 요구된다.

이상으로부터 여기서는 GC-MS를 이용하는 경우에 대해 샘플링의 장과 똑같이 환경 측정현장에서 실적이 많은 환경성의 유해 대기오염물질 측정방법 매뉴얼[8] (환경성 매뉴얼) 및 미국 환경보호청(USEPA)의 TO-13A[9]을 중심으로 환경대기 시료의 분석법을 해설한다. 대상물질과 그 구조를 〈그림 3.13〉에 나타낸다.

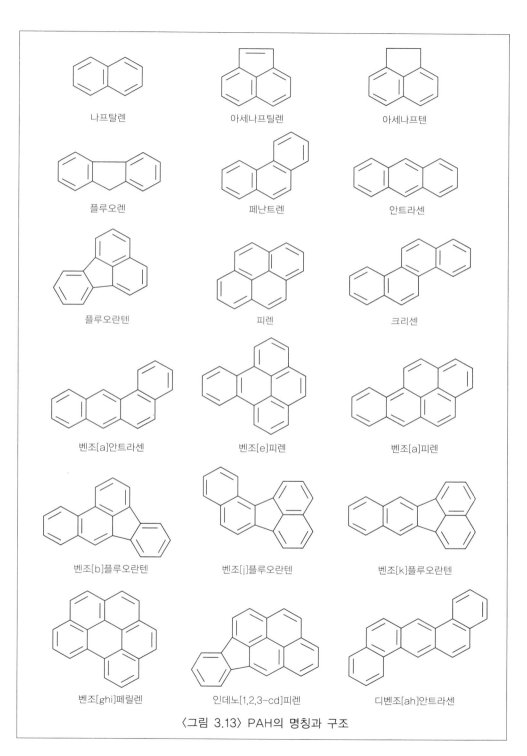

나프탈렌

아세나프틸렌

아세나프텐

플루오렌

페난트렌

안트라센

플루오란텐

피렌

크리센

벤조[a]안트라센

벤조[e]피렌

벤조[a]피렌

벤조[b]플루오란텐

벤조[j]플루오란텐

벤조[k]플루오란텐

벤조[ghi]페릴렌

인데노[1,2,3-cd]피렌

디벤조[ah]안트라센

〈그림 3.13〉 PAH의 명칭과 구조

[1] 전처리

PAH 분석의 전처리 조작은 농축이나 칼럼 클린업 등 분석자 자신의 수작업이 차지하는 비율이 높다. 때문에 분석작업을 얼마나 확실히 실시해 이상값이나 측정값의 잘못(에러)을 줄이는가가 정밀도와 확실도가 보증된 '정확한' 분석값을 얻는 데 중요하다. 최근 분석작업의 확실성을 꾀하기 위해 표준작업 순서서(SOP : Standard Operating Procedure, 〈표 3.7〉에 예시)나 관리기록부 등을 작성해 정밀도 관리를 철저하게 함으로써 신뢰성을 높이려고 하는 분석기관이 많이 보인다.

SOP나 관리기록부는 정해진 순서에 따라 정해진 기록을 적음으로써 분석자가 바뀌어도 같은 결과를 얻을 수 있는 것을 목적으로 작성된 것이어서 에러 요인을 해석하는 경우 인자 데이터의 수집이라는 점에서는 매우 유효하다. 그렇지만 에러 원인을 규명해 분석순서를 개선하는 경우의 타당성 검토·평가(밸리데이션)에 대해서는 분석에 이용되는 각각의 분석기술에 대해 분석자가 얼마나 관련 지식을 가지고 있는지에 크게 좌우되므로 분석자가 가진 지식과 기술만이 분석과 관계되는 에러의 원인 규명과 개선에 기여할 수 있다.

전처리에 필요한 분석요소와 관련된 분석지식을 기술적 사항으로서 정리해 〈표 3.8〉에 나타낸다. 또, 이하에 각각의 전처리 조작내용과 기술적 사항을 분석순서에 따라 설명한다.

(a) 추출조작

PAH의 추출에 대해서는 환경성 매뉴얼에서는 디클로로메탄에 의한 초음파 추출, TO-13A에서는 10% 디에틸에테르 함유 헥산에 의한 속실렛 추출이 추천되고 있다. 초음파 추출은 추출 용매와 피검성분의 접촉을 초음파에 의해 강제적으로 촉진시키는 추출 방법으로 속실렛 추출에 비해 단시간에 추출할 수 있다.

추출용매는 다음의 클린업 조작을 고려하면 헥산 등 극성이 작은 용매가 농축한 시료 추출액을 그대로 클린업용 칼럼에 부하할 수 있기 때문에 용매 전용작업을 생략할 수 있어 편리하다. 그러나 대기시료를 헥산만으로 추출하면 PAH의 추출률은 저하한다. 특히, 복잡한 기질을 가진 분진시료(여과지 시료)의 경우에 이 경향이 강하다. 그 이유는 분진에 흡착된 수분이나 기름 등의 기질(매트릭스)이 피검성분인 PAH를 감싸 추출용매와 PAH의 접촉을 저해하기 때문이다(그림 3.14). 이러한 시료의 추출에는 PAH를 매트릭스마다 용매에 녹여 낼 필요가 있어 추출용매에는 PAH와 매트릭스의 양쪽 모두에 친화성을 가진 성질이 요구된다. 이것은 가장 단순한 매트릭스인 물을 생각하면 알기 쉽다. 예를 들면, 분진에 흡착된 PAH 주위를 물이 둘러싸고 있는 경우(그림 3.14의 중앙), 극성이 작은 헥산은 소수성이 강해 주위의 물에 방해받아 PAH와 접

<표 3.7> 전처리 조작의 표준작업 절차(SOP) 예

조작	작업 순서
① 추출	1) 여과지 시료*를 반드시 중심을 통과하도록 정확하게 절단해 분석에 제공한다. 2) 시료를 가위로 약 1cm 사각의 작은 조각으로 자르고 50mL의 원심분리관에 넣는다. 3) 10μg/mL 서로게이트 표준액 0.1mL(1μg)를 마이크로 피펫으로 첨가한 후 디클로로메탄 40mL을 가하고 30분간 초음파 추출을 행한다. 4) 초음파 추출 후 3,000rpm으로 20분간 원심분리를 행한다. 5) 디클로로메탄층을 무수 황산나트륨 충전용 칼럼을 통하여 탈수하면서 100mL의 나스형 플라스크로 옮긴다. 6) 한번 더 원심분리관에 디클로로메탄 30mL을 가하고, 마찬가지로 추출, 분리, 탈수를 행한 후 앞의 나스형 플라스크에 합해 추출액으로 한다. ＊추출 후에는 분해를 막기 위해 용기를 알루미늄박으로 덮는다.
② 농축	1) 나스형 플라스크를 회전증발기에 접속하여 35℃로 5mL 정도까지 감압 농축한다. 2) 헥산 20mL을 가하여 한번 더 농축하고, 나스형 플라스크를 분리한 다음, 부드럽게 질소가스를 불어넣어 1mL 정도까지 농축한다. ＊농축 시에는 수온을 40℃ 이하로 유지하고 돌비나 건조에 주의한다. ＊시료에 따라서는 석출물이 유리 벽면에 고착된 경우가 있다. 석출물은 파스퇴르 피펫을 이용하여 소량의 디클로로메탄 헥산(1 : 1)을 적하하고 클린업용 칼럼에 씻어 넣는다.
③ 클린업	1) 디클로로메탄 5mL로 컨디셔닝한 Sep-Pak plus silica를 주사통에 접속하고 클린업용 칼럼을 조제한다. 2) 시료 농축액을 클린업용 칼럼에 부하한다. 3) 나스형 플라스크를 파스퇴르 피펫을 이용하여 소량의 디클로로메탄 헥산(1 : 1)으로 세척하고, 세정액도 칼럼에 부하한다. 이때 세액으로 주사통의 내벽을 씻으면서 칼럼에 부하한다. 4) 칼럼으로부터의 용출액은 시료 부하 때부터 50mL의 리저버 달린 농축관에 회수한다. 5) 시료와 세액을 부하한 칼럼에 디클로로메탄 헥산(1 : 1) 5mL을 약 1mL/min의 유속으로 흐르게 한다. 6) 용출액에 질소가스를 부드럽게 분사, 1mL까지 농축한다.
④ GC/MS 측정용 표준액 조제 (GC/MS 측정)	1) 시료액에 1μg/mL의 실린지 스파이크용 표준액 0.5mL(0.5μg)를 첨가하고 잘 혼합하여 GC/MS 측정용 시료액을 조제한다. 2) GC/MS 측정용 시료액은 세척이 끝난 오토 샘플러용 바이얼(갈색)에 파스퇴르 피펫을 이용하여 옮긴다. 3) 바이얼을 셉텀 달린 캡으로 뚜껑을 닫은 후 시료명을 쓴 라벨을 붙인다. 4) 바이얼은 GC/MS 측정 시까지 냉장 보존하고 측정 후에는 냉동 보존한다.

＊대기분진 속의 B[a]P의 분석이기 때문에 시료는 여과지 시료만

〈표 3.8〉 전처리의 분석요소와 기술적 사항

전처리	분석 요소	기술적 사항
추출 조작	추출용매	• 무극성 용매와 비교하여 극성을 갖는 용매 쪽이 PAH의 추출률이 높다. (헥산<에테르 함유 헥산, 디클로로메탄, 벤젠-에탄올)
	속실렛 추출	• 시료와 증류 정제한 용매를 연속적으로 접촉시키는 추출 방법 • 1시간에 3~4회의 회전 속도로 16~24시간(최저 50회 정도)
	초음파 추출	• 초음파에 의해 시료 중의 피검성분과 추출 용매의 접촉을 강제적으로 촉진한다.
	추출률 확인	• 예비시험(CRM : 인증 표준물질을 이용한 확인시험을 포함한다)으로 확인한다.
농축 조작	탈수	• 농축 전에 추출액의 수분을 무수 황산나트륨으로 제거한다.
	농축장치 선택	• 용매와 피검성분의 증기압 차이를 고려하여 효율적인 농축장치를 선택(회전증발기는 KD 농축기와 비교하여 농축시간은 빠르지만, 농축손실이 큰 물질이 있다)한다.
	회전증발기	• 용매와 피검성분의 증기압에 맞춰 적절한 온도 압력을 설정한다. • 최종 농축액량은 세액을 포함해 수 mL 정도가 한계(1mL 이하까지 농축한 경우에는 질소가스 분사나 매크로스니더 칼럼을 사용)이다. • 건고나 돌비에 주의(건고 방지를 위한 키퍼의 첨가 등)한다.
	쿠데르나·데니시 (KD) 농축기	• PAH 분석에서는 헥산(비등점 69℃)보다 비점이 높은 용매는 감압을 사용한다. • 기타 유의점은 상기 회전증발기와 마찬가지이다.
	질소가스 분무	• 질소가스에 포함된 불순물이나 배관에서의 오염을 방지(활성탄이나 몰레큘러 시브를 충전한 트랩관으로 불순물을 제거)한다. • 시료의 휘산을 방지(리저버 달린 농축관 사용)한다.
	매크로스니더 칼럼	• KD 농축기에 사용된 매크로스니더 칼럼을 단축한 것. • 건고나 돌비 등에 주의한다.
	용매 전용	• PAH 분석에서는 시료액의 용매 극성을 작게 하는 것이 목적이다. • 비점차를 이용하여 시료 용매를 저비점 용매로부터 고비점 용매로 전환한다.
	농축손실 확인	• 예비시험이나 서로게이트의 회수율로 확인한다.
분리·정제 조작(클린업)	칼럼 크로마토그래피	• 실리카겔을 이용한 '순상 칼럼 크로마토그래피' • 칼럼 부하 시의 시료액 용매는 용출용매보다 극성이 작은 것일 것(시료액 용매의 극성이 강하면 방해물질을 분리할 수 없다). • 시판하는 고상 카트리지 타입은 오염이나 사용한 용매량이 적어도 된다. • 불순물이 많은 시료로는 고상 카트리지의 실리카겔 충전량에 따라서는 과부하가 되기 쉽다. • 실리카겔의 활성도는 공기 중의 수분으로 변화한다. • 실리카겔은 사용 전, 친수성 용매, 소수성 용매의 순서로 세척한다.

〈표 3.8〉 전처리의 분석요소와 기술적 사항(계속)

전처리	분석 요소	기술적 사항
조작 전반	오염방지(사용 기구의 세정)	• 유리기구 등의 사용 도구는 추출용매→아세톤 등의 친수성 용매 → 수세→세제→수세→아세톤 등의 친수성 용매→추출용매→ 건조의 순서로 세정하고, 사용 전 추출용매 등으로 다시 세정한다.
	분해 방지	• 추출 후의 PAH는 빛 등에 의해 분해되기 쉽다(추출한 시료액은 용기를 알루미늄박 등으로 차광해 냉암소에 보관).
	정밀도 관리	• 사로게이트의 회수율, 블랭크 관리, 이중측정, SOP, CRM을 이 용한 확인시험 등의 관리항목으로 타당성을 확인한다.

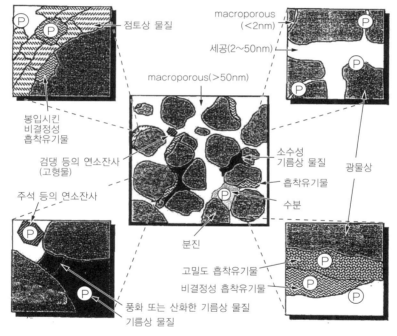

〈그림 3.14〉 분진시료의 이미지(Ⓟ : PAH)

촉할 수 없다. 한편, 디클로로메탄은 소수성 용매로 분류되지만, 물에 대한 용해도는 헥산의 0.013g/L에 대해 13g/L로 1,000배 높다. 따라서 어느 정도 물을 녹여 낼 수 있어 물에 둘러싸인 PAH를 추출할 수 있다. TO-13A에서 헥산에 디에틸에테르(물에 대한 용해도 : 69g/L)를 함유시키고 있는 것도 같은 이유이다.

또, 대기시료의 매트릭스에는 물 이외에도 검댕이나 오일상 물질 등의 소수성 유기물이 포함된다. PAH는 소수성 유기물에 대한 친화성이 높을 뿐 아니라, 대부분이 화석연료의 연소와 함께 환경에 방출된 것이기 때문에 검댕 등의 연소잔사나 화석연료 유래 물질에 흡착 혹은 포함되어 있는 것이 많다(그림 3.14). 따라서 추출용매에는 연소잔사 등의 소수성 유기물에 대한 친화성도 요구된다.

디클로로메탄에 의한 초음파 추출은 일반 환경대기로부터 채취된 시료이면 대기 중에 연소잔사 등이 많은 도시지역의 시료에도 지장 없이 PAH를 추출할 수 있다. 그렇지만 도로 길가나 공장부지 내 등의 발생원 근처에서 채취한 시료, 특히 터널 내에서 채취한 분진시료의 경우는 추출률이 저하한다.

이유는 디젤 입자 등과 같이 탄소질이 많은 시료에서는 추출에 이용하는 디클로로메탄이 포화해 버려 충분히 매트릭스를 녹일 수 없기 때문이다. 이 경우에는 시료와 용매를 반복해 접촉시키는 속실렛 추출장치를 이용한다. 속실렛 추출은 끊임없이 증류 정제한 청정한 용매가 시료에 접촉하기 때문에 추출용매가 포화하지 않고 디젤 입자 등에서도 PAH를 추출할 수 있다.

또, 추출에 벤젠-에탄올을 사용하면 추출률은 향상된다. 벤젠이나 톨루엔 등의 방향족계 용매는 PAH를 잘 용해함과 동시에 연소잔사나 석유 관련 물질 등의 소수성 유기물에 대해서도 친화성이 높기 때문에 대기시료 중의 PAH 분석에 예전부터 이용되고 있다. 그렇지만 벤젠은 독성이 강하고 취급에 지장이 있으므로 환경성 및 USEPA 모두 가능한 한 사용을 피하고 있다.

벤젠을 사용하는 경우에는 실험실의 작업 환경이나 용매 회수기능 등의 안전을 확보한 후에 실시하고, 터널 분진이나 이하에 설명하는 추출방법의 검토 등 한정된 시료에 대해서만 적용하는 것이 바람직하다.

환경성 매뉴얼에서 이용되는 디클로로메탄은 벤젠만큼은 아니지만, 독성이 인정되기 때문에 2001년에 대기환경 기준이 설정되었다. PRTR법 등 해마다 화학물질의 관리·규제가 강화되어 분석현장에서도 사용할 수 있는 시약이 제한되고 있다. 현재 유기용매를 다량으로 사용하는 추출방법의 개선은 향후의 과제이다. 다나베[10]는 보다 안전한 PAH의 추출용매를 검토해 시클로헥산-에탄올이 디클로로메탄과 거의 동등한 추출효과를 얻을 수 있다고 보고하고 있다. 또, 가속 용매 추출법[11]이나 초임계 유체에 의한 추출방법[12] 등 사용하는 용매량이 적은 추출방법도 검토되고 있다.

현재까지 이러한 방법은 다양한 매트릭스를 갖는 환경시료 모두에 대응할 수 있는 정도까지 실적이 없기 때문에 환경 모니터링에 즉시 적용할 수 없지만, 조사 지역이나 대상 시료에 따라서는 충분히 사용 가능하다. 환경성 매뉴얼은 용매의 변경 등 추출방법을 개량하는 경우의 주의점을 제시하고 있고, 그중에서 '디클로로메탄 혹은 벤젠-에탄올에 의한 속실렛 추출을 기준으로 90% 이상의 추출률을 얻을 수 있는 것' 또는 '농도가 보증된 인증 표준물질(CRM : Certified Reference Material)을 이용한 추출률 등의 타당성이 검토·평가되고 있는 것'을 확인한 후에 분석에 이용하도록 하고 있다.

(b) 농축 조작

추출액은 물을 포함하고 있으므로 그대로 농축하면 수분의 석출이나 GC-MS에 미치는 악영향 등 그 후의 분석에 지장을 초래한다. 때문에 추출시료를 농축하기 전에 무수 황산나트륨을 충진한 칼럼에 추출액을 통과시켜 탈수한다.

농축에는 회전증발기나 쿠데르나·데니시 농축기(KD 농축기) 등을 이용한다. 회전증발기는 KD 농축기에 비해 농축시간은 빠르지만 나프탈렌 등 저분자량 PAH의 손실이 크다. 나프탈렌의 끓는점은 218℃이며 추출용매와의 끓는점 차이는 100℃ 이상임에도 불구하고 회전증발기로는 회수율이 저하해 분산도 커져 버린다. 그 이유에 대해서는 아래의 3가지 점을 들 수 있다.

① 피검성분의 농도가 극히 저농도인 점
② PAH는 승화성이 강하고 실제로는 용매와의 휘발성 차이가 끓는점 차이만큼 크지 않은 점
③ 회전증발기에는 휘발한 피검성분을 회수하는 트랩공이 1단밖에 없는 점

따라서 분석 대상물질에 나프탈렌 등 저분자량 PAH가 포함되는 경우에는 농축조작의 예비시험을 실시해 농축손실이 인정될 때는 KD 농축기 등 다른 농축방법으로 변경해야 한다.

KD 농축기(그림 3.15)는 매크로스니더 칼럼에 복수의 트랩공을 가지므로 회전증발기에 비해 농축손실이 적고 사용 가능한 물질의 범위가 넓다.

나프탈렌을 분석하는 경우에도 용매가 디클로로메탄이면 안정된 회수율을 얻을 수 있다. 다만 헥산 등 디클로로메탄보다 끓는점이 높은 용매에서는 KD 농축기를 이용해도 나프탈렌의 회수율이 저하하는 경우가 있으므로 주의한다. 또 KD 농축기에는 유리 캐필러리를 사용해 감압하면서 농축하는 방법이 있다. PAH 분석에서 헥산(비점 69℃)이나 그 이상의 끓는점을 가진 용매를 농축하는 경우에 사용해, 시료에 열이 더해지지 않게 배려한다.

매크로스니더 칼럼
(3트랩공)

KD 리저버
(500mL)

시료액

농축관

〈그림 3.15〉 쿠데르나·데니시
(KD) 농축기

KD 농축기나 회전증발기는 액량이 적어지면 돌발 비등이나 건고(乾固) 또는 농축손실을 일으킬 우려가 있기 때문에 농축 액량은 5mL 정도까지 하고 그 이하의 액량으로 농축하는 경우에는 질소가스를 부드럽게 불어주어 용매를 휘발시킨다. 이때, 질소가스는 몰레큘러 시브나 활성탄 등을 충전한 트랩관을 통과시켜 불순물을 없앤 청정한 것을 사용한다.

농축한 시료액은 다음의 분리·정제 조작(클린업)에 쓰이기 때문에 시료액의 용매를 극성이 작은 것으로 전환할 필요가 있다. 이 조작은 용매전용이라고 부르며, PAH 분석에서는 용매의 끓는점 차이를 이용하는 방법을 이용한다. 구체적으로는 KD 농축기 등에 의해 시료액을 5mL 정도까지 농축한 시점에 헥산 20mL를 더해 재차 농축함으로써 시료액으로부터 극성이 큰 디클로로메탄 등을 제거한다. 추출액이 디에틸에테르 함유 헥산인 경우에도 같은 조작으로 시료액의 극성을 작게 할 수가 있다.

TO-13A에서는 전용용매로 시클로헥산(끓는점 81℃)을 권하고 있지만, 사용하는 용매의 종류는 가능한 한 적은 편이 좋기 때문에 시클로헥산을 고집할 필요는 없다. 또, 디젤입자 등에서 추출하기 위해서 벤젠-에탄올을 사용했을 경우에는 벤젠(끓는점 80.1℃)이나 에탄올(끓는점 78.4℃)의 비점이 헥산보다 높기 때문에 헥산 대신에 이소옥탄(끓는점 99℃)을 이용해 같은 조작으로 시료액의 극성을 작게 한다.

용매전용에 의해 시료액의 조성이 디클로로메탄 등에서 극성이 작은 헥산으로 바뀌면 그때까지 용해하고 있던 시료 중의 매트릭스가 유리 용기의 내벽에 석출하는 경우가 있다. 석출물 중에는 PAH를 흡착하는 것이 있어 그대로 분석을 계속하면 회수율 저하의 원인이 되므로 파스퇴르 피펫 등을 이용해 디클로로메탄-헥산의 소량을 유리 용기 내벽에 떨어뜨리고, 흡착된 PAH를 시료액에 씻어낸다. 이때 사용하는 디클로로메탄 헥산의 양은 다음의 클린업 조작에 영향이 없는 범위를 사용한다.

(c) 분리·정제 조작(클린업)

대기시료에는 많은 불순물이 존재하기 때문에 추출액을 그대로 농축해 GC-MS 분석하면 목적물질의 확인(identification)이나 정량(定量)에 방해가 될 뿐만 아니라 분리 칼럼의 수명을 줄여 검출기의 열화를 일으킨다. 따라서 시료 중의 불순물로부터 PAH를 분리·정제(클린업)하는 조작이 필요하다. PAH 분석에서는 순상 칼럼 크로마토그래피를 이용한다.

순상 칼럼 크로마토그래피는 알루미나, 실리카겔 및 플로리실이라고 하는 강극성 흡착제를 크로마토그래프관에 충진해 시료액을 부하한 후 헥산 등의 극성이 작은 용리액을 흘림으로써 피검성분을 극성이 낮은 성분으로부터 순서대로 용출시킨다. 피검성분이나 방해물질에 대한 흡착성은 알루미나 > 실리카겔 > 플로리실 순서로 강하고, 흡착이 너무 강한 경우에는 흡착제를 함수시켜 사용한다. 일반적으로 플로리실은 염소계 농약이나 유기인 화합물[13], 실리카겔은 n-알칸이나 PAH 등의 탄화수소 화합물[14], 알루미나는 다이옥신과 PCB의 분리[15] 등에 이용된다.

환경성 매뉴얼과 TO-13A에서는 실리카겔에 의한 칼럼 크로마토그래피를 추천하고 있지만, 시료의 특성이나 분석작업의 효율화 등 분석 상황에 맞추어 플로리실 등의 흡착제 검토가 필요한 경우가 있어 분석자는 관련 지식을 쌓아 두어야 한다.

클린업에 이용하는 칼럼은 Sep-PAK™ 등의 시판되는 카트리지 타입(그림 3.16)의 제품 오염이 적고 사용하는 용매량도 적다. 다만 시료에 따라서는 함유하는 유기물량이 많기 때문에 과부하가 되어 방해물질이나 PAH를 카트리지 내에서 머물게 할 수 없는 경우가 있다. 이 경우에는 내경 10mm 정도의 크로마토그래프관에 활성화된 실리카겔을 충전한 오픈 칼럼을 사용한다.

오픈 칼럼용 실리카겔은 실험실 환경에서는 PAH나 방해물질을 흡착하기 쉬워 활성화하기 전에 속실렛 추출기를 이용해 메탄올 등의 친수성 용매, 다음으로 헥산 등의 소수성 용매로 세정한다. 실리카겔의 오염이 적고, 청정한 세정 용매를 구할 수 있는 경우에는 조작이 간단한 디캔테이션으로 실리카겔을 세정해도 좋지만, 디캔테이션은 실리카겔이 용매 중의 불순물을 흡착해 오염을 증가시키는 경우가 있으므로 주의해야 한다.

실리카겔의 활성화는 건조기 등을 이용하여 130℃로 하룻밤 가열함으로써 실시한다. 다만 실리카겔에 세정 용매가 남은 채로 가열하면 기화한 용매가 건조기 내에 충만해 폭발을 일으킬 가능성이 있으므로 매우 위험하다. 세정한 실리카겔은 감압하에서 완전하게 용매를 제거하고 나서 활성화를 실시한다.

실리카겔의 활성도는 실험실 환경에 포함되는 수분을 흡수함으로써 시간이 지나면 저하한다. 활성도가 저하하면 PAH나 방해물질에 대한 칼럼의 용출 패턴이 변화해 방해물질과 PAH의 분리가 나빠지므로 활성화 후 장시간 경과한 실리카겔은 사용하지 않도록 한다.

한편, 함수 실리카겔은 미리 수분을 포함해 장시간 일정한 활성도를 유지할 수 있으므로 안정된 클린업 효과를 얻을 수 있다. 함수 실리카겔은 실리카겔을 활성화한 후, 일정한 농도(통상 10~20%)가 되도록 물을 첨가해 진탕기로 균질화함으로써 조제한다.

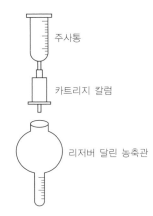

주사통

카트리지 칼럼

리저버 달린 농축관

〈그림 3.16〉 카트리지 칼럼 용출
조작의 사용 예

[2] 검출(GC/MS 측정)

GC/MS 측정에는 질량 스펙트럼을 측정하는 전이온 검출법(SCAN법)과 피검성분의 질량 스펙트럼으로부터 특정 이온만을 선택해 모니터하는 선택 이온 검출법(SIM법)의 2가지 측정방법이 있다. 자장형 질량분석계의 경우에는 SCAN법에 비해 SIM법은 백~수천 배 정도의 높은 감도를 얻을 수 있다.

사중극자 질량분석계도 기종에 따라 차이는 있지만, SIM법이 고감도로 검출할 수 있다. 다만, SIM법은 설정한 이온만을 검출하기 때문에 물질의 정성에 관한 정보는 적다. 한편, SCAN법은 질량 스펙트럼을 확인할 수 있기 때문에 검출물질의 정성 정밀도가 높다.

또 방해물질에 대해서도 질량 스펙트럼으로부터 물질정보를 얻을 수 있으므로 방해물질을 제거하는 클린업 방법의 검토 등에 이용할 수 있다. 따라서 목표 정량 하한값과 비교해 충분한 감도를 얻을 수 있는 경우에는 SCAN법이 범용성이 넓다.

〈표 3.9〉 GC-MS 분석조건의 예

(단위 : ng/m³)

물질명	반복시험 결과					정량 검출한계	하한값
	1회	2회	3회	4회	5회		
페난트렌	0.0041	0.0046	0.0047	0.0045	0.0052	0.0013	0.0042 0.004
안트라센	0.0043	0.0046	0.0046	0.0046	0.0051	0.00099	0.0029 0.003
플루오란텐	0.0041	0.0042	0.0040	0.0042	0.0045	0.00066	0.0019 0.002
피렌	0.0039	0.0041	0.0043	0.0043	0.0046	0.0008	0.0027 0.003
벤조[a]안트라센	0.0043	0.0040	0.0045	0.0048	0.0052	0.0013	0.0044 0.004
벤조[b]플루오란텐	0.0046	0.0055	0.0047	0.0048	0.0045	0.0012	0.0039 0.004
벤조[a]피렌	0.0040	0.0043	0.0051	0.0048	0.0047	0.0013	0.0044 0.004
인데노[1,2,3-cd]피렌	0.0032	0.0049	0.0042	0.0030	0.0036	0.0023	0.0078 0.008
벤조[ghi]페릴렌	0.0040	0.0042	0.0030	0.0059	0.0055	0.00354	0.012 0.012
디벤조[ah]안트라센	0.0037	0.0049	0.0052	0.0025	0.0043	0.0033	0.011 0.011

＊Hi-vol을 이용하여 대기시료 1,000m³를 채취해서 1mL까지 농축할 것을 예상하여 대기농도로 환산.

실제로 SCAN법으로 측정한 장치 정량 하한값의 산출 예를 〈표 3.9〉에 나타낸다. 장치 정량 하한값의 산출은 환경성 매뉴얼에 따라 반복시험을 통해 표준편차(σ)를 구하고, 그 3배를 검출한계, 10배를 정량 하한값으로 하고 있다.

예에서는 벤조 [ghi] 페릴렌을 제외한 모든 물질의 정량 하한값이 환경성 매뉴얼의 B[a]P의 목표 정량 하한값 $0.011ng/m^3$를 만족해, SCAN법으로 충분히 정량 가능함을 알 수 있다.

또한 분석에 사용하는 단위는 모두 대기농도를 나타내는 $[ng/m^3]$나 $[\mu g/m^3]$로 표시하는 것이 원칙이며, GC/MS 측정 시의 주입 용액농도[ng/mL]나 주입 절대량[pg] 등은 혼란을 일으키는 경우가 있으므로 한정된 경우에만 사용한다. 실제 대기시료를 SCAN법으로 측정했을 때의 총 이온 크로마토그램(TIC)과 대표적인 PAH의 질량 스펙트럼을 〈그림 3.17〉 및 〈그림 3.18〉에 나타낸다.

GC/MS 측정에서는 PAH는 분자 이온(M^+) 강도가 강한 특징적인 질량 스펙트럼이 얻어지고, M^+를 정량에 이용함으로써 고감도로 검출할 수 있다. 또, 수소분자(H_2)가 이탈한 $[M-2]^+$나 M/2의 질량수를 나타내는 2가 이온(M^{2+})은 PAH의 특징적인 이온이며 피검성분의 확인에 이용할 수 있다.

GC 조건은 대상물질의 물성을 고려해 효율적으로 설정한다. 예를 들면 나프탈렌 등의 비점이 낮은 PAH를 분석하는 경우에는 용매 효과를 이용해 분리나 감도 향상을 꾀한다.

용매 효과는 GC 오븐의 초기온도를 시료액 용매의 끓는점보다 10℃ 정도 낮게 설정해 주입구에서 기화한 피검성분을 용매와 함께 칼럼의 선단에 재농축시킴으로써 피검

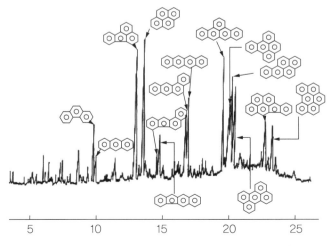

〈그림 3.17〉 대기시료의 총 이온 크로마토그램(TIC) 예

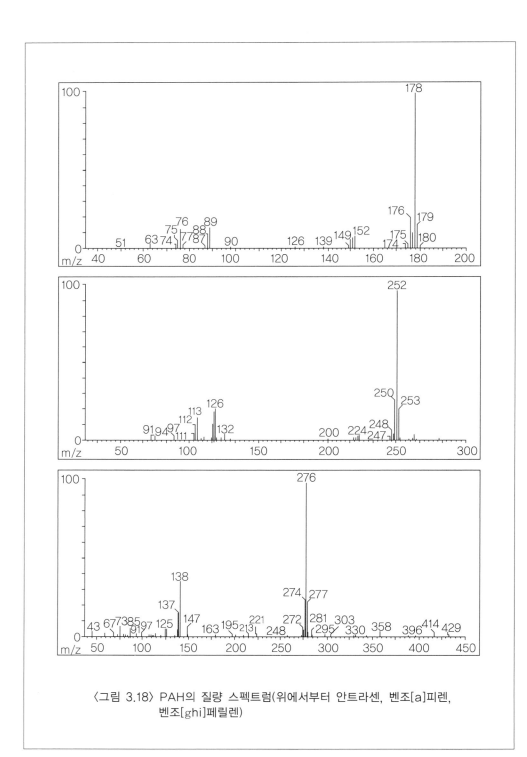

〈그림 3.18〉 PAH의 질량 스펙트럼(위에서부터 안트라센, 벤조[a]피렌,
벤조[ghi]페릴렌)

성분의 피크를 샤프하게 하는 방법이다. 한편, B[a]P 등 비점이 높은 PAH만이 분석 대상인 경우에는 이 효과가 적기 때문에 GC 오븐의 초기온도를 높게 설정해 GC/MS 측정시간의 단축을 꾀한다.

GC 칼럼의 내경이나 액상의 종류, 막두께 등을 검토함으로써 분리능은 향상된다. 일반적으로 액상의 막두께는 얇을수록 좌우 대칭을 이룬 분리상태가 좋은 피크를 얻을 수 있고, 칼럼 내경은 작을수록 이론단수가 많아 분리가 좋다. 또, 이론단수에 영향을 주는 캐리어 가스의 유속은 30cm/s 정도의 선속도가 적절하다. 최근에는 전자식 압력 컨트롤러의 보급에 의해 일정한 선속도를 유지할 수 있는 가스 크로마토그래프가 대부분이지만 대상물질의 용출온도 부근에서의 선속도가 설정한 값과 다른 경우도 있으므로 메탄이나 프로판 등 칼럼에 머무르지 않는 물질을 이용해 실측에 의해 확인한다. GC/MS 측정조건의 예를 〈표 3.10〉에, PAH 표준액의 질량 크로마토그램을 〈그림 3.19〉에 나타낸다.

PAH의 정량은 추출 전에 시료에 첨가하는 서로게이트의 피크 강도와 피검성분의 피크 강도 비를 이용한 내부표준법으로 실시한다. 서로게이트로는 PAH의 수소를 중수소 (deuterium)로 치환한 것이 피검성분과 거의 동등한 성질을 가지므로 범용된다(관습적으로 'd체'라고 부른다).

정량 계산에는 검량선을 최소제곱법에 따라 회귀식으로 수식화하든가 혹은 표준액의 농도비와 피크 강도비의 비를 평균한 상대감도계수(RRF : Relative Response

〈표 3.10〉 GC/MS 측정조건의 예

항목	분석조건
칼럼	DB-5ms, 길이 : 30m, 내경 : 0.32m, 막두께 : 0.25μm
오븐 온도	60℃(1min)→30℃/min→200℃→10℃/min→300℃(10min)
GC 주입 방식	스플릿리스(퍼지 시간 : 1min)
주입구 온도	280℃
시료 주입량	2μL
캐리어 가스	헬륨, 평균 선속도 : 35cm/s
인터페이스	280℃
이온화 방법	전자충격형 이온화법(EI)
이온원 온도	230℃
이온화 전류	300μA
이온화 전압	70V
검출기 전압	1.0kV
측정 모드	스캔, m/z 35-450, 1cycle/0.6s

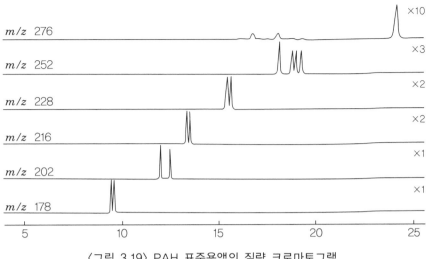

〈그림 3.19〉 PAH 표준용액의 질량 크로마토그램

Factor)를 이용한다. 검량선은 회귀식의 상관계수나 RRF의 상대 표준편차(%)를 계산해 평가함으로써 직선성이 보증된 범위 내의 농도에서만 사용되어야 하며, 회귀식에 의한 수식화 혹은 RRF에 의한 계수화는 직선성(검량선의 정량범위)을 수치에 의해 명확하게 할 수 있다.

다만, 최소제곱법에 의한 회귀식은 직선성의 평가에 이용하는 상관계수가 고농도 측의 표준액 측정결과에 영향을 받기 쉽고, 절편이 원점으로부터 크게 빗나간 회귀식이 되는 경우가 있으므로 주의가 필요하다.

[3] 분석상의 유의점

(a) 블랭크 관리와 오염의 방지

블랭크 관리는 분석자가 공시험(블랭크)의 값을 편차와 함께 파악한 다음 오염(컨테미네이션)이 분석에 지장을 주지 않게 관리하는 것이다. 일반적으로 블랭크는

① 장치로부터의 오염을 관리하는 장치 블랭크
② 시약이나 유리기구, 실험실 환경 등으로부터 오염을 관리하는 조작 블랭크
③ 운송 시의 오염을 관리하는 트래블 블랭크

로 분류되어 각각의 단계에서 오염 요인을 가능한 한 배제해, 블랭크 값을 충분히 저감화·안정화함으로써 적절히 관리할 수 있다.

장치 블랭크는 청정한 헥산 등의 유기 용매만을 GC/MS 분석함으로써 평가한다. 이따금 GC/MS의 페룰이나 오토 샘플러의 바이얼로부터 PAH가 검출되는 경우가 있다.

오염이 페룰에서 유래하는 경우에는 GC 오븐과 주입구의 온도를 200℃ 정도로 유지해, 캐리어 가스를 하룻밤 흘림으로써 에이징한다. 바이얼에서 유래하는 경우에는 고품질의 바이얼 셉텀으로 교환하여 블랭크 값을 저감할 수 있다.

조작 블랭크는 샘플링에 사용하지 않은 여과지나 PUF 등의 포집재를 대상으로 공시험해서 평가한다. 오염은 사용하는 유리기구에서 유래하는 경우가 많기 때문에 유리기구 등의 세정 순서가 오염 방지의 기본이 된다. 세정은 추출용매 → 아세톤 등의 친수성 용매 → 수세 → 세제 → 수세 → 아세톤 등의 친수성 용매 → 추출용매 → 건조의 순서로 실시하고, 사용하기 전에 재차 추출용매 등으로 세정한다. 또, 오염이 실험실 환경에서 유래하는 경우에는 유리기구를 밀폐한 청정한 헥산조 등의 유기용매에 담가 두고 사용하기 직전에 꺼내 청정한 질소가스를 분사 건조시키고 나서 사용한다. 시약으로부터의 오염에 대해서는 구입 시의 등급이나 세정·조제 순서를 기준화하여 블랭크를 관리한다. 이것에는 전술한 SOP를 작성해 두면, 분석마다 시약의 등급이나 조제 순서가 같아져 블랭크 값의 안정화에 효과가 높다.

트래블 블랭크는 운송 시에 오염이 없으면 이론적으로는 조작 블랭크와 같은 농도 레벨이 된다. 트래블 블랭크 값이 조작 블랭크 값보다 의미 있게 높은 경우에는 일련의 샘플링과 관련되는 모든 시료가 오염되어 있을 가능성이 높기 때문에 재측정을 실시하든가 혹은 분석값을 흠이 있는 데이터로서 취급하지 않으면 안 된다. 다만 환경성 매뉴얼에서는 트래블 블랭크 시험을 표준편차 추정 가능한 3시료 이상 실시해, 오염의 농도 레벨과 분산을 평가함으로써 오염이 인정되는 경우에도 분석값을 유효 데이터로서 취급할 수 있도록 배려하고 있다. 구체적으로는 트래블 블랭크의 표준편차로부터 정량 하한값을 재계산해 그 값이 목표 정량 하한값이나 시료 분석값보다 낮으면 '오염의 정도는 분석에 영향을 주는 농도에 이르지 않았다'는 것을 확인할 수 있어 그 분석값을 유효 데이터로서 취급할 수 있다. 다만, 트래블 블랭크로부터 재계산한 정량 하한값이 분석값 등을 넘는 경우에는 재측정 혹은 흠이 있는 데이터가 된다.

(b) PAH의 분해

PAH는 샘플링 및 분석 사이에 산화성 물질이나 자외선 등에 의해 분해되며 회수율을 떨어뜨린다고 알려져 있다. 분해의 원인이나 정도에 대해서는 해명되지 않은 부분이 많고, 또 PAH의 종류에 따라서도 차이가 보인다. 현재, 환경대기의 샘플링에 대해서는 산화성 물질 등의 영향은 경미해, 여과지 등의 시료 포집재에 산화 방지제를 첨가하는 등의 분해 방지책을 강구할 필요는 없다고 생각되고 있다. 추출 후의 시료액에 대해서는 피검성분의 분해가 자주 분석값에 영향을 미치는 정도까지 관측되기 때문에 전처리 조작이나 검출 작업에 며칠을 필요로 하는 경우에는 그날의 작업 종료 후에 시료

용기를 알루미늄박으로 차광해 냉암소에 보존한다.

(c) 분석의 밸리데이션(타당성 검토·평가)

분석화학에서는 "밸리데이션이란 타당성을 종합적으로 검토·평가하는 것. 분석법에 관해서는 분석법의 타당성을 확인하기 위해서 측정결과의 정확도, 정밀도 등의 파라미터(parameter) 평가가 필요하다"고 정의되어 있다[16]. 본 장에서는 타당성이 확인된 분석법으로서 환경성 매뉴얼 및 TO-13A를 언급하고 있지만, 양자 모두 분석법의 신뢰성을 유지하기 위해 분석을 실시할 때에 확인해야 할 관리 항목을 설정해, 분석의 타당성 평가를 요구하고 있다. 예를 들면, '진도'(측정결과의 정확도)에 관해서는 하이볼륨에어 샘플러의 교정, 검량선, GC-MS의 감도 평가 등이, '정밀도'(재현성이나 분산)에 관해서는 검출한계 산출 시의 반복시험이나 이중측정 등이 관리 항목으로서 설정되어 분석을 실시할 때마다 분석자에게 평가·확인을 의무화함으로써 분석을 관리하고 있다. 또, 이 밖에도 오염방지에 관한 조작 블랭크나 트래블 블랭크 등은 분석의 타당성 확인을 위한 중요한 관리항목이다.

환경측정의 최전선에서 일하는 분석자는 관리 항목 각각의 의미를 충분히 이해하고 품질이 보증된 신뢰성 높은 분석을 실시해야 한다.

3.2 무기물질의 분석

○ 1. 중금속류 분석

환경 중의 대기시료 분석에 있어 분석대상이 되는 경우가 많은 중금속류로서 우선 대응물질로 지정된 물질(크롬, 니켈, 비소, 베릴륨, 망간), 대기오염방지법에서 정하는 규제물질(카드뮴, 납), 유해 대기오염물질에 해당할 가능성이 있는 물질(아연, 안티몬, 은, 코발트, 주석, 셀렌, 구리, 바나듐), 이 외에 PRTR법(특정화학물질이 환경에 배출되는 양의 파악 등 및 관리 개선 촉진에 관한 법률)의 제1종 지정 화학물질에 해당하는 물질(바륨, 몰리브덴) 등을 들 수 있다.

〈표 3.11〉에 분석대상이 되는 경우가 많은 중금속류 일람과 환경성 유해 대기오염물질 측정방법 매뉴얼[8]에 정해진 목표 정량 하한값을 나타낸다. 〈표 3.11〉에 나타낸 목표 정량 하한값이란 원칙적으로 환경기준이나 지침값이 정해져 있는 물질에 대해서는 환경기준이나 지침값의 1/10이고, 다른 물질에서는 EPA 발암성 10^{-5} 리스크 농도나 WHO 유럽사무국 가이드라인 농도의 1/10이다.

대기시료 중의 중금속류 분석에 이용하는 주요 분석법으로서 ICP 질량분석법, ICP

〈표 3.11〉 유해 대기오염물질 측정방법 매뉴얼에 정해진 유해 대기오염물질의 목표 정량 하한값과 각 분석별의 정량범위[8,17]

분류	물질명	목표 정량 하한값	ICP-MS	ICP-AES	GFAAS	FAAS	DMAS	HGICPAES	HGAAS
우선 대응물질	크롬 및 그 화합물	0.025*1·*6	0.28~14	2.8~560	0.69~14	42~2,800	0.28~6.9		
	니켈 화합물	2.5*1	0.14~14	56~280	0.69~69	42~840			
	비소 및 그 화합물	0.6*2	0.14~14					0.69~6.9	0.69~6.9
	베릴륨 및 그 화합물	0.4*2	0.14~14	2.8~280	0.69~6.9	14~140			
	망간 및 그 화합물	15*3	0.14~14	2.8~690	0.14~6.9	14~140			
대기오염방지법에 정해진 규제물질(매연발생시설)	카드뮴 및 그 화합물	0.6*2	0.069~69	1.4~280	0.069~1.4	6.9~280			
	납 및 그 화합물	50*3	0.069~69	14~280	0.69~14	140~2,800			
유해 대기오염물질에 해당할 가능성이 있는 물질	바나듐 및 그 화합물	100*3	0.069~69	2.8~280	1.4~2.8	140~280			
	아연 및 그 화합물	20*4, 0.5*5	0.069~69	1.4~840	0.14~2.8	6.9~280			
	안티몬 및 그 화합물	0.2*4, 0.05*5	0.069~69					0.28~17	0.14~2.8
	은 및 그 화합물	0.1*4, 0.05*5	0.069~69						
	코발트 및 그 화합물	0.1*4, 0.05*5	0.069~69						
	주석 및 그 화합물	5*4, 0.25*5	0.069~69	56~280					
	셀렌 및 그 화합물	2*4, 0.5*5	0.069~69						
	구리 및 그 화합물	5*4, 1*5	0.069~69	2.8~690	0.69~14	28~560			
PRTR법의 제1종 지정화학 물질에 해당하는 물질 (상기 이외)	바륨 및 그 화합물	20*4, 0.1*5		5.6~560					
	몰리브덴 및 그 화합물	50*4, 0.2*5	0.069~69						
어느 쪽에도 해당하지 않지만 검증시험에 따라 측정이 가능한 물질	세륨 및 그 화합물	2*4, 0.01*5							
	티탄 및 그 화합물	50*4, 1*5							

단위 : ng/m³. ICP-MS : ICP 질량분석법, ICP-AES : ICP 발광분광분석법, GFAAS : 전기가열 원자흡광분석법, FASS : 플레임 원자흡광분석법, DMAS : 디페닐딜카르바지드 흡광광도법, HGICPAES : 수소화물 발생 ICP 발광분광분석법, HGAAS : 수소화물 발생 원자흡광분석법, 각 분석별의 정량범위는 참고문헌[8,17]에 게재된 시험액의 정량범위(단위 : mg/L)을 평균기온 20℃, 평균기압 101.3kPa, 평균 흡인유량 1.0m³/min, 포집시간 24시간, 측정에 사용한 대기시료의 정량범위(단위 ng/m³)로 환산했다.

*1 : 일본의 환경기준 또는 지침값의 1/10. *2 : EPA 10⁻⁵ 리스크 레벨 기준의 1/10. *3 : WHO 유럽사무국 가이드라인의 1/10. *4 : 석영섬유 장착한 하이볼륨 에어 샘플러에 의해 1.0m³/min로 24시간 시료를 제취해 ICP-MS로 분석한 경우의 목표 정량 하한값. *5 : 불소수지 필터를 장착한 로우볼륨 에어 샘플러에 의해 20L/min으로 1주간 시료를 제취해 ICP-MS로 분석한 경우의 목표 정량 하한값. *6 : 6가 크롬에 대한 값. 총 크롬의 경우에도 10ng/m³으로 매달 측정 가능.

발광분광분석법, 전기가열 원자흡광분석법, 플레임 원자흡광분석법, 수소화물 발생 ICP 발광분광분석법, 수소화물 발생 원자흡광분석법, 디페닐카르바지드 흡광광도법이 있다. 환경성 유해 대기오염물질 측정방법 매뉴얼[8] 및 JIS K 0102[17]에 제시된 각 분석법의 정량 범위값(단위 : $\mu g/L$)을 하이볼륨 에어 샘플러를 이용해 평균적인 조건(평균기온 20℃, 평균기압 101.3kPa, 평균유량 1.0m³/min, 포집시간 24시간)으로 포집했을 경우의 대기 중 농도(단위 : ng/m³)로 환산한 값도 〈표 3.11〉에 나타냈다. 모든 대상물질에 대해 목표 정량 하한값 이하 농도범위의 정량이 가능한 분석법은 ICP 질량분석법이다.

또한, ICP 질량분석법은 다원소 동시분석이 가능하고, 〈표 3.11〉에 나타낸 19물질을 1검체당 3분 정도로 신속히 측정할 수 있다. 따라서 대기시료 중의 중금속류 분석에는 ICP 질량분석법이 가장 바람직하므로 본 항에서는 ICP 질량분석법을 이용한 분석법을 중심으로 해설한다.

[1] 전처리

중금속류 분석에 사용하는 많은 분석법에서는 분석장치에 도입하기 전에 시료를 용액화할 필요가 있다. 시험액 내의 측정 대상원소 농도가 분석법의 정량범위보다 낮은 경우에는 농축처리를 실시해 측정 대상원소 농도는 충분하지만, 불순성분에 기인하는 간섭이 크기 때문에 올바르게 정량을 할 수 없는 경우에는 분리처리한다. 농축처리와 분리처리는 자주 동시에 행해진다.

대기 중의 중금속류 분석을 위한 시료는 필터를 이용해 포집한다(2장 참조).

시료의 용액화는 전 분해를 기본으로 해 포집에 사용한 필터와 함께 분해·용액화한다(이후 본 항에서는 대기시료를 포집한 필터를 시료 필터라고 한다). 전 분해에 필요한 시약에서 유래하는 측정 대상원소에 대한 오염·간섭의 정도를 저감할 수 없는 경우에는 회수율이 전 분해와 동등(90% 이상)한지를 확인할 수 있는 방법으로 용액화한다. 시료 필터의 용액화 방법은 사용하는 시약의 조합과 용기의 종류에 따라 다르다. 대기 중 중금속류 분석을 위한 시료 필터 용액화법의 예를 〈표 3.12〉에 나타내고, 시료 필터 용액화 조작의 예를 〈그림 3.20〉~〈그림 3.23〉에 나타낸다.

용액화에 사용하는 시약의 조합과 양비(量比)는 측정 대상원소·대상원소의 시료 내에서의 존재 상태·시료 내 유기물의 양·필터 재질·시약 블랭크·분석법과 시약과의 상성 등 다양한 요소로부터 판단해 결정한다. 대기 중 중금속류 분석을 목적으로 한 시료 포집에 이용되는 필터의 재질과 분해에 사용하는 산에 대한 가용성을 〈표 3.13〉에 나타낸다.

셀룰로오스 필터는 산으로 비교적 용이하게 분해 가능하지만, 강도가 낮아 하이볼륨

〈표 3.12〉 대기 중 중금속류 분석에 이용되는 시료용액화법의 예

분해법		사용하는 시약	대상원소의 예	비고
산분해법	개방계	불화수소산＋질산＋과염소산	카드뮴, 납, 크롬, 니켈, 베릴륨	전분해법 조작 예 : 〈그림 3.20〉
		염산＋과산화수소	니켈, 베릴륨, 망간	회수율이 90% 이상인 것을 확인한다.
		질산＋염산	니켈, 베릴륨, 망간	회수율이 90% 이상인 것을 확인한다.
		질산＋황산	비소	황산에 의한 간섭이 큰 분석법으로 정량하는 경우에는 채용할 수 없다. 조작 예 : 〈그림 3.21〉
	밀폐계	질산＋과산화수소수	니켈, 비소, 베릴륨 망간	회수율이 90% 이상인 것을 확인한다.
		불화수소산＋질산	카드뮴, 납, 크롬, 니켈 비소, 베릴륨	전분해법 조작 예 : 〈그림 3.22〉
알칼리융해법		탄산나트륨＋질산나트륨	카드뮴, 납, 크롬, 니켈 베릴륨	전분해법, 특히 산분해법으로 크롬 화합물을 분해할 수 없는 경우에 적합하다. 1,000℃ 이상에서 휘발하는 원소는 융해 도중 손실된다. 조작 예 : 〈그림 3.23〉

에어 샘플러로 포집하기에는 적합하지 않다. 석영 섬유필터는 불화수소산에 의해 분해가 가능하다. 불소수지 필터는 산에 의한 분해가 불가능하고 소수성이기 때문에 필터 내에 포집된 입자로부터 중금속류를 충분히 추출하는 것이 어렵다. 불소수지 필터를 사용하는 경우의 용액화법으로서 저온회화(低溫灰化) 장치 등에서 필터 회화(灰化) 처리 후의 산을 이용한 용액화, 알칼리융해법에 의한 용액화, 에탄올 등의 용매로 충분히 습윤시킨 후에 산을 이용한 필터 내 입자의 용액화를 들 수 있지만, 모두 시약 및 조작에서 유래하는 오염의 위험성이 증가한다.

대기 중 중금속류 분석에 이용되는 주요한 분석법과 시료 필터의 용액화에 이용하는 주요 산의 상성[18]을 〈표 3.14〉에 나타낸다. 산이 분석법과 상성이 나빠지는 이유는 산이 분석장치 내에서 어떠한 간섭의 원인이 되는 경우와 산에 의해 장치에 손상이 가해지는 경우가 있다. 분석 시에 산이 미치는 간섭은 다양하다.

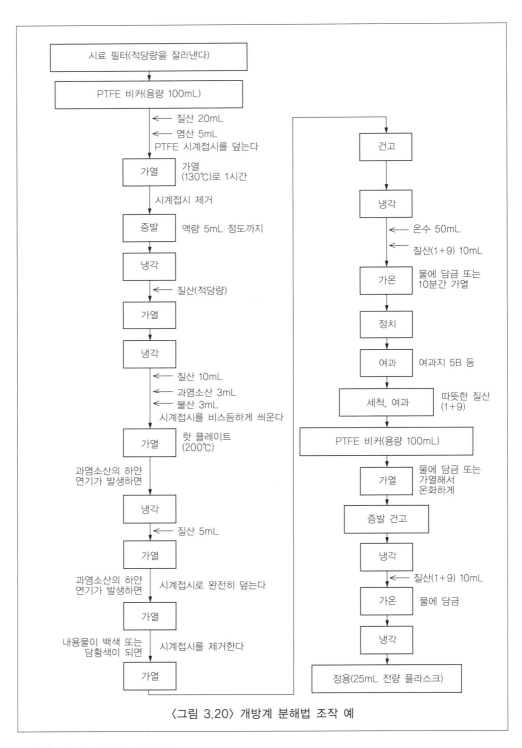

〈그림 3.20〉 개방계 분해법 조작 예

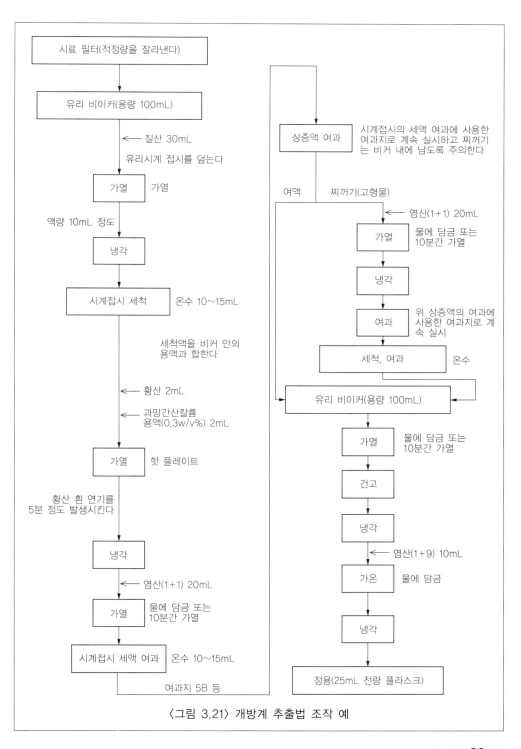

시료 필터(적정량을 잘라낸다)

유리 비이커(용량 100mL)

← 질산 30mL

유리시계 접시를 덮는다

가열　가열

액량 10mL 정도

냉각

시계접시 세척　온수 10~15mL

세척액을 비커 안의
용액과 합한다

← 황산 2mL

← 과망간산칼륨
　용액(0.3w/v%) 2mL

가열　핫 플레이트

황산 흰 연기를
5분 정도 발생시킨다

냉각

← 염산(1+1) 20mL

가열　물에 담금 또는
　　　10분간 가열

시계접시 세액 여과　온수 10~15mL

여과지 5B 등

상증액 여과

시계접시의 세액 여과에 사용한
여과지로 계속 실시하고 찌꺼기
는 비커 내에 남도록 주의한다

여액　　찌꺼기(고형물)

← 염산(1+1) 20mL

가열　물에 담금 또는
　　　10분간 가열

냉각

여과　위 상증액의 여과에
　　　사용한 여과지로 계
　　　속 실시

세척, 여과　온수

유리 비이커(용량 100mL)

가열　물에 담금 또는
　　　10분간 가열

건고

냉각

← 염산(1+9) 10mL

가온　물에 담금

냉각

정용(25mL 전량 플라스크)

〈그림 3.21〉 개방계 추출법 조작 예

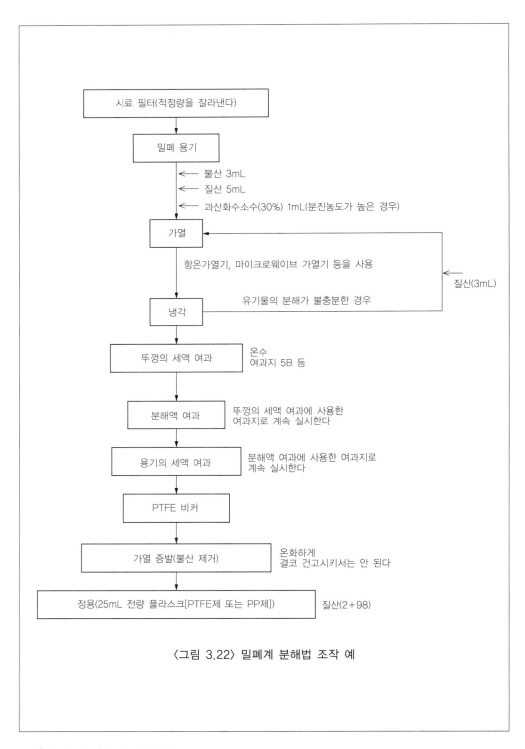

〈그림 3.22〉 밀폐계 분해법 조작 예

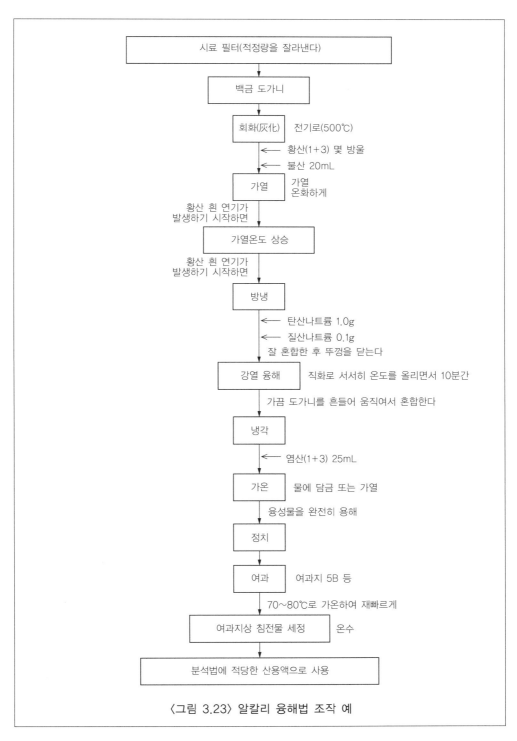

시료 필터(적정량을 잘라낸다)

백금 도가니

회화(灰化)　전기로(500℃)

← 황산(1+3) 몇 방울
← 불산 20mL

가열　가열 온화하게

황산 흰 연기가
발생하기 시작하면

가열온도 상승

황산 흰 연기가
발생하기 시작하면

방냉

← 탄산나트륨 1.0g
← 질산나트륨 0.1g
잘 혼합한 후 뚜껑을 닫는다

강열 융해　직화로 서서히 온도를 올리면서 10분간

가끔 도가니를 흔들어 움직여서 혼합한다

냉각

← 염산(1+3) 25mL

가온　물에 담금 또는 가열

융성물을 완전히 용해

정치

여과　여과지 5B 등

70~80℃로 가온하여 재빠르게

여과지상 침전물 세정　온수

분석법에 적당한 산용액으로 사용

〈그림 3.23〉 알칼리 융해법 조작 예

〈표 3.13〉 대기 중 중금속류 분석에 이용되는 필터의 재질과 분해에 사용되는 산에 대한 가용성

	셀룰로오스 혼합 에스테르	셀룰로오스 아세테이트	석영섬유	불소수지
염산(19%)	×	○	×	×
염산(37%)	○	○	×	×
과염소산(60%)	○	○	×	×
과산화수소수(30%)	×	×	×	×
질산(26%)	×	○	×	×
질산(53%)	○	○	×	×
불화수소산(35%)	×	○	○	×
황산(16%)	×	○	×	×
황산(96%)	○	○	×	×

○ : 분해 가능, × : 분해 불가

〈표 3.14〉 대기 중 중금속류 분석에 이용되는 주요 분석법과 산의 상성[19]

산	ICP 질량 분석법	ICP 발광 분광분석법	전기가열 원자흡광 분석법	플레임 원자 흡광분석법	수소화물 발생 원자 흡광분석법 수소화물 발생 ICP 발광분광분석법
질산	○	○	○	○	×
염산	×	○	×	○	○
황산	×	×	×	×	○
과염소산	×	○	×	○	○

○ : 적합, × : 부적합 또는 피하는 것이 좋다

ICP 질량분석법에 있어 황산 중의 황에서 유래하는 다원자 이온이 티탄이나 아연 등에 분광학적 간섭을 일으킬 우려가 있고, 염산 및 과염소산 중의 염소에서 유래하는 다원자 이온이 바나듐·크롬·비소·셀렌 등에 분광학적 간섭을 일으킬 우려가 있다. 해안 부근에서 포집한 시료 필터를 ICP 질량분석법으로 분석하는 경우에는 해염 입자에 많이 포함되는 알칼리 금속이나 알칼리토류 금속 등에 기인하는 분광학적 간섭과 매트릭스 간섭에 주의가 필요하다.

시료 도입부에 석영유리 부품을 사용한 장치에 불화수소산이 남아 있는 시험액을 도입하면 석영유리 부품에 손상을 준다. 분석장치에 도입하는 시험액에 상성이 나쁜 산이 잔류하고 있는 경우에는 증발 제거한 후에 시험액의 용매를 상성이 좋은 산으로 변환할 필요가 있다.

질산은 물을 도입시켰을 경우와 거의 같은 분광학적 간섭이 생기지 않기 때문에 ICP

질량분석법과 상성이 좋다. 상성이 좋아도 고농도 산의 도입은 물리 간섭이나 장치 내부의 열화를 앞당기는 원인이 되므로 분석장치에 도입하는 시험액의 산농도는 최고 농도 1mol/L 정도로 한다.

중금속류 분석에 사용하는 시료 필터는 대기시료 포집작업 후에 수지 케이스 또는 지퍼 달린 폴리에틸렌 봉지에 넣어 보관한다.

시료 필터의 전부 또는 일부를 시료 용액화에 이용한다. 가위나 칼로 시료 필터의 일부를 잘라내는 경우에는 잘라낸 부분의 정확한 면적을 구하는 것이 어렵다. 그래서 잘라내기 전에 시료 필터 전체를 칭량하고, 그 후 잘라낸 시료 필터를 칭량한다. 2개 칭량값의 비는 정량값을 대기 중 농도로 환산할 때에 잘라낸 시료 필터의 면적비 대신에 이용하는 것이 가능하다. 칭량은 온도 20℃, 상대습도 50%에서 항량으로 한 후 0.1mg까지 정확하게 칭량한다.

적당량 잘라낸 시료 필터를 시약과 함께 용기에 첨가해 가열함으로써 시료 필터의 용액화를 실시한다. 용액화에 사용하는 용기는 비커 등의 개방계 용기와 스크루 뚜껑 달린 통 등의 밀폐계 용기로 크게 나눌 수 있다. 개방계 용기를 사용하는 경우에는 가열 수단으로서 핫 플레이트를 사용한다.

밀폐계 용기를 사용하는 경우에는 테플론 내용기를 스테인리스강 외부용기에 넣어 마개를 하고 항온 가열기 등으로 가열한다. 그 밖에도 전용 밀폐계 용기를 마이크로파로 가열하는 장치도 시판되고 있다. 개방계 용기를 이용하는 용액화법은 특별한 기구나 장치가 필요하지 않지만, 번거롭고 오염 기회나 휘발성 원소의 손실 위험성이 높다. 밀폐계 용기를 항온 가열기로 가열하는 방법은 오염이나 휘발성 원소 손실의 위험성은 낮지만 가열에 장시간이 걸리게 된다.

마이크로파 가열에 의해 밀폐계 용기를 가열하는 방법은 오염이나 휘발성 원소의 손실도 적고 단시간에 시료 용액화가 가능하지만, 전용 가열장치가 필요하기 때문에 비용이 든다. 밀폐계 용기를 조리용 전자레인지로 가열하는 것은 위험하여 추천하지 않는다. 용액화에 의해 얻은 시험액은 분석법에 적합한 산용액으로 변환해 분석장치에 도입한다.

농축·분리를 위한 전처리법으로서 유해 대기오염물질 측정방법 매뉴얼[8]에서는 용매 추출법이 소개되고 있다. 수질시료 등의 분석에 있어 이 밖에 공침법(共沈法)이나 고상 추출법도 자주 이용된다.

대기시료 중의 중금속류 분석에 있어 ICP 질량분석법은 충분히 감도가 높기 때문에 농축을 필요로 하는 경우가 적고, 시험액의 희석과 분석장치에 탑재된 충전/반응(콜리전/리액션) 셀 기능에 의해 불순물에서 유래하는 간섭을 충분히 저감할 수 있는 경우가 많기 때문에 분리가 필요한 경우도 적다. 분리·농축을 위한 전처리를 실시함으로써 시약과 조작에서 유래하는 오염 위험성이 높아지는 단점이 많기 때문에 ICP 질량분석법에 의한 정량에 앞서 농축·분리를 위한 전처리를 실시하는 경우 적다. 공침법·용매추출법·고상추출법의 상세한 내용에 대해서 참고문헌[17],[18],[19] 등 다른 책을 참고하기 바란다.

[2] 분석법

여기서는 대기 중 중금속류 분석에 이용하는 분석법에 대해 ICP 질량분석법을 중심으로 설명한다. 여기서 소개하는 분석법의 원리·기초의 상세한 내용에 대하여는 4장이나 다른 교과서[20],[21],[22],[23],[24]를 참조하기 바란다.

여기서 소개하는 분석법에 이용되는 정량법에는 절대 검량선법·내부표준법·표준첨가법·동위체 희석법이 있다. 간편함에 있어서는 절대 검량선법이 가장 뛰어나고, 다음으로 내부표준법·표준첨가법에 이어 동위체 희석법이 가장 뒤떨어진다. 반대로 정확도는 동위체 희석법이 가장 뛰어나고 절대 검량선법이 가장 뒤떨어진다. 분석 방법에 따라 또는 분석장치의 타입에 따라 선택할 수 없는 정량법이 있다.

예를 들면, 동위체 희석법은 ICP 질량분석법 이외의 본 항에서 소개한 분석법에서는 선택할 수 없다. 각 정량법의 장점·단점을 파악한 후 정량법을 선택하는 것이 중요하다. 환경분석 현장에서 절대 검량선법 또는 내부표준법에 의한 정량이 일반적이기 때문에 여기서는 절대 검량선법·내부표준법에 의한 정량을 실시하는 경우의 조작에 대해 해설한다.

(a) ICP 질량분석법

ICP 질량분석법(ICP-MS법)에서는 시험액을 플라즈마 중에 분무해 고온의 플라즈마(6,000~8,000K)에 의해 원소를 이온화해 질량분석부에 도입한다. 각 원소의 질량수(정확하게는 질량수/전하비)에 있어서의 신호 강도를 측정해 정량한다. ICP 질량분석법은 다원소 동시분석이 가능하다. ICP 질량분석법에서 이용되는 정량법에는 절대 검량선법·내부표준법·표준첨가법·동위체 희석법이 있다. ICP 질량분석장치에 도입하는 시험액은 용매를 질산으로 하는 것이 바람직하다.

처음으로 분석하는 시료의 경우에는 정량을 실시하기 전에 용액화한 시험액의 반정량 분석을 실시해 불순성분 등 측정 대상원소 이외의 원소를 포함한 시험액 내 전체 금속 원소의 대체적인 농도를 확인한다. 불순성분으로부터 측정 대상원소의 동위체에 대한 분광학적 간섭의 정도도 확인한다. ICP 질량분석법으로 분석하기 전에 ICP 발광분광분석법 등의 다른 분석법으로 정량했으면 그 데이터를 이용할 수 있다.

반정량 분석의 결과에 근거해 측정 대상원소가 정량범위 내가 되도록 시험액의 희석률을 결정한다. 이때의 알칼리 금속·알칼리토류 금속 등 불순성분의 합계 농도가

1,000mg/L를 넘지 않는 정도임을 확인한다.

다원소 이온에 의한 분광학적 간섭을 억제하기 위해서 헬륨 가스, 수소 가스, 메탄 가스 등을 이용한 충전(콜리전) 셀이나 반응(리액션) 셀을 탑재한 타입의 장치를 사용하는 경우에는 충전/반응 셀 기능을 적절한 조건으로 유효하게 한다. 충전/반응 셀 기능은 질량수 80 이하의 영역에 동위체를 가진 원소(예를 들면, 우선 조사물질인 크롬, 니켈, 비소 등) 측정 시에 효과가 높다.

내부표준법에 의한 정량을 선택했을 경우 내부 표준원소로서 사용할 예정인 원소가 시험액 내에 포함되어 있지 않거나 또는 첨가량에 대해서 무시할 수 있을 만큼 미량인 것을 확인한다. 내부 표준원소는 측정 대상원소에 가까운 질량수의 원소를 선택한다.

불순성분의 합계 농도가 1,000mg/L 이하가 되도록 희석한 시험액에서는 측정 대상 원소의 농도가 장치의 정량 하한값을 밑도는 경우나, 측정 질량수의 선택이나 충전/반응 셀 기능을 이용해도 불순성분에 의한 간섭의 영향을 충분히 저감할 수 없는 경우에는 ICP 질량분석장치에 의한 정량에 앞서 불순성분의 분리 제거 전처리를 실시한다.

〈표 3.15〉 ICP 질량분석법의 측정조건 예

원소	질량수	내부 표준 질량수	측정 모드
베릴륨	9	115	충전
티탄	48	115	충전
바나듐	51	115	충전
크롬	52	115	충전
망간	55	115	충전
코발트	59	115	충전
니켈	60	115	충전
구리	63	115	충전
아연	66	115	충전
비소	75	115	충전
셀렌	78	115	반응
몰리브덴	95	115	충전
은	107	115	충전
카드뮴	111	115	노 가스
인듐	115		내부 표준
주석	120	115	노 가스
안티몬	121	115	노 가스
바륨	137	115	노 가스
셀륨	140	115	노 가스
탈륨	205		내부 표준
납	208	205	노 가스
고주파 출력	1,600W		
내부 표준원소 농도	인듐 : 10μg/L, 탈륨 : 10μg/L		

ICP 질량분석장치는 고감도이기 때문에 분리처리 과정에서 시약·기구·조작에서 유래하는 오염에 충분히 주의하지 않으면 안 된다.

검량선 작성에 사용하는 표준액은 시판 혼합 표준액을 적당히 희석해 조제하면 편리하다. 오리지널 원소의 조합과 농도의 혼합 표준액을 주문제작하는 것도 가능하다. 내부표준법을 선택했을 경우 검량선 작성용 표준액에도 시험액과 같은 내부 표준원소를 같은 농도가 되도록 첨가한다.

〈표 3.15〉에 ICP 질량분석법의 측정조건 일례를 나타낸다.

(b) 기타 분석법

ICP 발광분광분석법은 시험액을 고온의 플라즈마 내에 분무해 이온화시키는 점에서는 ICP 질량분석법과 같다. ICP 질량분석법에서는 이온 수를 측정해 정량하지만 ICP 발광분광분석법에서는 이온화한 원소가 특유의 파장으로 발하는 빛의 강도를 측정해 정량한다. ICP 발광분광분석법은 다원소 동시분석이 가능하다. 〈표 3.11〉에 나타낸 몇 가지 원소에 대해서는 정량 하한값이 목표 정량 하한값을 웃돌기 때문에 분석에 앞서 농축을 위한 전처리가 필요하다.

전기가열 원자흡광분석법은 시험액을 전기가열로에 주입해 전기가열로의 온도를 단계적으로 올려 건조·회화(灰化)한 후에 측정 대상원소를 원자화해 각 원소에 특유한 파장의 빛 흡수를 측정해 정량한다. ICP 질량분석법에 이어 고감도 분석법이지만 많은 원자흡광 분석장치로는 다원소 동시분석이 불가능하기 때문에 측정 대상원소가 복수인 경우에는 분석에 필요로 하는 합계시간이 길고, 내부표준법에 의한 정량을 할 수 없다.

건조·회화·원자화의 온도와 가열시간의 조건은 측정 대상원소·용매의 종류·시험액에 포함되는 불순성분의 종류와 양·시험액 주입량·전기가열로의 종류·매트릭스 수식제의 유무 등에 따라 다양하다. 전기가열식 원자흡광분석법에 의한 정량 시 분석조건의 예비검토의 중요성은 다른 분석법과 비교해 한층 높고 양질의 분석값을 얻을 수 있기까지는 숙련이 필요하다.

플레임 원자흡광분석법은 시험액을 2,000~3,000K의 플레임 내에 분무해 시험액 안의 측정 대상원소를 원자화해, 각 원소 특유 파장의 빛 흡수를 측정해 정량한다. 플레임에 사용하는 연료가스와 조연가스의 조합에 의해 플레임 온도를 바꿀 수 있지만 가장 많은 원소에 적용할 수 있는 아세틸렌-공기의 플레임이 일반적이다. 〈표 3.11〉에 나타낸 대부분의 원소에 대해 정량 하한값이 목표 정량 하한값을 웃돌기 때문에 정량에 앞서 농축을 위한 전처리가 필요한 경우가 많다.

수소화물 발생 분석법은 수소와 결합해 휘발성이 높은 수소화물을 생성하는 비소, 비스무스, 게르마늄, 납, 안티몬, 셀렌, 주석, 텔루르에 적용 가능한 분석법이다. 환경 분석에서는 비소, 셀렌의 분석에 사용되는 경우가 많다.

용매를 염산으로 한 시험액을 테트라히드로붕산나트륨으로 환원해 측정 대상원소의 수소화물을 발생시켜 아르곤 가스로 가열 석영관 또는 수소−아르곤 플레임 내에 도입해 측정 대상원소의 특유한 파장의 빛 흡수를 측정해 정량하는 방법이 수소화물 발생 원자흡광분석법이고, 수소화물을 ICP 안에 도입해 이온화시키고 측정 대상원소의 특유한 파장의 빛 발광 강도를 측정해 정량하는 방법이 수소화물 발생 ICP 발광분광분석법이다.

ICP 질량분석법에서 비소는 플라즈마 생성에 사용하는 아르곤과 염소가 결합한 분자에 의한 분광학적 간섭이 종종 생겨 셀렌에는 아르곤 분자·아르곤과 칼슘이 결합한 분자·브롬과 수소가 결합한 분자에 의한 분광학적 간섭이 자주 생긴다. 이러한 간섭의 제거가 곤란한 경우에 수소화물 발생 분석법에 의한 비소 및 셀렌의 정량은 유효하다.

디페닐카르바지드 흡광광도법은 크롬의 정량에만 유효한 분석법이다. 시험액의 용매를 황산으로 한 후 3가 크롬을 과망간산칼륨으로 산화해 6가 크롬으로 만들고, 디페닐카르바지드를 첨가해 생성한 적자색 착체의 흡광도를 측정해 크롬을 정량한다.

이 밖에 이온 크로마토그래프법이나 X선 분석법에 의한 무기이온 또는 주성분 원소 분석을 실시할 수도 있다. 무기이온이나 주성분 원소의 농도도 중금속류 농도와 마찬가지로 대기환경의 평가에 활용되지만, 중금속류 분석에서 불순성분 정보로서도 매우 중요하다. 한편, X선 분석법에는 시료 필터를 비파괴로 분석할 수 있는 이점이 있다.

(c) 대기 중 중금속류 농도의 산출

시험액을 분석해 얻어진 정량 결과로부터 블랭크 값을 공제하고, 전처리에 수반되는 희석률 또는 농축률의 보정·중금속류 분석에 사용한 시료 필터의 면적비 보정을 실시해 포집기간 중의 대기 흡인량으로 나누어 대기 중 측정 대상원소의 농도를 산출한다. 아래에 계산식의 예를 나타낸다.

분석방법이나 조건에 따라 식의 내용에 다소 차이가 생기기 때문에 작업자는 작업내용을 파악해 계산식에 잘못이 없는지 확인할 필요가 있다.

$$C = ((M_s - M_t) \times E \times L \times S)/(m \times s \times V_{20}) \tag{3.1}$$

C : 대기 중 측정 대상원소의 농도 [ng/m^3]
M_s : 측정에 사용한 시험액 중 측정 대상원소의 농도 [ng/mL]
M_t : 측정 대상원소의 트래블 블랭크 값 [ng/mL]

E : 전처리 완료 후 시험액의 양 [mL]

L : 측정에 사용한 시험액의 양 [mL]

S : 시료를 포집한 필터의 면적[cm²]

m : 전처리 완료 후의 시험액에서 측정에 사용하는 시험액 작성을 위해 분취한 양 [mL]

s : 측정에 사용한 필터의 면적 [cm²]

V_{20} : 20℃, 101.3kPa에서의 포집기간 중 대기 흡인량 [m³]

가위나 칼을 이용해 시료 필터를 잘라냈을 경우 잘라서 취한 필터의 면적(s)을 정확하게 측정하는 것은 어렵다. 이 경우 식(3.1)의 S 및 s는 중량으로 대용한다.

식(3.1)의 20℃, 101.3kPa에서의 포집기간 중 대기 흡인량(V_{20})은 다음의 식을 이용해 산출한다.

$$V_{20} = ((F_s + F_e) \times S_t)/2 \times 293/(273 + t) \times P/101.3 \qquad (3.2)$$

V_{20} : 20℃, 101.3 kPa에서의 포집기간 중 대기 흡인량 [m³]
    (적산 유량계가 부속되어 있는 에어 샘플러를 사용했을 경우에는 판독값에 기온과 기압을 보정한 값)

F_s : 포집 개시 시의 유량 [m³/min]

F_e : 포집 종료 시의 유량 [m³/min]

S_t : 포집시간 [min]

t : 포집기간 중의 평균기온 [℃]

P : 포집기간 중의 평균 대기압[kPa]

[3] 분석상의 유의점

(a) 오염의 회피

대기시료 중 중금속류 분석에서 대상원소의 상당수는 μg/L 레벨에서 분석되기 때문에 오염에는 충분히 주의가 필요하다. 중금속류 분석 시의 오염원은 시약·기구·실험실의 환경·작업자이다.

시약은 불순물이 적은 고순도 제품을 사용한다. 시약 제조사가 미량금속 분석용으로 적합한 고순도 시약을 시판하고 있어 쉽게 입수 가능하다. 원래의 보틀이 오염되지 않게 주의하고, 필요에 따라서 시약을 분취해 사용한다. 보틀의 뚜껑을 열 때는 클린 부스 아래 등 먼지가 적은 환경에서 실시하는 것이 바람직하다.

시료 필터의 전처리·분석용 시험액 조제에 사용하는 물은 초순수를 사용한다. 대형 폴리에틸렌 용기 등에 모아둔 초순수는 사용하지 않는다. 세정병에 넣어 사용하는 경우에는 작업을 개시하기 전에 세정병 안을 새로운 초순수로 바꿔 넣는다.

용기·기구는 기본적으로 테플론, 폴리프로필렌 등 수지로 된 것을 사용해 사전에 산세정을 실시한다. 유리용기로부터는 나트륨, 칼슘, 아연, 납 등의 용출 우려가 있기 때문에 사용하지 않는다. 다만, 공비점이 테플론의 내열온도(약 200℃)보다 높은 황산(약 320℃)을 증발시키는 조작을 실시하는 경우 유리용기를 사용한다. 테플론 이외의 수지 용기는 미사용인 것을 사용한다. 필터를 적당량 잘라내기 위해서 사용하는 가위나 칼은 칼날이 스테인리스강 이외(세라믹 등)인 것을 사용하고, 사용 전에 칼날 부분을 닦아 세정한다.

실험실 환경에서 중금속류의 오염물질은 육안으로는 파악하기 어려운 미세한 고체 입자 상태로 존재한다. 때문에 실험실은 가능한 한 먼지가 적은 환경을 유지한다. 금속 실험대나 먼지가 나오기 쉬운 재질로 만들어진 실험대의 사용을 피하고, 어쩔 수 없는 경우는 수지 시트 등으로 실험대 위를 가리면 좋다. 작업 개시 전에는 작업대를 청소한다. 실험실 환경으로부터의 오염을 억제하기 위해서는 클린룸 설비가 가장 유효하지만 설비비·유지비가 들기 때문에 많은 사업소에서 설치가 어렵다. 간이 클린부스 등을 이용하면 적은 비용으로 국소적으로 먼지가 적은 환경을 만드는 것이 가능하다.

작업자는 청결한 가운 등을 착용한다. 실험실 밖에서 들어오는 먼지를 막기 위해 실험실용 가운 등은 실험실 외 작업용과는 구별한다. 작업 중에는 고무 또는 플라스틱재의 파우더 가공을 하지 않은 장갑을 착용한다. 착용한 장갑을 오염시키지 않기 위해 장갑을 착용한 상태로는 작업 시 관계가 없는 장소에는 출입하지 않도록 한다. 작업시간의 경과와 함께 장갑의 오염이 진행되고 또 파손도 생기기 쉬워지므로 자주 교환하는 것이 바람직하다. 장갑·가운 착용은 안전성을 높이기 위해서도 중요하다.

오염의 원인과 대책에 대해서는 참고문헌[25), 26)]에 한층 더 자세하게 소개되어 있다.

각 사업소나 연구기관에서 오염대책과 관련해서 다양한 연구가 이루어지고 있지만, 성문화되어 있지 않은 부분이 적지 않다. 기회가 있으면 다른 사업소나 연구기관의 실험실을 견학하거나 학회나 세미나에 참석해 기술자·연구자들과 교류를 통해 정보를 입수하거나 작업자의 실상에 맞는 실험실 환경을 개선하도록 한다.

시료포집 시의 과정도 오염요인의 하나이다. 필터를 취급하려면 핀셋이나 장갑을 사용하여 맨손으로 필터에 접지 않게 한다. 필터는 수지 케이스나 지퍼 달린 폴리에틸렌 봉지에 보관한다. 핀셋 등의 기구는 수지로 된 것을 추천한다.

에어 샘플러의 내부는 포집 전에 청소하고 포집기간 외에 먼지가 필터에 부착하지 않도록 한다. 내부에 녹이 있는 에어 샘플러의 사용은 피한다. 에어 샘플러에 필터를 세트할 때에 필터가 금속부에 접촉하지 않게 수지로 된 메시 등을 사이에 끼우는 것이 바람직하다.

시료포집에 사용하는 필터 내 불순물에서 기인하는 오염은 대기 중 중금속류 분석 시에 피할 수 없다. [1]에서 언급한 것처럼 대기 중 중금속류 분석에 사용하는 시료의 포집에는 보통 석영섬유 필터, 불소수지 필터, 니트로셀룰로오스 멤브레인 필터가 이용된다.

석영섬유 필터는 불소수지 필터에 비하면 중금속이 많이 포함되어 있으며, 특히 몰리브덴과 크롬의 농도가 높은 것이 보고되고 있다[8]. 그러나 불화수소산을 사용한 전 분해가 가능하기 때문에 시료 용액화가 비교적 용이한 것이 장점이다. 불소수지 필터는 중금속류 함유량은 적지만, 시료 필터의 용액화가 어렵다.

필터에 포함되는 불순물의 함유량은 필터의 재질에 따라 다르고, 또한 제조사나 로트에 따라서도 차이가 나는 경우가 있다. 〈표 3.16〉과 같은 제조사 카탈로그에 기재된 필터 중 금속류 함유량의 정보는 시료포집에 사용하는 필터의 선택에 도움이 된다. 그리고 본격적인 시료포집을 개시하기 전에 여러 종류의 필터를 사용해 시험적으로 대기시료를 포집하고, 시료 중 중금속류의 농도와 블랭크 필터 중 중금속류의 농도를 비교해 시료포집에 사용하는 필터의 종류를 결정할 것을 추천한다.

(b) 정밀도 관리

여기서는 분석 정밀도 관리를 위해서 실시해야 하는 항목 가운데 대기시료 중의 중금속류 분석에 특징적이라고 생각되는 부분에 대하여 설명한다. 분석 및 분석값의 신뢰성 평가에 대한 자세한 내용은 5장을 참조하기 바란다.

(c) 오염 평가

유해 대기오염물질 측정방법 매뉴얼[8]에서는 오염 평가를 위해서 조작 블랭크 값과 트래블 블랭크 값의 측정을 정하고 있다. 대기시료 중의 중금속류 분석에서 조작 블랭크 값은 필터 중 불순물·전처리 과정의 오염·분석과정의 오염에 기인하며, 시료를 포집하지 않는 블랭크 필터를 시료 필터와 같은 순서로 용액화하고 정량화해서 구한다. 트래블 블랭크 값은 시료포집 시의 필터 운반과정의 오염·필터 중의 불순물·전처리 과정의 오염·분석과정의 오염에 기인하며, 시료를 포집하지 않는 블랭크 필터를 시료 필터와 같이 운반·용액화·정량해서 구한다. 트래블 블랭크 값을 구하기 위한 시험조작에 대해서는 2장을 참조하기 바란다.

종류 재질	멤브레인 필터[1]				여과지[2]		
	셀룰로오스 혼합 에스테르	셀룰로오스 아세테이트	PTFE	친수성 PTFE	유리 여과지	유리여과지 (PTFE coat)	실리카 여과지
Li	<1.0	<0.5					
Na	10.0	5.9	<0.05	20			
Mg	10.0	1.9	0.005	1			
Al	<2.0	<5.0	0.001	15			
Si	<20.0	7.8					
K	6.0	2.0	<0.1	8			
Ca	140.0	36.4	0.001	13			
Ti	<1.0	<5.0					
Cr	8.0	2.2	0.001	<1	<1.0	<0.1	<1.0
Mn	<0.5	<0.5	<0.001	0.1	<0.5	<0.5	<0.5
Fe	<5.0	1.6	<0.001	<10	25	31	10
Ni	<5.0	<0.5	0.005	0.9	<1.0	<0.5	<0.5
Cu	<1.0	1.2	0.01	0.5	<1.0	2.6	3.4
Zn	<1.0	0.6			<1.0	6.3	4.9
Mo	<1.0	<0.5					
Cd	<0.5	<0.1			<0.5	<0.1	<0.1
Sn	<5.0	<0.5					
Pb	<1.0	<0.5			3.0	<1.0	<1.0

셀룰로오스 여과지[3]

그레이드	1	42	542
B	1	1	2
N	23	12	260
F	0.1	0.2	0.3
Na	160	33	8
Mg	7	1.8	0.7
Al	<0.5	2	1
Si	20	<2	<2
S	15	<5	<2
Cl	130	80	55
K	3	1.5	0.6
Ca	185	13	8
Cr	0.3	0.3	0.7
Mn	0.06	0.05	<0.05
Fe	5	6	3
Cu	1.2	0.3	0.2
Zn	2.4	0.6	0.3
As	<0.02	<0.02	<0.02
Br	1	1	1
Sb	<0.02	<0.02	<0.02
Ba	1	1	1
Hg	<0.005	<0.005	<0.005
Pb	0.3	0.2	0.1

PTFE 멤브레인 필터[4] PM2.5 모니터링용

그레이드			
Al	94.4	Rb	2
Si	32.8	Sr	2.2
P	22.6	Y	14.6
S	13.4	Zr	13.2
Cl	9.4	Mo	11.6
K	5.6	Rh	9.4
Ca	8.2	Pd	9.6
Sc	7.2	Ag	9.6
Ti	13.8	Cd	10.8
V	4.8	Sn	15.2
Cr	2.2	Sb	14.4
Mn	2.2	Te	16.2
Fe	5.8	I	18.6
Co	4	Cs	25
Ni	3	Ba	32.2
Cu	2.8	La	87.6
Zn	2.2	W	5
Ga	1.8	Au	4.4
Ge	3	Hg	4.4
As	2.8	Pb	4.8
Se	1.6		
Br	2		

*1 참고값. 단위 : μg/g. *2 20% 염산 중에서 시료를 가열해 용해 후 추출을 행한다. 용해액을 농축 후 질산으로 다시 가열 추출하고, 추출액을 원자흡광분석법에 의해 측정. 단위 : μg/g. *3 표준적인 함유량. 단위 : μg/g. *4 형광 X선 분석법에 의한 미량원소 최대량. 단위 : ng/cm². † ADVANTEC사. ‡ Whatman사.

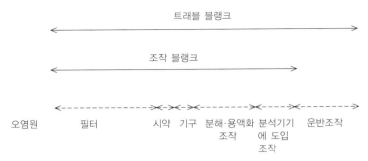

〈그림 3.24〉 대기시료 분석에 있어서 오염원의 개요

〈그림 3.24〉에 대기시료 중의 중금속류 분석에서 오염원의 종류와 조작 블랭크 값·트래블 블랭크 값이 포함된 오염의 종류를 나타낸다. 오염원을 정확하게 파악하기 위해서 시약 블랭크 값과 기구 블랭크 값의 측정도 실시할 것을 추천한다.

또한, 필터를 이용하지 않고 시약만을 첨가해 시료 필터와 같은 조작으로 조제한 시험액을 측정해, 시약·기구·용액화 조작·분석기기에의 도입조작에서 기인하는 오염의 합계도 평가하면 시약 블랭크 값과 기구 블랭크 값의 결과와 조합함으로써 용액화 조작과 분석기기에의 도입조작에서 기인하는 오염의 합계를 평가하는 것이 가능하게 된다.

(d) 검출 하한값 및 정량 하한값

검출 하한값 및 정량 하한값에는 분석장치에 대한 값(장치 검출 하한값 및 장치 정량 하한값)과 분석방법에 대한 값(방법 검출 하한값 및 방법 정량 하한값)이 존재한다.

장치 검출 하한값 및 장치 정량 하한값을 구하는 경우에는 검량선 작성용 블랭크 용액 또는 정량 하한값 부근의 농도 표준액을 5검체 이상 측정해, 얻어진 신호강도의 표준편차를 산출한다. 산출한 표준편차의 3배가 되는 값을 검량선의 기울기를 이용해 농도로 변환하고, 또한 식(3.1)을 이용해 대기 중 농도로 변환한 값이 장치 검출 하한값이며, 산출한 표준편차의 10배의 값을 같은 방법으로 대기 중 농도로 변환한 값이 장치 정량 하한값이다. 방법 검출 하한값 및 방법 정량 하한값을 구하는 경우에는 조작 블랭크 시험용 또는 트래블 블랭크 시험용 시험액을 5검체 이상 측정해, 큰 값을 채용해 같은 계산을 실시한다.

장치 검출 하한값 및 장치 정량 하한값은 분석장치의 종류·분석조건·장치상태 등에 따라서 다르다.

방법 검출 하한값 및 방법 정량 하한값은 위의 요소와 함께 필터의 재질·제조사·로트 및 시료 필터 용액화로부터 장치 도입까지의 조건에 따라서 다르다. 분석 시에는 매회 장치 및 분석법에 대한 검출 하한값과 정량 하한값을 구해 표준편차가 큰 값을 채용해 〈표 3.11〉에 나타낸 목표 정량 하한값 이하임을 확인한다.

(e) 회수율

시료 필터의 용액화·분리 및 농축처리·분석조작에서 측정 대상원소의 손실이나 오염의 정도를 평가하기 위해서 첨가 회수시험을 실시한다. 같은 시험액에 이미 농도를 알고 있는 표준액을 첨가한 것과 첨가하지 않는 것을 작성해 정량하고 회수율을 구한다. 통상 80~120%가 허용되지만 90~110%인 것이 바람직하다.

1회째 시험에서는 용액화 처리의 최초 단계(적당량 잘라낸 시료 필터에 용액화용 시약을 첨가하는 단계)에서 표준액을 첨가해 검토한다. 〈그림 3.20〉~〈그림 3.23〉에 나타낸 것처럼, 시료 필터의 용액화 처리는 몇 단계의 조작이 필요하다. 허용범위 내의 회수율을 안정되게 얻을 수 없는 경우에는 표준액을 첨가하는 타이밍을 바꾸어 손실 또는 오염원인을 밝혀 개선한다.

회수율이 허용범위 내에 있다고 해서 분석조작에 문제가 없다고 결론 내릴 수 없다. 예를 들면, 분석장치 도입까지의 조작에서 측정 대상원소가 없어졌지만, 분석장치 내에서 표준액 미첨가 시험액과 표준액 첨가 시험액 양쪽 모두에 동등한 간섭이 생긴 결과, 외관상 측정 대상원소의 회수율이 허용범위 내에 들어가는 경우도 있다. 때문에 이하에 설명하는 인증 표준물질을 이용한 평가와 아울러 회수율 평가를 실시한다.

(f) 이중측정

대기시료의 포집·시료 필터 용액화·분석조작의 종합적인 재현성 평가를 위해서 이중측정을 실시한다. 유해 대기오염물질 측정방법 매뉴얼[8]에서는 일련의 시료채취에 대해 시료 수의 10% 정도 빈도로 이중측정을 실시한다고 정하고 있다. 시료 필터 용액화부터 분석까지의 각 조작에 있어서의 재현성 평가는 동일한 시료 필터 또는 동일한 시료용액으로부터 복수의 장치 도입용 시험액을 조제하면 비교적 용이하게 평가 가능하고, 각각의 조작 재현성 평가를 미리 실시해 두면 이상값이 인정되었을 경우의 원인해명이 순조롭다.

이중측정으로 실시한 2개 시료 필터의 정량 하한값 이상의 농도에 포함되는 측정 대상원소에 대해 양자의 차이가 30% 이상이면 측정결과는 흠이 있는 취급(缺測取扱)으로서, 필요사항에 대해 확인·개선 후에 재차 시료포집을 실시한다. ICP 질량분석법이나 ICP 발광분광분석법과 같은 다원소 동시분석에 있어 차이가 30%를 넘는 원소와 넘지 않는 원소가 혼재하는 경우가 있다.

하나의 원소에만 특이적인 이상(異常)이 인정되고 그 이상이 다른 원소에 영향을 미치고 있다고 인정되지 않는 경우에는 이상을 나타낸 원소에 대해서만 결함이 있는 것으로 취급하고, 다른 원소들에 대해서는 유효하다고 판단한다. 많은 원소에 이상이 발견되어 전 원소가 동일한 경향을 나타내는 경우는 이상(異常)을 나타내지 않았던 원소에 대해서도 결함이 있는 것으로 판단한다.

(g) 인증 표준물질

미지 시료와 동일한 순서로 용액화, 분리 농축, 측정한 인증 표준물질의 분석값을 인증값과 비교함으로써 시료의 용액화부터 정량까지의 종합적인 회수율과 오염 정도를 평가한다. 대기 중 중금속류 분석에 이용되는 인증 표준물질의 종류에는 도시 대기분진, 플라이애쉬(비산재), 디젤입자 등이 있으며, 작업자가 분석하는 미지 시료로 가능한 만큼 조성이 가까운 인증 표준물질을 선택한다. 〈표 3.17〉에 대기 중 중금속류 분석에 이용되는 인증 표준물질의 예를 나타낸다.

○ 2. 수은 분석

[1] 분석방법의 개요

〈그림 3.25〉에 대기 중 수은의 샘플링부터 분석까지의 흐름을 나타냈다. 2.5절에서 설명한 것처럼 대기 중 수은은 크게 나누어 고상흡착법과 용액흡수법에 의해 포집된다. 고상흡착법에 의해 포집된 수은은 가열기화법에 의해 금속수은 증기를 발생시키고, 금 아말감 방식의 수은포집관(이하 금 아말감 포집관)에 재차 포집해, 냉원자흡광분석법(CVAAS : Cold Vapor Atomic Absorption Spectrometry) 혹은 냉원자형광분석법(CVAFS : Cold Vapor Atomic Fluorescence Spectrometry)에 의해 수은량을 측정하는 것이 일반적이다.

한편, 고상흡착법에 의한 샘플링 후, 산 용액 등으로 추출해 시료용액을 얻었을 때 혹은 용액흡수법을 이용해 샘플링했을 때에는 환원기화법에 의해 용액 안의 수은을 금속수은 증기로 환원해 기화시켜 캐리어 가스를 통기해 용액으로부터 뽑아내, CVAAS 혹은 CVAFS에 의해 수은량을 측정한다. 또한, 환원기화법에서 공존물질의 영향을 받기 쉬운 경우나 농도가 낮은 경우에는 금 아말감 포집관에 재포집·농축시켜 측정할 수도 있다.

[2] 전처리

(a) 가열기화법

대기 중의 가스상 Hg(0)를 포집한 금 아말감 포집관이나 가스상 Hg(Ⅱ)를 포집한 KCl 디뉴더는 각각 전용 가열로에서 500~600℃로 가열해 포집한 수은을 탈착시킨다. 또, 대기 입자를 포집한 여과지를 가열로에 넣어 산소 기류 중에서 800~900℃로 가열

〈표 3.17〉 대기 중 중금속 분석에 이용되는 인증 표준물질의 예

CRM No.28 — 도시 대기분진 (출처 : 국립환경연구소)

원소	인증값	단위
Al	5.04	%
As	90.2	mg/kg
Ba	874	mg/kg
Ca	6.69	%
Cd	5.60	mg/kg
Cu	104	mg/kg
Fe	2.92	%
K	1.37	%
Mg	1.40	%
Mn	686	mg/kg
Na	0.796	%
Ni	63.8	mg/kg
Pb	403	mg/kg
Sr	469	mg/kg
Ti	0.292	%
U	4.33	mg/kg
V	73.2	mg/kg
Zn	0.114	%

CRM No.8 — 자동차 배출입자 (출처 : 국립환경연구소)

원소	인증값	단위
Al	0.33	wt.%
As	2.6	μg/g
Ca	0.53	wt.%
Cd	1.1	μg/g
Co	3.3	μg/g
Cr	25.5	μg/g
Cu	67	μg/g
K	0.115	wt.%
Mg	0.101	wt.%
Na	0.192	wt.%
Ni	18.5	μg/g
Pb	219	μg/g
Sb	6.0	μg/g
Sr	89	μg/g
V	17	μg/g
Zn	0.104	wt.%

NIST – 1648a — Urban Particulate matter (출처 : NIST)

원소	인증값	단위
Al	23,210	ng
As	11.8	ng
Ba	335	ng
Ca	13,200	ng
Co	7.7	ng
Cr	135	ng
Cu	404	ng
Fe	26,500	ng
K	5,280	ng
Mg	8,620	ng
Mn	320	ng
Na	1,860	ng
Ni	68	ng
Pb	317	ng
Sb	71.8	ng
Ti	1,490	ng
V	48.5	ng
Zn	1,790	ng

NIST – 2783 — Air Particulate on filter media (출처 : NIST)

원소	인증값	단위
Al	3.43	%
As	115.5	mg/kg
Br	502	mg/kg
Ca	5.84	%
Cd	73.7	mg/kg
Ce	54.6	mg/kg
Cl	4.543	mg/kg
Co	17.93	mg/kg
Cr	402	mg/kg
Cu	610	mg/kg
Fe	3.92	%
K	1.056	%
Mg	0.813	%
Mn	790	mg/kg
Na	4.240	mg/kg
Ni	81.1	mg/kg
Pb	0.655	%
Rb	51.0	mg/kg
S	5.51	%
Sb	45.4	mg/kg
Sr	215	mg/kg
Ti	4.021	mg/kg
V	127	mg/kg
Zn	4.800	mg/kg

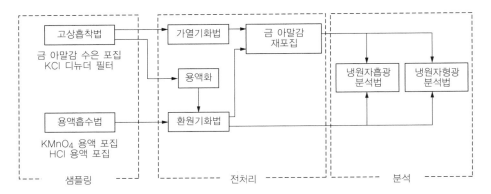

〈그림 3.25〉 대기 중 수은의 샘플링부터 분석까지의 플로 차트

함으로써 대기 입자 중의 Hg(p)를 금속수은 증기로서 기화시킨다. 이러한 방법을 가열기화법이라고 한다. 기화한 금속수은 증기를 별도 준비한 금 아말감 포집관에 재포집·농축시켜 포집관을 가열함으로써 CVAAS 혹은 CVAFS에 도입해 수은량을 측정한다. 또한, 대기 포집에 사용하지 않은 포집관이나 여과지를 확보한 후 시료의 전처리 조작과 같이 처리해 조작 블랭크 값을 구한다.

① 가스상 Hg(0)

대기 중의 가스상 Hg(0)를 포집한 금 아말감 포집관을 전용 가열로에 넣어 별도 준비한 금 아말감 포집관 또는 활성탄을 충전한 관을 통해 미리 수은을 제거한 캐리어 가스(공기, 순질소 등)를 0.5L/min로 흘리면서 500~600℃로 가열한다. 이렇게 기화한 수은 증기를 다른 금 아말감 포집관에 재포집한다. 이 포집관을 재차 가열해 CVAAS 또는 CVAFS에 도입해 수은을 정량한다. 금 아말감 포집관 취급 및 수은 분석에 대해서는 환경성 매뉴얼 등[8),28)]에 자세하게 기재되어 있으므로 참조하기 바란다.

② 가스상 Hg(Ⅱ)

가스상 Hg(Ⅱ)를 포집한 KCl 디뉴더를 전용 가열로(그림 3.26)에 두고, 가스상 Hg(0)의 분석과 마찬가지로 미리 수은을 제거한 캐리어 가스(공기, 순질소 등)를 0.5~1.5 L/min로 흘리면서 500℃로 가열한다. 이렇게 기화한 수은 증기를 금 아말감 포집관에 포집한다. 이것을 재차 가열해 CVAAS 또는 CVAFS에 도입해 수은을 정량한다.

〈그림 3.26〉 디뉴더 가열용 가열로 사진

③ Hg(p)

대기입자를 포집한 석영 여과지는 적당한 크기로 잘라 석영 보트 혹은 자성 보트에 실어 여과지를 활성 알루미나와 알칼리 분말(탄산칼슘과 탄산나트륨의 혼합물)로 덮어 전용 가열로에 넣는다. 앞에 설명한 것과 같이 가열로에 미리 수은을 제거한 캐리어 가스(공기 또는 산소)를 0.5L/min로 흘리면서 노 내를 900℃ 정도로 가열해 대기입자 중의 Hg(p) 모두를 금속수은 증기로 변화시켜 금 아말감 포집관에 포집한다. 이 포집관을 재차 가열해 CVAAS 또는 CVAFS로 수은을 정량한다.

그리고 활성 알루미나는 Hg(p)로부터 금속수은으로 쉽게 변환되도록 하는 촉매 역할을 하고, 가열 전에 시료로부터 수은의 휘산손실을 방지하기 위해 첨가한다. 또 알칼리 분말은 가열에 의해 발생하는 산성가스를 중화하기 위해서 첨가한다. 이러한 시약은 사용 전에 가열함으로써 시약에 포함된 수은을 미리 제거해 둔다.

(b) 환원기화법

용액흡수법에 따라 얻어진 시료용액 혹은 고상에 흡착한 수은을 산 등에 의해 추출한 시료용액에 염산 산성 염화제2주석 용액(이하 SnCl₂ 용액)을 첨가해 시료용액 중의 수은을 금속수은으로 환원해 기화시키는 방법을 환원기화법이라고 한다. 환원기화법은 가열기화법에 비해 조작은 약간 번잡하다. 그렇지만 디뉴더나 여과지를 가열하기 위한 전용 가열로가 없어도 전처리를 실시할 수 있는 이점이 있다. 환원기화법에 대해서도 가열기화법과 마찬가지로 대기 포집에 사용하지 않은 포집관이나 여과지를 확보해 두어, 시료의 전처리 조작과 마찬가지로 처리해 조작 블랭크 값을 구한다.

① 가스상 Hg(0)

가스상 Hg(0)를 임핀저 등에 의해 황산 산성 과망간산칼륨 용액에 포집해 얻어진 시료용액에 10~20%(w/v) 염산 히드록실아민을 소량 첨가하고(0.1~1mL 정도), 과망간산칼륨 용액의 보라색을 지운다. 색이 사라지지 않는 경우에는 여기에 염산히드록실아민을 첨가한다.

그 후 시료용액을 〈그림 3.27〉의 반응용기에 넣어 반응용기의 출구에 금 아말감 포집관을 단 후, SnCl2 용액을 수 mL 가하고 재빠르게 뚜껑을 닫는다. 그리고 캐리어 가스로서 미리 수은을 제거한 순질소를 0.5L/min로 통기해, 용액 중의 수은을 모두 금속수은 증기로 변화시켜 금 아말감 포집관에 포집한다.

그리고 〈그림 3.29〉와 같이 금 아말감 포집관의 상류 측에는 소다석회 칼럼을 도입해 통기 중에 발생하는 수분이나 산성가스를 제거한다. 15~20분간 통기한 후, 금 아말감 포집관을 떼어내 이 포집관을 재차 가열하고, CVAAS 또는 CVAFS로 수은을 정량한다. 또, 금 아말감 포집관을 사용하지 않고 시료용액 중의 수은을 고감도로 정량할 수 있는 밀폐 순환방식 분석계도 있다[29].

② 가스상 Hg(Ⅱ)

가스상 Hg(Ⅱ)를 KCl 디뉴더나 양이온 교환 필터에 포집한 경우에는 1mol/L의 염산 용액으로 추출해, 얻어진 용액을 시료용액으로 한다. 그리고 이온교환 필터의 경우에는 초음파 세정기를 이용해 포집한 Hg(Ⅱ)를 필터로부터 용출시킨다. 시료용액을 반응용기에 넣어 가스상 Hg(0)의 분석과 동일한 조작에 의해 수은을 정량한다.

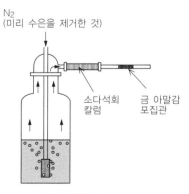

N2
(미리 수은을 제거한 것)

소다석회
칼럼

금 아말감
포집관

〈그림 3.27〉 반응용기의 개략도

③ Hg(p)

대기입자 중의 Hg(p)를 용액화하는 방법에는 지금까지 제안된 것이 몇 가지 있지만 여기서는 환경성 수은 분석 매뉴얼[29]에 준한 방법을 소개한다. 처음에 여과지를 적절한 크기로 잘라내고 다시 소책자 모양으로 세밀하게 잘라 시료 분해 플라스크에 넣는다.

그다음에 플라스크에 비등석을 넣고 증류수 1mL, 질산(HNO_3)과 과염소산($HClO_4$)의 1 : 1 혼합용액 2mL, 황산(H_2SO_4) 5mL를 차례차례 더해 200~230℃의 핫 플레이트상에서 30분간 가열한다. 식힌 후 초순수를 더하면서 50mL의 메스플라스크로 옮겨 정용해 시료용액으로 한다.

그리고 전처리에 이용하는 시료 분해 플라스크나 메스플라스크는 사전에 사용하는 산과 초순수로 잘 씻어 건조시킨다. 시료용액 일부를 밀폐 순환방식 분석계에 도입해 수은을 정량한다. 분석에 사용한 여과지의 면적과 대기입자 포집면 면적의 비로부터 포집한 전체 수은량을 계산하고, 그것을 대기 흡인량으로 나눔으로써 대기 중 농도를 구한다.

[3] 분석방법

(a) 냉원자흡광분석법(CVAAS)

수은 이외의 금속을 원자흡광분석법으로 분석하는 경우에는 플레임 등을 이용해 원자 증기를 생성시킬 필요가 있다(4.3절을 참조). 한편 증기압이 높은 금속수은은 실온에서 용이하게 기화해 원자증기가 되기 때문에 플레임 등을 이용할 필요가 없다.

이와 같이 플레임을 이용하지 않고 분석하는 방법을 냉원자흡광분석법(CVAAS)이라고 한다.

이 방법은 수은의 원자증기에 의한 파장 253.7nm 빛의 흡수강도를 측정한다. 빛의 흡수강도는 람베르트-비어 법칙에 따라 수은 농도에 비례한다. 냉원자흡광분석법에 의한 수은의 분석에는 제만(Zeeman) 효과를 이용한 백그라운드 보정을 실시하는 방식도 있으며, 일반적인 냉원자흡광분석법에 비해 고정밀도의 값을 얻을 수 있다.

(b) 냉원자형광분석법(CVAFS)

수은을 분석하는 경우에는 냉원자형광분석법(CVAFS)도 적용할 수 있다. 이 방법에서는 처음에 수은의 원자 증기에 파장 253.7nm의 빛(광원 빛)을 쪼인다.

이것에 의해 수은원자를 여기상태로 하고, 여기상태로부터 기저상태로 돌아올 때 방출되는 파장 253.7nm의 형광강도를 측정한다. 형광강도는 광원 빛의 강도와 수은 농도에 비례한다.

수은을 분석하는 경우, 여기시키는 빛(광원광)과 형광이 같은 파장이지만 광원 빛의 입사방향에 대해서 수직방향으로 설치된 검출기로 형광만을 검출한다. 또한, 수은원자의 형광강도는 산소나 질소에 의한 소광효과를 받기 쉽다. 때문에 검출기에 도입하는 캐리어 가스로는 아르곤 가스 혹은 헬륨가스를 사용한다.

[4] 분석상의 유의점
(a) 수은 표준액 조제
수은 표준액 조제방법은 몇 가지 있지만 여기서는 무기수은으로서 염화수은($HgCl_2$)을 이용하는 방법과 유기수은으로서 염화 메틸수은(CH_3HgCl)을 이용하는 방법을 소개한다. 두 방법 모두 L-시스테인을 이용해 수은을 안정화시킨다. 또 CH_3HgCl의 표준액을 환원기화법에 의해 분석하는 경우에는 CH_3HgCl이 $SnCl_2$ 용액에 의해 환원되지 않기 때문에 적절한 산화제에 의해 무기화시킨 후, $SnCl_2$ 용액을 이용해 환원해 기화시킨다.

① 염화수은($HgCl_2$)을 이용하는 방법
• Step 1 : L-시스테인 10mg을 칭량해 초순수에 녹여 1,000mL의 메스플라스크에 넣는다. 그리고 고순도(유해 금속 측정용)의 진한 질산 2mL를 더해 초순수로 메스업한다(이하 0.001% L-시스테인 용액).
• Step 2 : $HgCl_2$ 27.2mg을 칭량해 0.001% L-시스테인 용액으로 용해해 200mL의 메스플라스크에 넣고 이 용액으로 200mL로 메스업한다. 이 용액의 수은 농도는 100ppm(μg/mL)이다. 조제한 표준액은 밀폐해 냉암소에 보관한다.
• Step 3 : 100ppm의 수은 표준액 1mL를 분취해 0.001% L-시스테인 용액으로 100mL로 하면 1ppm의 수은 표준액을 얻을 수 있다. 마찬가지로 희석해 필요한 농도의 표준액을 조제한다. 조제한 표준액은 밀폐해 냉암소에 보관한다. 1ppm 이하의 표준액을 조제하는 경우 측정할 때마다 조제해 사용하는 메스플라스크 등은 산으로 잘 씻어 둔다.

② 염화 메틸수은(CH_3HgCl)을 이용하는 방법
• Step 1 : L-시스테인 염산염 10mg을 칭량해 0.1mol/L의 수산화나트륨(NaOH) 용액 10mL로 용해한다(이하 0.1% L-시스테인 용액).
• Step 2 : CH_3HgCl 12.5mg을 칭량해 톨루엔에 용해해 전량을 100mL로 한다. 그리고 이 용액의 수은 농도는 100ppm(μg/mL)이다. 조제한 표준액은 밀폐해 냉암소에 보관한다.

- Step 3 : 100ppm의 메틸수은 표준액을 1mL 분취해 톨루엔으로 100배 희석한다. 이 용액의 수은 농도는 1ppm이다. 조제한 표준액은 밀폐해 냉암소에 보관한다.
- Step 4 : 10mL 스토퍼가 달린 원추형 원침관에 0.1% L-시스테인 용액 5mL를 넣는다. 여기에 1ppm의 메틸수은 표준액 0.5mL를 첨가해 진탕기를 이용해 3분간 흔들어 섞는다. 이때 톨루엔상의 메틸수은이 수상(水相)으로 이행한다. 그 후 1,200rpm으로 3분간 원심분리해 톨루엔상(상층)을 흡인 제거한다. 이 용액 1mL에는 0.1μg의 Hg를 포함한다. 조정한 표준액은 밀폐해 냉암소에 보존한다.

(b) 금속수은의 표준가스[27], [28]

〈그림 3.28〉에 나타낸 것처럼 불소수지 혹은 유리병 등의 용기에 금속수은을 소량 넣고, 온도계를 찔러 넣어 용기 내의 온도를 측정할 수 있게 한다. 또, 실린지를 사용해 수은 표준가스를 채취할 수 있도록 용기에는 작은 구멍을 마련한다.

그리고 수은 표준가스 조제용기는 시판되고 있는(일본 인스트루먼트사 MB-1) 것을 사용해도 좋다. 용기 내 각 온도에서의 수은 표준가스의 농도[ng/mL]는 〈표 3.18〉에 나타내는 대로이다. 이 표로부터 가스 채취량에 대응해 수은량을 구해 검량선을 작성한다.

사용할 때에는 표준가스를 채취하는 실린지에 먼지 등이 들어가지 않게 세심한 주의를 기울인다. 또, 실린지의 실린더 일부분의 흐름이 나쁠 때에는 실린지의 바늘이 막혀 있을 가능성이 있으므로 가는 철사를 이용해 실린지 안을 청소한다.

극미량의 수은가스(0.01~0.1ng 정도)를 측정하는 경우에는 바늘 바깥쪽에 흡착한 수은 가스가 양(+)의 오차가 되는 경우가 있기 때문에 킴와이프 등으로 바늘의 바깥쪽을 닦고서 표준가스를 측정장치에 도입한다.

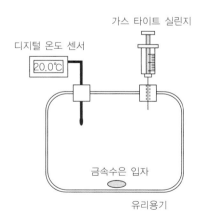

〈그림 3.28〉 수은의 표준가스 박스 예

〈표 3.18〉 단위체적당 포화 수은 가스량

(단위 : [ng/mL])

온도 [℃]	0.0	0.1	0.2	0.3	0.4	0.5	0.6	0.7	0.8	0.9
0.0	2.179	2.202	2.225	2.248	2.271	2.295	2.319	2.343	2.368	2.392
1.0	2.417	2.441	2.465	2.489	2.514	2.539	2.564	2.589	2.614	2.640
2.0	2.666	2.691	2.716	2.741	2.766	2.792	2.818	2.844	2.871	2.897
3.0	2.924	2.951	2.978	3.005	3.033	3.061	3.089	3.117	3.146	3.175
4.0	3.204	3.234	3.264	3.295	3.325	3.356	3.388	3.419	3.451	3.483
5.0	3.516	3.549	3.583	3.616	3.650	3.685	3.719	3.754	3.789	3.825
6.0	3.861	3.897	3.933	3.970	4.007	4.045	4.083	4.121	4.159	4.198
7.0	4.237	4.276	4.316	4.356	4.396	4.437	4.478	4.519	4.561	4.603
8.0	4.645	4.688	4.731	4.774	4.817	4.861	4.905	4.949	4.994	5.039
9.0	5.085	5.131	5.178	5.225	5.273	5.321	5.639	5.418	5.467	5.517
10.0	5.567	5.616	5.666	5.716	5.767	5.818	5.870	5.921	5.974	6.026
11.0	6.079	6.133	6.187	6.241	6.296	6.351	6.407	6.463	6.519	6.576
12.0	6.633	6.692	6.751	6.810	6.870	6.931	6.992	7.053	7.115	7.177
13.0	7.240	7.304	7.369	7.435	7.501	7.568	7.635	7.703	7.771	7.840
14.0	7.909	7.979	8.049	8.119	8.191	8.262	8.335	8.408	8.481	8.555
15.0	8.630	8.705	8.781	8.858	8.935	9.013	9.092	9.171	9.251	9.331
16.0	9.412	9.493	9.575	9.658	9.742	9.826	9.910	9.995	10.081	10.168
17.0	10.255	10.342	10.429	10.516	10.604	10.693	10.783	10.873	10.964	11.056
18.0	11.148	11.242	11.337	11.433	11.529	11.626	11.724	11.823	11.922	12.022
19.0	12.123	12.225	12.328	12.432	12.536	12.641	12.747	12.854	12.961	13.070
20.0	13.179	13.289	13.400	13.511	13.623	13.737	13.851	13.965	14.081	14.198
21.0	14.315	14.434	14.553	14.674	14.795	14.917	15.040	15.164	15.289	15.415
22.0	15.542	15.670	15.800	15.930	16.061	16.193	16.326	16.461	16.596	16.732
23.0	16.869	17.008	17.148	17.289	17.431	17.574	17.718	17.864	18.010	18.158
24.0	18.306	18.456	18.606	18.758	18.911	19.065	19.220	19.376	19.534	19.693
25.0	19.852	20.012	20.174	20.336	20.500	20.664	20.830	20.998	21.166	21.336
26.0	21.506	21.679	21.853	22.028	22.204	22.382	22.560	22.741	22.922	23.105
27.0	23.289	23.474	23.660	23.847	24.036	24.227	24.418	24.611	24.805	25.001
28.0	25.198	25.397	25.598	25.800	26.003	26.208	26.415	26.622	26.832	27.042
29.0	27.255	27.469	27.685	27.902	28.121	28.342	28.564	28.787	29.012	29.239
30.0	29.467	29.697	29.928	30.160	30.395	30.631	30.868	31.107	31.348	31.591
31.0	31.835	32.081	32.329	32.579	32.830	33.084	33.339	33.595	33.854	34.114
32.0	34.376	34.641	34.908	35.177	35.448	35.720	35.995	36.271	36.549	36.829
33.0	37.111	37.395	37.681	37.969	38.258	38.550	38.843	39.139	39.437	39.736
34.0	40.038	40.341	40.647	40.954	41.264	41.575	41.889	42.205	42.523	42.843
35.0	43.165	43.491	43.819	44.148	44.481	44.815	45.152	45.491	45.832	46.176
36.0	46.522	46.870	47.221	47.575	47.930	48.289	48.649	49.012	49.378	49.745
37.0	50.166	50.488	50.863	51.241	51.621	52.004	52.389	52.777	53.167	53.560

(c) 금 아말감 포집관 취급

금 아말감 포집관은 사용 전에 고온(약 600℃)으로 수 시간~하룻밤 가열한다.

머플 로(爐) 등을 이용했을 경우에는 노의 내부에 포집관으로부터 기화한 수은 증기가 충만하기 때문에 노가 식기 전에 포집관을 꺼낸다.

그 후 수은 오염이 없는 분위기에서 30분 정도 공랭해 보존용기에 넣어 마개를 한다. 금 아말감 포집관은 장기간 거듭되는 사용에 의해 포집효율이 저하하는 경우가 있다. 때문에 금속수은의 표준가스를 이용해 포집관의 포집효율을 정기적으로 조사해 두는 것이 바람직하다.

(d) 대기 중 수은 농도의 지침값[30]

일본에서는 1996년 대기오염방지법의 개정에 의해 사람의 건강 리스크 평가 관점에서 유해성이 있어 우선적으로 조사해야 할 대기오염물질로서 22물질을 목록화하였다. 수은 및 그 화합물은 우선 조사물질 중 하나이며, 2003년에는 일반 대기 중에서의 지침값 $40ngHg/m^3$가 설정되었다. 또한, 일반 대기 중에서는 수은 대부분이 금속수은 증기로서 존재하고 다른 화학 형태는 지극히 미량이므로 지침값은 금속수은에 대해서만 설정되어 있다.

(e) 일반 대기 중의 가스상 수은 농도

일본에서는 전국 300지점 이상에서 가스상 수은 농도가 정기적으로 측정되고 있다. 〈그림 3.29〉에 1999년도부터 2008년도까지 평균값의 경년 변화를 나타내고 있다. 샘플링은 금 아말감 방식으로 행해지고, 분석도 유해 대기오염물질 측정방법 매뉴얼[27]에 따라 실시되고 있다.

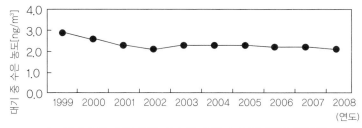

〈그림 3.29〉 일본에서 가스상 수은 농도의 전국 평균값 추이

일본에서 일반 대기 중 가스상 수은 농도의 연평균값은 $2.1 \sim 2.9$ ng/m^3이며, 발생원 주변에서도 $2.1 \sim 2.9 ng/m^3$이다. 일본 이외의 나라에서 일반 대기 중 수은 농도도 $1 \sim 4 ng/m^3$의 범위이며, 인위적인 배출원의 영향을 받지 않는 백그라운드 농도는 $1.7 ng/m^3$ 정도라고 보고되고 있다[31].

3. 석면의 분석

석면(asbestos)이 건강에 미치는 영향에는 asbestiform으로 불리는 석면 특유의 섬유상 형태가 관계하고 있다고 생각되므로 공기 중 농도 분석은 형태를 판정할 수 있는 현미경에 의해 행해지고 있다. 석면 분석에는 '형태 판정'이 필요한 점이 다른 많은 유해물질 분석법과는 다르다.

석면이란 상업적으로 이용된 섬유상 규산염 광물의 총칭으로, 〈표 3.19〉에 나타내듯이 현재는 6종이 규제대상이 되고 있다.

6종 중 소비량이 가장 많았던 것은 크리소타일(chrysotile, 온석면)이며, 여기에 아모사이트(다석면), 크로시드라이트(청석면)를 더하면 소비량의 거의 전량이 된다. 따라서 대기시료 중에서 발견되는 것은 주로 이들 3종의 석면이다. 다만, 소비량은 명확하지 않지만, 일본에서는 트레모라이트(투섬석)의 상업적 이용이 있던 것도 알려져 있다.

6종의 석면에는 화학조성 및 결정격자의 구조는 같지만, 섬유상이 아닌 광물이 존재한다(표 3.19). 그것들은 단결정 덩어리임에도 파쇄에 의해 생성된 입자(벽개 입자)는 각섬석의 경우 가늘고 긴 입자로 갈라지는 특성이 있으므로 전자현미경으로도 석면과 형태를 구별하기 어려운 경우가 있다[22]. 한편 석면은 섬유의 신장 방향으로 성장한 지름 $0.02 \sim 0.4\mu m$ 전후의 단섬유로 이루어지는 섬유다발로 유연성과 높은 항장력을 가져 외력에 의해 보다 가는 섬유로 분리하기 쉬운 성질을 갖고 있다.

이러한 섬유다발의 구조나 특성을 아스베스티폼(asbestiform)이라고 한다.

〈표 3.19〉 규제대상 석면 및 이것과 동일 조성의 비석면 광물

	석면의 종류	석면과 동일 조성의 비석면 광물
사문석계	크리소타일(온석면)	안티고라이트 · 리잘다이트
각섬석계	아모사이트	그루네라이트 · 커밍토나이트
	크로시드라이트	리베카이트
	트레모라이트 석면	트레모라이트
	악티노라이트 석면	악티노라이트
	안소피라이트 석면	안소피라이트

아스베스티폼과 벽개(劈開) 입자의 특징을 알기 쉬운 이미지로 〈그림 3.30〉에 나타낸다. 또 크리소타일과 크로시드라이트의 섬유다발 단면도를 〈그림 3.31〉에 나타낸다. 크리소타일의 단섬유는 섬유의 신장 방향으로 결정 성장하고, 그 구조는 단결정 시트를 빙글빙글 감은 것 같은 형태이다.

또 크로시드라이트를 비롯해 각섬석계 석면의 섬유다발은 다양한 방향을 향한 단섬유의 모임인 것을 〈그림 3.31〉로부터 알 수 있다. 〈그림 3.31〉에서는 크리소타일·크로시드라이트(청석면) 모두 단섬유로 최소지름은 0.02μm 정도이다. 석면섬유를 확인하

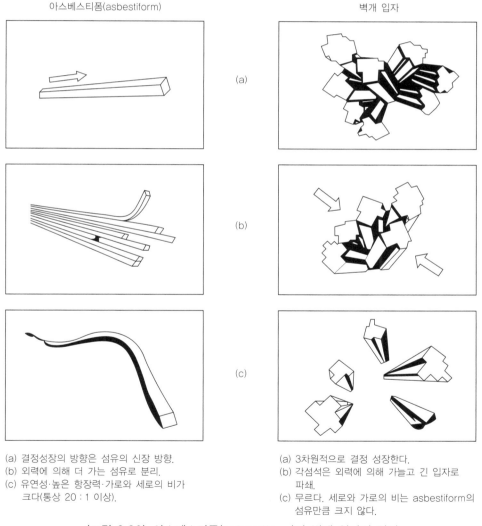

아스베스티폼(asbestiform)   벽개 입자

(a)
(b)
(c)

(a) 결정성장의 방향은 섬유의 신장 방향.
(b) 외력에 의해 더 가는 섬유로 분리.
(c) 유연성·높은 항장력·가로와 세로의 비가
　 크다(통상 20 : 1 이상).

(a) 3차원적으로 결정 성장한다.
(b) 각섬석은 외력에 의해 가늘고 긴 입자로
　 파쇄.
(c) 무르다. 세로와 가로의 비는 asbestiform의
　 섬유만큼 크지 않다.

〈그림 3.30〉 아스베스티폼(asbestiform)과 벽개 입자의 차이

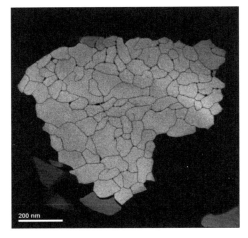 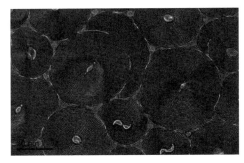

(a) 크로시드라이트. 그물눈 모양의 개개 구획은 단섬유의 단면   (b) 크리소타일

〈그림 3.31〉 석면섬유 속의 단면 사진(전자현미경 사진은 일본전자(주)·오니시 이치로 제공)

기 위해서는 각각의 섬유가 asbestiform의 특성을 가졌는지를 확인해야 한다. 확인에는 형태·원소 조성·결정 구조·광학적 특성·항장력 등의 정보가 필요하지만, 대기시료는 물론이고 건재 중 석면시료에서도 각각의 섬유에 대해 그러한 정보를 모두 얻는 것은 곤란하다. 대기 농도분석에서는 위상차 현미경과 전자현미경이 사용된다.

위상차 현미경에서는 '형태'의 정보밖에 얻을 수 없기 때문에 석면섬유와 비석면섬유를 분별할 수 없다. 전자현미경 중 투과형 전자현미경(TEM)에서는 크리소타일에 대해서는 형태와 원소조성 및 결정구조의 정보를 얻을 수 있으므로 이 3종의 정보로부터, 또 각섬석계 석면에 대해서는 형태와 원소조성의 정보로부터 석면을 분류한다.

또, 주사형 전자현미경(SEM)에서는 형태 및 원소조성의 정보를 얻을 수 있어 이 2종의 정보로부터 석면(asbestos) 섬유를 확인한다.

또한 WHO가 추천하는 위상차 현미경에 의한 대기 중 섬유수 농도 측정법(2.6절의 참조문헌[34])에는 대기시료 중의 석면 분별 판정법으로서 편광현미경에 의한 석면의 광학적 특성 관찰을 들고 있다. 편광현미경에 의한 석면 분별 판정은 영국의 대기 중 농도 측정 공정법인 MDHS 87에서도 받아들여지고 있다[34].

대기 중 농도는 단위체적당 공기 중에 포함되는 섬유수(통상은 일반 환경에서는 '개/L')에 의해 평가되지만, 위상차 현미경법과 전자현미경법 모두 섬유수 계수값에 대해 분석자 간의 분산이 큰 것으로 알려져 있고(그림 3.32) 해외에서는 오차의 요인이 검토되어 정밀도를 더 향상시키기 위한 정밀도 관리 프로그램이 실시되어 왔다. 그러나 정밀도 향상을 위해서 해결하지 않으면 안 되는 여러 가지 다양한 문제가 있어 석면 분석

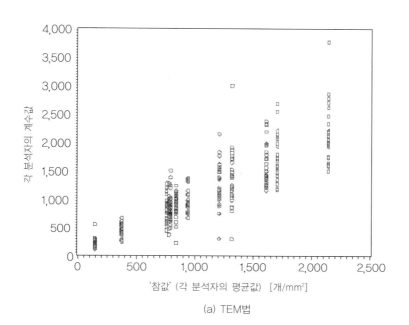

(a) TEM법

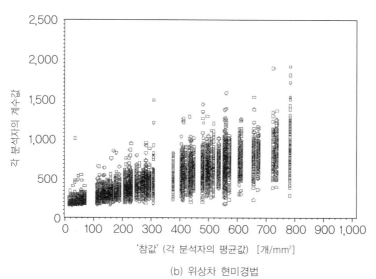

(b) 위상차 현미경법

〈그림 3.32〉 뉴욕주의 정밀도 관리 프로그램에서의 석면 섬유계수 데이터의
분석자 간 편차

「The National Academies : A Review of the NIOSH Roadmap for Reseach
on Asbestos Fibers and Other Elongate Mineral Particles」에서 인용.

표 3.20 대기 중 석면농도 측정법의 표준법

표준법	적용범위	분석장치 또는 분석방법	분석 가능한 섬유의 종류
환경청 고시 제93호법	석면제품 제조공장의 대지경계 농도 측정	위상차 현미경	크리소타일과 총 섬유
환경성 석면 모니터링 매뉴얼법	환경대기 농도 측정	위상차 현미경(참고법으로서 TEM·SEM*[1])	총 섬유(TEM·SEM으로는 6종의 규제대상 석면)
JIS K 3850-1	작업환경·환경대기 및 실내농도 측정	위상차 현미경·위상차 분산 염색법·SEM*[1]	위상차 현미경 : 총 섬유 위상차 분산 염색법과 SEM : 6종의 규제대상 석면
실내환경 등에서 석면분진농도 측정방법	실내농도 측정	위상차 현미경	총섬유
ISO 8672(위상차 현미경법)	작업환경 농도 측정	위상차 현미경	무기섬유
ISO 10312(TEM 직접법)	환경대기 농도 측정	TEM*[1]	6종의 규제대상 석면, 다만, 각섬석계 석면에 대해서는 벽개입자*[2]와의 분별은 할 수 없다.
ISO 13794(TEM 간접법)	환경대기 농도 측정	TEM*[1]	6종의 규제대상 석면, 단, 각섬석계 석면에 대해서는 벽개 입자*[2]와의 분별은 할 수 없다.
ISO 14966(SEM법)	환경대기 및 실내농도 측정	SEM*[1]	무기섬유(섬유종의 분류 : 6종의 규제대상 석면, 섬유상 석고, 기타 무기 섬유)

＊1 TEM(투과형 전자현미경), SEM(주사형 전자현미경)은 에너지 분산형 X선 분석장치가 있다.
＊2 각섬석계 석면과 같은 조성의 비석면 광물이 가늘고 길게 갈라진 파편. 각섬석은 그 결정 구조 때문에 가늘고 긴 파편으로 갈라지기 쉬운 경향이 있고, 전자현미경이라도 그러한 파편과 석면과의 구별이 어려운 경우가 있다.

에 있어 정밀도 향상은 지금도 큰 과제이다.

또한, 대기 중 석면 농도 측정법에는 많은 표준법이 있다. 일본 국내의 표준법과 국제 표준법을 〈표 3.20〉에 나타낸다.

(a) 위상차 현미경법

위상차 현미경법은 작업환경 중의 석면 농도 측정법으로서 1960년대에 영국에서 개발되었다. 전술한 것처럼 위상차 현미경법으로 필터상에 공존하는 면먼지나 기타 비석면섬유상 입자로부터 석면섬유만을 정확하게 분별해 계수할 수 없다. 따라서 얻을 수 있는 농도는 엄밀하게는 '총 섬유수 농도'이다.

그러나 석면을 취급하는 작업환경에서는 공기 중에 석면섬유가 존재하는 것이 전제가 되므로 형태 판정에 의한 섬유의 계수를 실시해도 계수값에는 석면섬유가 많이 포함되어 있을 가능성이 높다.

또, 위상차 현미경법을 개발한 영국의 석면 폐 연구 협의회(ARC : Asbestosis Research Council)는 노동자 보호 관점에서 석면 이외의 섬유도 석면으로서 계수하는 것을 허용하는(즉, 석면 농도의 과대평가를 허용한다) 섬유계수 규칙을 정했다.

농도 과대평가의 허용은 측정법으로서는 정확도가 결여되지만, 농도를 실제보다 조금 높게 평가해 두면 작업환경이 개선된다고 생각했던 것이다.

그 섬유계수 규칙은

① 섬유의 길이 : >5μm, ② 섬유 지름 : <3μm, ③ 아스펙트비(섬유의 세로와 가로 길이의 비) : >3대 1의 3조건을 만족하는 섬유를 계수 대상으로 한다는 것이다.

3조건 중 ①②에 대해서는 당시의 동물실험 지식을 토대로 결정할 수 있었지만 ③의 아스펙트비에 대해서는 ARC가 과학적 근거를 논의한 흔적은 없다는 것을 영국 석면 연구자인 월튼(Walton)이 ARC의 회의록을 조사하여 밝혔다[34]. 위의 3조건은 그 후 석면 분석에 있어 '섬유의 정의'라고 여겨지게 되었지만, 석면섬유의 아스펙트비는 20대 1 이상인 것이 실태이므로 조건 ③의 가부, 즉 '섬유의 정의'에 관한 논의는 현재도 계속되고 있다.

그런데 위상차 현미경법은 시료 중 전체 섬유의 계수가 가능한 것은 아니다. 위상차 현미경에는 분해능의 한계가 있어 지름이 거의 0.2μm 이하인 섬유는 안 보인다고 여기고 있고, 또 길이에 대해서도 계수 규칙에 의해 5μm 이하의 섬유는 계수 대상에서 제외되고 있다.

사람이 흡인할 가능성이 있는 석면섬유의 일부밖에 계수하고 있지 않다는 점에서 위상차 현미경법에 의한 측정값은 석면 폭로의 지표에 지나지 않는다.

위상차 현미경법은 계수된 섬유가 실제로 건강에 영향을 일으키는 섬유와 상관성이 있다는 것을 전제로 하고 있다. 그러나 중피종(中皮腫)의 발증에는 0.2μm 이하의 가는 섬유가 기여한다는 보고도 있고(그림 3.33 참조), 또 길이 5μm 이하 섬유의 발암성에 대해서도 아직 밝혀지지 않았다. 그런데도 위상차 현미경법은 장치의 가격이 저렴하고 분석법이 간편하며 분석자를 양성하는 것이 전자현미경법에 비하면 쉽다는 이점이 있어 작업환경 측정법으로서 널리 사용되며, 측정 데이터는 건강영향평가의 기초 데이터가 되고 있다.

다양한 비석면섬유가 많이 존재하는 일반 환경에서 위상차 현미경법은 석면 농도 측

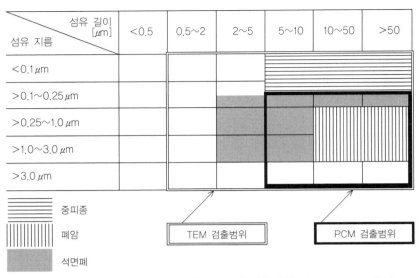

섬유 지름 \ 섬유 길이 [μm]	<0.5	0.5~2	2~5	5~10	10~50	>50
<0.1μm						
>0.1~0.25μm						
>0.25~1.0μm						
>1.0~3.0μm						
>3.0μm						

중피종
폐암
석면폐

TEM 검출범위

PCM 검출범위

〈그림 3.33〉 위상차 현미경(PCM), TEM의 검출범위 및 Lippmann[25]이
제안한 석면 관련 질환과 섬유 사이즈와의 관계

정법으로서는 정밀도가 떨어진다. 해외에서 일반 환경 농도측정에는 석면섬유와 비석면섬유의 분별능력이 높은 전자현미경법이 사용되지만, 일본에서는 위상차 현미경법이 사용되어 왔다.

1985년에 시작한 환경청(현 환경성)의 석면 모니터링에서는 현미경 시료 중의 필터와 크리소타일의 굴절률이 가까운 것을 이용해 위상차 현미경 관찰과 생물현미경 관찰을 병용한 '크리소타일 판정법'을 정해, 그 판정법으로 구한 크리소타일의 농도를 석면 농도로 했다(환경청 고시 제93호법의 방법).

이것은 당시 석면업계가 아모사이트·크로시드라이트의 이용을 이미 독자적으로 규제하고 있었으므로 크리소타일의 규제를 염두에 둔 판단이었다고 생각된다.

일본 특유의 판정법에 의한 크리소타일 측정법은 정밀도에는 문제가 있었지만 일반 환경 농도 측정에서의 석면섬유와 비석면섬유의 분별 필요성을 환경청이 인식하고 있었던 것으로 엿보인다.

2010년에 개정된 환경성 석면 모니터링 매뉴얼 제4.0판(이하, 환경성 매뉴얼 제4.0판)에서도 위상차 현미경법이 채용되고 있지만 그 위상은 '총 섬유수 농도 측정법'으로 되어 있으므로 국가에 의한 일반 환경의 '석면 농도 측정'은 실시하지 않는 것이 된다.

(b) 전자현미경법

전자현미경법에는 투과형 전자현미경법(TEM법)과 주사형 전자현미경법(SEM법)이 있다.

TEM법은 모든 섬유 길이·섬유 지름에 걸쳐서 석면섬유를 계수할 수 있는 분해능을 갖고 있다.

또 TEM으로는 전자선 회절(ED : Electron Diffraction)에 의한 결정 구조해석에 의해 크리소타일과 각섬석계 석면의 분별 판정이 가능하고, 에너지 분산형 X선 분광장치(EDS : Energy Dispersive X-ray Spectroscopy)를 장비하면 원소 조성 분석결과로부터 석면의 종류를 분류할 수 있다.

TEM은 당초 석면의 광물학적 연구를 위해서 사용되지만 1970년대가 되어 농도 측정법으로도 사용되기 시작했다. 일반 환경대기 중이나 일반 주거 실내공기에 존재하는 석면섬유의 농도는 작업환경에 비하면 낮고, 또 섬유의 지름도 위상차 현미경의 분해능 한계보다 작을 가능성이 높다. 그러한 조건에서는 시료 중의 얼마 안 되는 미세 섬유 각각의 분류가 필요하므로 분해능이 높은 TEM이 사용되게 되었다.

그러나 앞에 설명한 것처럼 TEM법도 분석자 간의 데이터 편차가 크기 때문에(그림 3.32) 정밀도 향상은 향후의 과제이다.

SEM은 시료의 표면 또는 표면 바로 아래를 관찰하거나 분석하는 장치이다. SEM법에서는 필터 위 석면섬유의 표면상을 관찰해 섬유수를 계수한다. 또 EDS를 장비하면 TEM과 마찬가지로 섬유의 원소조성 분석이 가능하다. 최근의 SEM은 석면의 단섬유를 검출할 수 있을 정도의 분해능이 있지만, 이전에는 분해능이 위상차 현미경과 TEM의 중간이었다.

또 SEM에 비하면 위상차 현미경은 싼 가격과 분석자의 양성이 간단하다는 이점이 있고, TEM에는 고분해능과 ED 및 EDS에 의한 석면 분류 정밀도가 높다는 이점이 있기 때문에 지금까지는 SEM의 석면 분석에 응용한 예가 적었다고 생각되고 있다.

그러나 TEM에 비하면 SEM 관찰을 위한 시료의 전처리는 매우 간단하고 또 위상차 현미경으로는 얻을 수 없는 정보인 섬유의 원소 조성을 EDS에 의해 얻을 수 있으므로 SEM도 석면 분석에 활용되게 되었다. SEM법의 석면분석 표준법으로는 예전에는 국제석면협회의 방법(1984년)이 있었지만 2002년에 ISO 14966이 제정되었다.

SEM법에 의한 석면 농도 측정 보고 예는 아직 적다. 일본의 환경분석기관에서는 향후 SEM의 보급, 분석자 양성, 정밀도 관리와 분석법의 개선 등에 힘써야 할 것이다.

[1] 전처리
(a) 위상차 현미경법

공기 샘플의 포집을 위해서 사용하는 멤브레인 필터는 불투명해서 현미경 관찰이 가능하도록 전처리를 실시한다. 필터의 투명화에는 다양한 방법이 개발되었지만 현재는 어느 표준법이든 아세톤−트리아세틴법이 사용되고 있다. 또 현미경 시료를 장기간 보존하고 싶을 때에는 DMF(디메틸포름아미드)−유파럴법이 사용된다.

① 아세톤−트리아세틴법
시료 제작순서는 다음과 같다.

① 대기시료를 포집한 필터를 청정한 슬라이드 글라스 위에 놓고 아세톤 증기로 분해해 투명하게 한다. 아세톤 증기는 아세톤 증기 발생장치에 마이크로 피펫으로 아세톤을 $300\mu L$ 정도 주입해 발생시킨다. 아세톤 주입은 증기가 거세게 분출하지 않도록 서서히 실시해야 한다. 대부분의 표준법에서는 필터는 입자면을 위 방향으로 해 슬라이드 글라스에 싣게 되어 있으므로 아세톤 증기의 급격한 분출은 필터 위 입자(석면섬유를 포함한다)의 분포상태를 바꾸어 버리기 때문이다. 입자분포를 포집 시의 상태로 유지하는 것은 분석 정밀도를 저하시키지 않기 위해 중요하다. 또한, 아세톤의 주입량은 필터 면적에 따라 바뀌지만 필터를 투명하게 할수 있는 최소량이 바람직하다.

② 투명해진 필터 위에 트리아세틴을 적당량 떨어뜨려 커버 글라스로 덮는다. 이때, 커버 글라스의 안쪽에 기포가 생기지 않도록 커버 글라스를 비스듬하게 해 천천히 떨어뜨린다. 그리고 기포를 막는 방법으로는 다음의 방법도 유효하다. 커버 글라스를 손가락으로 수평으로 잡고, 그 위에 트리아세틴을 떨어뜨린 뒤 재빨리 커버 글라스를 뒤집는다. 트리아세틴의 면을 아래 방향으로 해 커버 글라스를 천천히 필터 위에 실으면 기포는 생기기 어렵다. 트리아세틴은 양이 너무 많으면 커버 글라스로부터 비어져 나오고 또 적으면 커버 글라스 전체가 덮이지 않게 되므로 적당량을 떨어뜨리도록 한다.

③ 필터는 수 시간 방치하면 트리아세틴에 의해 겔화하고 현미경 시야는 균질한 배경이 되어 섬유계수에 적절한 상태가 된다. 그리고 겔화를 빠르게 하고 싶은 경우에는 슬라이드 글라스를 40~50℃로 가온하면 몇 분 정도에 관찰 가능한 상태가 된다. 가온온도가 너무 높거나 가온시간이 너무 길면 시료 안에 기포가 생겨 버리므로 주의가 필요하다.

순서 ①에서 아세톤 증기가 필터 위 석면섬유의 분포상태에 영향을 미칠 가능성에 대해 다루었지만, 필터의 입자면을 아래 방향으로 해 슬라이드 위에 실어 아세톤 증기

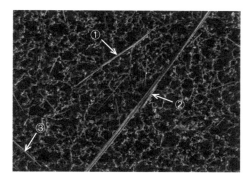
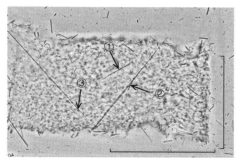

(a) 아세톤 처리 전 아모사이트의 SEM상

(b) 포집면을 아래로 향하여 아세톤 처리한 필터의 위상차상

〈그림 3.34〉 아세톤 처리 전후의 필터 표면 섬유의 분포 영향 처리 전의 분포가 유지되고 있다. 전자선 조사로 필터는 손상되고 있다.

로 쬐면 석면섬유 분포상태의 변화는 없다. 〈그림 3.34〉 (a)는 필터 위 아모사이트 섬유의 SEM상이다. SEM상 촬영 후 이 필터를 뒤집어 슬라이드 위에 싣고 아세톤 증기로 투명화해 위상차 현미경용 시료를 만든다.

위상차 현미경으로 SEM상의 섬유를 찾아 사진 촬영한 것이 그림 (b)이다. 아세톤 증기로 투명화하기 전후의 섬유 분포상태는 변화하지 않음을 알 수 있다. 환경성 매뉴얼 제4.0판은 필터 투명화법을 채용하고 있다.

아세톤–트리아세틴법에 의한 슬라이드는 수 개월~1년 사이에 열화가 일어나는 경우가 있다. 또, 슬라이드 중의 석면섬유가 시간 경과와 함께 이동하는 경우도 확인되고 있다.

② DMF–유파럴법

DMF 용액(증류수 : 50%, 디메틸포름아미드 : 35%, 초산 : 15%의 혼합 용액)으로 필터를 투명하게 해 유파럴(주로 곤충 표본 제작에 사용되는 수지)로 필터를 고정하는 시료 제작법이다.

제작법의 순서는 환경성 매뉴얼 제4.0판에 기재되어 있다. DMF–유파랄법에서는 DMF 용액을 천천히 필터에 함침시키므로 석면섬유의 분포상태가 흐트러질 일은 없다. DMF 유파럴법으로 제작한 슬라이드는 수십 년간 보존이 가능하고 또 시료 중에서의 섬유 이동은 없다고 여겨지고 있다.

(b) TEM법

TEM 분석으로는 포집용 필터를 직접 관찰할 수 없다. 그래서 포집용 필터 위의 석면섬유를 카본 증착막에 옮기고, 다음으로 카본 증착막을 TEM용 메시에 실어 TEM 분석용 시료로 한다. 석면섬유를 카본막에 옮기는 방법으로서 포집용 필터로부터 직접 카본막에 옮기는 방법과 포집용 필터 위의 석면섬유나 다른 입자를 분석용 필터로 일단 옮긴 뒤 카본막에 옮기는 방법이 있다. 여기서는 전자를 직접법, 후자를 간접법이라고 한다.

직접법에는 다음과 같은 이점이 있다.

① 포집 시의 필터 위 섬유 분포상태를 바꾸지 않고 TEM 분석을 할 수 있다.

② 시료를 수 시간 내에 제작할 수 있다.

또 간접법에는 저농도 시료를 농축해 TEM 분석시료로 사용할 수 있다는 이점이 있다. 환경성 매뉴얼 제4.0판에는 이들 두 방법이 기재되어 있다. 또 ISO에도 대기농도 측정을 위한 표준법으로서 직접법(ISO 10312) 및 간접법(ISO 13794)이 있다. 그러나 멤브레인 필터의 전처리에 대해 환경성 매뉴얼 제4.0판과 ISO의 직접법·간접법을 비교해 보면 세부에 있어 다른 점이 있으므로 이하에 차이점을 정리한다. 그리고 ISO의 두 가지 법은 각각 번역되어 JIS K 3850-2(직접 변환-투과 전자현미경법), JIS K 3850-3(간접 변환-투과 전자현미경법)으로 되어 있다.

① 직접법

환경성 매뉴얼 제4.0판과 ISO 10312의 비교를 〈표 3.21〉에 나타낸다. 표의 밑줄을 그은 부분이 두 방법의 차이점이다.

미국에서는 초·중학교 교사(校舍)의 석면대책(석면 함유 분무재 및 건축재의 제거·봉입·둘러쌈) 후의 안전확인에 대해 분무재 등의 면적이 160평방피트(약 $15m^2$) 이상인 경우에는 '직접법에 의한 시료로 TEM 분석을 실시할 것'이라고 법률(Asbestos Hazard Emergency Response Act, 통칭 AHERA)로 정해져 있으므로 ISO 10312의 시료 제작법에 의한 TEM법의 실측 데이터는 많다. 그러나 이 방법에서는 필터 표면을 과도하게 회화(灰化)하면 포집된 단섬유의 소실이 일어나는 것이 지적되고 있다[36].

한편, 환경성 모니터링 매뉴얼의 직접법에 의한 대기농도 실측 예는 적고, 또 ISO 10312 방법과의 비교 데이터도 없기 때문에 전처리법으로서의 평가는 향후 과제이다.

② 간접법

환경성 모니터링 매뉴얼과 ISO 13794의 비교를 〈표 3.22〉에 나타낸다. 표의 밑줄을 그은 부분이 두 방법의 차이점이다. 간접법에는 포집용 필터의 면적과 분석용 필터의

<표 3.21> 직접법에 의한 TEM 분석용 시료 제작법

환경성 매뉴얼 제4.0판	ISO 10312
멤브레인 필터의 입자 포집면을 아래로 향하게 하여 슬라이드 글라스에 얹고, 아세톤 증기로 슬라이드에 접착. 석면섬유나 입자는 슬라이드에 밀착한다.	멤브레인 필터의 입자 포집면을 위 방향으로 향하게 하여 슬라이드 유리에 얹고, DMF 용액으로 투명하게 한다. 필터는 원래 두께의 15% 정도로 얇아진다. 석면 섬유나 입자는 필터 안에 묻힌 상태가 된다.
↓	↓
저온 회화(灰化)장치로 필터를 완전히 회화한다.	저온 회화장치로 필터의 표면을 회화하여, 묻어 있는 석면섬유의 일부 또는 전체를 노출시킨다. 회화 시간 : 8~15분.
↓	↓
슬라이드 위의 섬유나 입자가 밀착하고 있는 부분을 PVA 용액(폴리비닐알코올)으로 덮고 PVA가 굳어지면 벗겨낸다. 섬유나 입자는 PVA 표면에 옮긴다. 계속해서 섬유나 입자가 부착된 PVA 표면에 카본을 증착한다.	저온 회화장치로부터 필터를 꺼내, 회화한 필터 표면에 카본을 증착한다.
↓	↓
카본 증착면에 메스로 3mm 사각 모눈을 넣고 PVA 막을 뜨거운 물에 떠올린다. 2~3시간에 PVA 막이 완전히 용해하면서 뜨고 있는 3mm 사각 카본을 TEM용 메시로 떠내 건조시켜 TEM 분석용 시료로 한다.	직경 100mm, 깊이 15mm 정도의 샤레에 50메시의 철망으로 만든 대를 설치하고 그 위에 티슈 페이퍼를 깐다. 아세톤을 철망의 대에 접할 정도로 쏟는다. 3mm 사각 필터를 자르고 카본 증착면을 위로 하여 TEM용 메시 위에 놓는다. TEM용 메시를 샤레의 티슈 페이퍼 위에 놓고 뚜껑을 덮어 4시간 정도 두면 멤브레인 필터가 녹아 사라져 TEM 분석용 시료가 된다.

여과 면적 비율을 바꿈으로써 TEM 시료 중의 섬유밀도를 조절할 수 있다는 이점이 있다. 그러나 간접법에 의한 대기농도 측정 데이터는 직접법에 의한 데이터보다 높아진다는 연구결과가 있어[37] 해외에서는 대기농도 측정에는 주로 직접법이 사용되고 있다.

(c) SEM법
환경성 매뉴얼 제4.0판에는 다음 3가지 방법이 기재되어 있다.
① 멤브레인 필터/저온 회화법(灰化法)
① 대기시료를 포집한 필터를 10mm 사각으로 잘라 포집면을 아래 방향으로 해 청정한 슬라이드 또는 니켈판에 실어 아세톤 증기로 투명화한다.
② 투명화한 필터를 완전하게 회화(灰化)한다.
③ SEM 시료대에 도전성 양면 테이프를 10mm 사각 정도로 잘라 붙이고, 그 위에

<표 3.22> 간접법에 의한 TEM 분석용 시료 제작법

환경성 매뉴얼 제4.0판	ISO 13794
분진을 포집한 멤브레인 필터를 1/2 또는 1/4로 메스로 자른다. 보다 낮은 검출 하한값이 필요한 때는 큰 쪽의 필터 한쪽을 분석에 사용한다.	환경성 매뉴얼과 동일한 처리.
멤브레인 필터의 분진 포집면을 아래로 향하게 하여 슬라이드 유리를 얹고, 아세톤 증기로 슬라이드에 밀착. 분진은 슬라이드에 밀착한다. 저온 회화장치로 필터를 완전하게 회화한다.	잘라낸 필터를 분진면 아래로 향하게 하여 50mL의 비커에 넣고 알루미늄 포일로 비커를 밀폐한다. 알루미늄 포일에 10~20개의 구멍을 바늘로 뚫고 3시간 이상 저온 회화한다.
슬라이드 위의 분진을 새로운 외날 면도칼로 깎아내 비커에 옮긴다. 외날 면도칼에 붙어 있는 분진은 세척병에 이소프로필 알코올로 비커에 씻어낸다. 비커에 이소프로필 알코올 50~80mL를 가하고 초음파 세척기에 넣는다. 초음파 세척은 1분 이내.	저온 회화장치로부터 꺼내 알루미늄 포일을 분리하고 50μL의 빙초산을 넣고 증류수를 40mL 가한다. 알루미늄 포일로 비커에 뚜껑을 하여 5분간 초음파 세척기에 넣는다.
비커 안의 이소프로필 알코올을 폴리카보네이트 필터로 흡인 여과한다. 폴리카보네이트 필터의 분진면에 두껍게 카본 증착을 실시한다*. 필터를 3mm 사각의 조각으로 절단 분리한다.	포어 사이즈 5μm의 멤브레인 필터 여과기에 얹고 그 위에 포어 사이즈 0.2μm의 폴리카보네이트 필터를 둔다. 비커 안의 액을 여과한다. 여과 후 폴리카보네이트 필터의 분진면에 약 10nm의 두께로 카본을 증착*. 증착 후 필터를 3mm 사각의 조각으로 절단 분리한다.
클로로포름을 넣은 샤레에 철망으로 만든 대를 설치. 그 위에 TEM용 메시를 얹는다. 필터 면을 아래로 하여 필터의 조각을 메시 위에 얹고, 몇 시간~하룻밤 방치한다. 필터가 녹아 잘라지면 TEM 분석용 시료로 한다.	클로로포름 또는 1-메틸-2-피로리돈을 넣은 샤레에 철망의 대를 설치하고, 그 위에 TEM용 메시를 얹는다. 필터 면을 아래로 하여 필터 조각을 메시 위에 얹고 8시간 이상 방치한다. 필터가 녹아 잘라지면 TEM 분석용 시료로 한다.

* 카본 증착을 급격하게 행하면 필터가 둥글게 말리기 때문에 필터 주위를 양면 테이프로 고정한다.

회화 처리한 슬라이드 또는 니켈판을 시료면을 위로 해 고정한다.

④ 슬라이드 또는 니켈판의 가장자리에 카본 페이스트를 발라 SEM 시료대와의 도전성을 확보하고, 카본 페이스트가 건조한 뒤 카본 또는 금 증착을 실시해 SEM 분석시료로 한다.

② 멤브레인 필터/카본 페이스트 함침법

① 수용성 카본 페이스트와 물을 1 : 1 정도의 비율로 혼합해 잘 섞은 뒤 SEM 시료대에 도포한다. 대기시료를 포집한 필터를 10mm 사각으로 잘라 포집면을 위로 해 시료대의 카본 페이스트 위에 싣는다. 카본 페이스트가 필터에 함침해 필터는 시료대에 접착한다. 그리고 필터의 네 귀퉁이에 카본 페이스트를 붙여 접착한다.

② 필터를 30분 이상 건조시킨 후 금-팔라듐, 백금-팔라듐, 금 또는 카본의 어느 쪽이든 증착해 SEM 분석시료로 한다.

③ 폴리카보네이트(polycarbonate) 필터법

① SEM 시료대에 7~10mm 사각의 도전성 카본 양면 테이프를 붙이고, 그 위에 대기시료를 포집한 폴리카보네이트 필터를 10mm 사각으로 잘라 포집면을 위로 해 접착한다.

② 필터의 끝에 카본 페이스트를 발라 도전성 처리를 하고, 건조시켜 카본 또는 금 증착을 실시해 SEM 분석시료로 한다.

ISO 14966의 전처리법은 다음과 같다.

① 대기시료는 30nm 정도 두께의 금 증착을 실시해 폴리카보네이트 필터(포어 사이즈 $0.8\mu m$)로 포집한다.

② 대기시료 포집 후 필터를 SEM 시료대에 도전성 양면 테이프로 고정하고, 약 30분간 저온 회화 처리해 필터 안의 유기섬유를 제거한다.

다른 처리는 하지 않고 그대로 SEM 분석을 실시한다. 다만, 필터 내 입자 밀도가 높을 때는 카본 증착을 한다.

SEM 분석에서는 전자선 조사를 함으로써 대전이 일어나기 쉽다. 대전은 필터 위 석면섬유의 비산이나 SEM상 화질 저하 등의 원인이 되므로 다양한 대전 방지책이 취해진다. 필터를 SEM 시료대에 접착시키기 위해서 카본 페이스트나 도전성 양면 테이프를 사용하는 것은 대전 방지를 위해서다. 또, 포집 전에 필터에 금 증착을 실시하면 포집 후에 증착하는 것보다 필터의 도전성은 좋다(포집 후의 증착에서는 필터 입자가 실려 있는 부분에는 금이 증착되지 않기 때문에 도전성은 떨어진다).

[2] 분석방법

(a) 위상차 현미경법

① 현미경의 조정

위상차 현미경은 석면섬유와 필터(배경빛) 사이의 아주 미세하게 작은 굴절률의 차이를 명암의 차이로서 관찰할 수 있는 현미경이다. 그 특성을 충분히 활용하기 위해서는 분석을 시작하기 전에 현미경을 제조사의 매뉴얼에 따라 조정하지 않으면 안 된다.

시야 조임이나 접안렌즈의 조정과 함께 위상판의 심지 돌출은 특히 중요하다. 석면계수는 400배의 배율(40배 대물렌즈와 10배 접안렌즈)로 실시한다. 위상차 현미경의 경우, 대물렌즈의 후초점면에 있는 위상판의 광흡수율을 변화시키면 상의 콘트라스트를 바꿀 수가 있으므로 이전에는 광흡수율이 다른 여러 종류의 대물렌즈가 만들어지고 목적에 따라 대물렌즈를 교환해 사용했다. 현재도 여러 종류의 대물렌즈가 시판되고 있지만 섬유계수 시에는 분석법의 표준화를 위해서 DL 또는 DLL 렌즈를 사용하는 것이 바람직하다(DL이란 대상물이 배경보다 검게 보여(dark contrast) 콘트라스트가 낮은(Low) 렌즈라는 의미이다).

현미경의 조정이 끝나면 HSE/NPL 테스트 슬라이드를 스테이지에 두고 관찰한다. HSE/NPL 테스트 슬라이드는 20개의 라인이 6블록으로 나뉘어 배열되어 있어 블록을 왼쪽에서 오른쪽으로 이동함에 따라 라인의 지름이 가늘어진다(그림 3.35). DL 또는 DLL 렌즈에서는 분석자는 제5블록의 라인(지름 : 0.44μm)까지 식별할 수 있는 시력이 필요하다.

대기시료 중에는 위상차 현미경의 검출 하한 이하 지름의 석면섬유도 포함된다. 분석 정밀도의 향상을 위해서는 각 분석자가 같은 레벨의 검출 능력을 유지하는 것이 필요하고, 그 때문에 위의 현미경 조정은 중요하다.

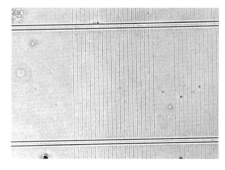

〈그림 3.35〉 HSE/NPL 테스트 슬라이드 제1블록 라인선의 지름은 약 1μm의
크리소타일에 상당한다.

② 접안렌즈용 그레이티클(눈금판)

그레이티클은 일정 면적 시야의 섬유계수를 실시하기 위해서 사용한다. 그레이티클에는 섬유 사이즈의 계측을 위한 스케일도 달려 있다. 그레이티클을 사용한 계수값 쪽이 현미경의 전체 시야를 계수한 계수값보다 정밀도가 좋다는 연구결과가 있어, 그레이티클이 사용되게 되었다. 해외에서는 시야 내의 지름이 100μm인 그레이티클이 사용되고 있지만, 환경성의 석면 모니터링에서는 300μm의 원내를 계수하기 때문에 일본에서 사용되고 있는 그레이티클에는 100μm와 300μm의 원이 있다. 계수면적이 100μm과 300μm인 경우의 계수값 정밀도를 비교한 데이터는 아직 없다. 〈그림 3.36〉에 그레이티클의 일례를 나타낸다.

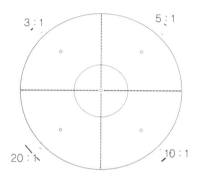

〈그림 3.36〉 그레이티클의 일례

큰 원 및 작은 원의 직경은 각각 300μm과 100μm. 세로선·가로선은 「−」로 구성되어 있고 길이는
모두 5μm이지만 폭은 세로가 0.5μm이고 가로는 1μm. 중앙의 작은 원(직경 : 5μm)과 「−」의 간격은 3μm.

③ 계수 시야수와 시야의 선택

섬유의 계수는 시야수를 결정해 실시한다. 석면의 대기 중 농도의 검출 하한값은 계수 시야수와 흡인 공기량에 의해 정해지므로 측정 목적에 따라 그것들을 결정해야 한다. 환경성 매뉴얼 제4.0판에는 일반 대기농도 측정으로 흡인 공기량 : 2,400L(10 L/min로 4시간 샘플링), 계수 시야수 : 100시야로 되어 있다.

이 조건에서의 검출 하한값은 0.056개/L(100시야 계수로 섬유 1개 검출에 상당)이다. 해체공사 현장에서 만약 비산이 있을 때에는 조금이라도 빨리 공사를 중지시키지 않으면 안 된다. 때문에 신속한 농도측정이 요구되므로 샘플링 시간은 짧아지고 검출 하한값은 높아진다. 그리고 환경성 매뉴얼 제4.0판에는 농도가 높은 시료에서는 계수 시야수가 100에 이르지 않아도 계수 섬유수가 200개가 되면 계수를 중지한다는 규정이 있다.

섬유계수는 필터의 극히 일부를 선택해 실시하므로 시야의 선택은 필터 전체를 대표하는 것이 바람직하다. 그러나 적절한 선택법을 결정할 수 없기 때문에 많은 표준법에서는 〈그림 3.37〉에 나타내는 것 같은 시야 선택을 실시하고 있다. 다만, 필터의 재단선과 입자 포집면의 바깥 가장자리로부터는 2mm 이상 떨어진 장소를 계수하는 것으로 하고 있다.

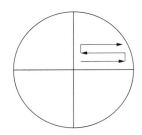

〈그림 3.37〉 계수 시야 이동의 일례

④ 계수 규칙

현미경 시료 중 석면섬유의 계수는 계수 규칙에 따라 실시한다. 해외도 포함하면 위상차 현미경의 표준법은 많이 있지만 계수 규칙은 표준법마다 미묘하게 다르다. 기본적으로 계수 규칙은 앞에 설명한 '① 섬유의 길이 : >5 μm, ② 섬유 지름 : <3 μm, ③ 애스펙트비(섬유의 세로와 가로 길이의 비) : >3 : 1'이지만 미국의 작업환경 측정법 NIOSH7400에서는 섬유지름에 제한은 두지 않았다.

또 섬유에 입자가 부착된 경우 이전에는 부착입자의 지름이 >3μm일 때는 계수하지 않게 되어 있었지만, WHO의 표준법은 입자의 존재는 무시하고, 섬유 사이즈를 계측해 위의 3조건에 합치하는 섬유는 계수하게 되어 있다. EU는 역내 국가에서 계수 규칙을 WHO의 표준법으로 통일했다. 또, 일본에서도 환경성 매뉴얼 제4.0판은 WHO의 계수 규칙을 받아들이고 있다.

대기시료 중에서 발견되는 섬유는 다양한 형태와 구조를 갖고 있으므로 계수 규칙이 있어도 판정에 어려움이 많다. 표준법에는 다양한 형태의 섬유계수 예를 나타낸 그림이 기재되어 있으므로 이를 참고로 판정하면 좋다. 환경성 매뉴얼 제4.0판에는 WHO 표준법의 그림을 인용하고 있다.

⑤ 섬유수 농도의 산출

각각의 시료에 대해 대기 중 섬유수 농도는 다음 식으로 구한다.

$$C = (A \cdot N)/(a \cdot n \cdot V) \qquad\qquad (3.3)$$

여기서, C : 섬유수 농도 [개/L]

A : 대기시료 포집 필터의 유효 면적 [mm²]

N : 계수 섬유수〔개〕

a : 그레이티클의 계수 면적 [mm²]

n : 계수 시야수

V : 흡인 공기량 [L/mim]

(b) TEM법
① 관찰 조건
위상차 현미경의 계수 규칙을 적용해 섬유를 계수하는 경우에는 보통은 배율 1,000 ~2,000배로 관찰한다. 섬유길이 <5μm인 섬유도 계수할 때는 ISO 10312는 배율 20,000배로 하고 있지만 한층 더 고배율의 관찰도 행해진다. 가속 전압은 100kV 전후가 적당하다고 되어 있지만, 시료 두께나 상의 콘트라스트를 고려해 증감된다.

② TEM용 메시 그물코의 평균 면적 계측
ISO 10312에는 사용하는 메시의 그물코 면적의 평균값 계측에 대해 기재되어 있다. 메시는 한 변 100μm의 정방형 그물코인 것을 사용하지만, 그물코마다 편차가 있다. 계수 시야 면적은 농도의 정밀도에 영향을 준다.

③ 섬유수의 계수와 섬유 사이즈의 계측 및 섬유종의 분류
계수를 시작하기 전에 해당 시료에 요구되는 검출 하한값을 얻기 위해서 필요한 계수 그물코 수를 다음 식으로 결정해 그물코 수의 상한을 정한다.

$$k = A/(a \cdot V \cdot S) \tag{3.4}$$

여기서, k : 계수 시야수(소수점 이하는 절상)

A : 대기시료 포집 필터의 유효 면적 [mm²]

a : TEM용 메시의 한 그물코의 면적 [mm²]

V : 흡인 공기량 [L]

S : 해당 시료에 요구되는 검출 하한값 [개/L]

섬유의 계수는 시야의 1회 이동거리를 시야(형광판)의 직경보다 작게 하고, 그물코 전체를 스캔해 빠뜨리는 장소가 없게 한다. 섬유는 형태에 따라 판정하고, 섬유가 발견되면 분류를 위한 분석(EDS·ED)과 사이즈를 계측하여 결과를 기록한다. 그 섬유의 분석이 끝나면 시야를 분석 전의 위치로 되돌린다. 이 작업을 확실히 실시하지 않으면 다른 섬유를 빠뜨리거나 같은 섬유를 중복 계수할 가능성이 있다.

ISO 10312에는 각섬석 석면계의 분류에 대해 '각각의 섬유를 석면과 벽개 입자로 분별할 수 없다'고 되어 있다. 그 이유는 각섬석 석면과 벽개 입자는 원소조성과 ED 패턴이 같고, 또 각섬석이 파쇄에 의해 갸름한 입자로 갈라지기 쉬운 결정구조를 갖고 있으므로 형태에 의한 판별도 어렵기 때문이라고 생각된다.

ISO 10312에는 2종류의 섬유계수 규칙이 있다. 하나는 '섬유길이 >0.5μm, 아스펙트비 >5'를 계수 대상으로 하고 있다. 섬유지름은 전체 범위를 대상으로 하고 있어 길이의 하한값(>0.5μm)은 TEM으로는 현미경상 배경입자의 존재가 방해가 되어 길이 <0.5μm인 섬유의 검출률이 나쁘다는 미국 규격기준국(NBS)의 연구결과를 근거로 하고 있다[38]. 두 가지 규칙은 위상차 현미경법의 규칙으로 계수하는 방법이며, 계수결과는 위상차 현미경 등가값으로 부른다.

해체현장 등의 대기시료 중에는 다양한 형태를 한 섬유다발이나 섬유 덩어리가 보인다. 그러한 집합체를 ISO에서는 'structure'라는 개념을 기본으로 세세하게 분류해 집합체를 구성하는 섬유의 계수법도 정하고 있다. 이 점은 일본의 계수법과는 다르다.

시야를 벗어나는 섬유의 계수법으로서 '시야의 우측과 바닥면을 벗어난 섬유는 계수 제외로 한다'는 규정이 있다.

높은 분해능을 갖고 지극히 미세한 석면섬유까지 검출하는 TEM이지만, 짧은 섬유의 검출을 위해서 고배율로 관찰하고 있으면 긴 섬유를 간과하는 경우가 있다.

검토과제는 있지만 TEM법은 2001년 뉴욕 WTC 붕괴에 수반된 석면오염 조사에 사용되는 등 일반 환경과 실내농도 측정에 널리 사용되고 있다.

④ 섬유수 농도의 산출

농도의 산출은 위상차 현미경법의 산출식(식(3.3))으로 산출할 수 있다. 다만, 필터 공백이 있는 경우에는 식(3.3)의 N를 ($N-N_b$)로 대치한다.

또한 N_b는 블랭크 값이다.

(c) SEM법

① 관찰 조건

SEM의 전자총에는 '열전자형'과 '필드 에미션(emission)형'의 2종류가 있다. 어느 장치에서도 가속전압 15kV 정도에서 지름이 0.2μm인 석면섬유를 관찰할 수 있는 상태로 조정한다. 위상차 현미경과 동등 정도의 섬유를 계수하려고 하는 경우에는 관찰 배율 1,000배 정도로 계수가 된다. EDS 분석을 실시할 때는 그때그때 고배율로 한다. SEM에서는 현미경 상을 모니터로 관찰하므로 현미경의 배율이 같아도 모니터의 크기가 바뀌면 현미경 상의 크기도 바뀐다. 거기서 마이크로 스케일 등을 이용해 필터 위의 시야 면적을 정확하게 계측해 두지 않으면 안 된다. 또 계수 시에는 배율을 고정하고 관찰을 실시한다.

② 섬유의 계수와 섬유종의 분류

계수를 위한 배율을 결정하면 필터 중심부에 시야를 고정해 계수를 시작한다. 시야의 이동은 위상차 현미경법과 동일하게 실시한다(그림 3.37 참조). SEM상은 항상 미동 핸들을 조절해 계수하는 부위에 핀트를 맞추면서 계수를 실시한다. 섬유계수 규칙은 환경성 매뉴얼 제4.0판에서는 위상차 현미경법의 규칙을 사용하고 있다. 다만, 시야를 벗어나는 섬유의 계수 규칙은 환경성 매뉴얼 제4.0판과 ISO 14966, ISO 10312과 같다. 또 환경성 매뉴얼 제4.0판의 계수 시야수는 300시야이며, 계수 섬유수가 40개에 이르면 계수를 종료한다.

ISO 14966의 계수 시야수는 50시야에서 섬유수가 100개에 이르면 계수를 종료한다. 다만, 50시야를 계수하더라도 계수값이 100개에 이르지 않은 경우에는 100개에 이를 때까지 계수를 계속하든지, 목적하는 검출 하한값에 이를 때까지 계수를 계속한다. 다만 계수 면적이 $1mm^2$에 이르면 계수를 종료해도 좋다.

섬유가 발견되면 배율을 올려 EDS에 의한 분류를 실시한다. 섬유종의 분류는 환경성 매뉴얼에서는 다음과 같이 나뉘어 있다.

① 크리소타일
② 아모사이트
③ 크로시드라이트
④ 그 외의 각섬석계 석면
⑤ 그 외의 섬유상 물질(황산칼슘, 암면(록웰), 유리섬유)

한편, ISO 14966에서는 4종으로 분류해 석면으로 분류하는 것을 피하고 있다.

① 사문석계 석면과 같은 화학조성의 섬유
② 각섬석계 석면과 같은 화학조성의 섬유
③ 섬유상 황산칼슘
④ 그 외의 무기섬유

ISO 14966은 신중한 표현으로 그 이유를 다음과 같이 설명한다. "이 표준법에서는 'identification(동정(同定) 또는 확인)'이 아니고 'classification(분류)'이라고 하는 용어를 사용함으로써 형태·화학조성·결정구조에 근거하는 가장 확실한 석면 분류와 EDS 분석결과만으로 석면이라고 추정한 이 방법에 따르는 결론을 구별한다. 이 방법으로 찾아낸 부유섬유가 포집된 장소에 있던 벌크재와 같은 EDS 스펙트럼을 나타내 그 벌크재가 편광 현미경법이나 TEM법으로 석면이라고 분류되어 있으면 이 방법에 따르는 추정은 한층 더 확실해진다."

이 문장으로부터도 알 수 있듯이 석면의 확실한 분류는 여전히 어렵다.

③ 섬유수 농도의 산출

농도의 산출은 위상차 현미경법의 산출식(식(3.3))으로 산출할 수 있다.

[3] 분석상의 유의점

필터 위의 석면 섬유계수에서 기인하는 우연 오차에 대해 검토해 본다. 석면 사용이 금지된 오늘날 석면의 주요한 발생원은 해체공사 현장이나 석면제거 공사 현장이다. 그러한 발생원도 항상적 발생원은 아니기 때문에 일반 환경대기 중의 석면 농도는 그만큼 높지 않다고 생각된다.

일반 대기를 포집 중인 필터 위에 석면섬유가 침착되는 것은 현미경 관찰 1시야당으로 생각하면 드물게 일어나는 현상이지만 필터 전체로 생각하면 독립적으로 일정 횟수 일어나는 현상이다.

이러한 현상에는 푸아송(Poisson) 분포를 적용하는 것이 유효하다. 〈그림 3.38〉은 $1cm^2$당 $1m^3$의 대기를 흡인한 필터의 $1mm^2$를 현미경으로 계수했을 때, 섬유계수값이 $n=0, 2, 4$일 때의 섬유 농도의 확률 밀도를 그래프로 나타낸 것이다. 예를 들면 이 필터가 유효지름이 22mm였다고 하면 계수한 면적은 필터 전체의 1/380이다. 만약 계수 값이 $n=0$에서도 시야에는 섬유가 우연이었던 것인지도 모른다.

그러나, 그림으로부터도 알듯이 푸아송 분포에서는 시료채취 시의 섬유 농도가 0일 확률이 약 90%로 추정되지만, 300개/m^3 정도인 확률도 5%나 된다. $n=2, 4$인 경우가 되면 높은 농도일 확률이 점점 많아짐과 동시에 확률 밀도 곡선은 정규분포에 가까워지고 있다.

석면 섬유계수에서는 계수결과에 우연 오차가 반드시 들어간다. 그래서 석면섬유 계수값에 대해서는 푸아송 분포의 95% 신뢰구간 추정값으로 신뢰성을 보증한다. ISO 14966에는 섬유계수값에 대한 95% 신뢰구간의 상한·하한이 표로 나타나 있다. 검출 하한값도 계수값 : 0일 때의 한쪽 편 95% 신뢰구간 상한값을 사용해서 산출된다. 계수 값 1 이상에 대해서는 양측 95% 신뢰구간의 상한값·하한값이 사용되지만, 계수값 0일 때에는 하한값이 0이니까 상한값은 한쪽 편 95% 신뢰구간에서 계산된다. 그 값은 2.99이며, 검출 하한값을 계산할 때는 이 값을 계수값 0일 때의 95% 신뢰구간 상한값으로 해서 사용해 계산하면 된다.

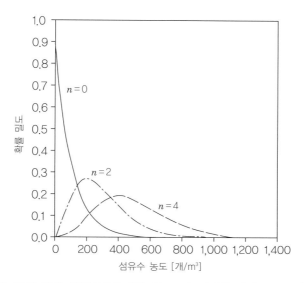

<〈그림 3.38〉> 필터 위의 석면섬유를 1변 80μm의 정방형 시야로 165시야분 계수할 때의
계수값이 $n = 0$, 2, 4가 되는 확률 밀도 곡선
가로축은 공기 중 농도로 환산한 것이다(ISO 사무국의 허가를 얻어 ISO
14966에서 인용).

또한, 신뢰도 $1-\alpha$의 신뢰구간의 상한 및 하한은 x^2 분포표를 사용해 각각 다음 식에
의해 구할 수 있다.

$$\frac{1}{2}x^2\left(2k+2\,;\frac{\alpha}{2}\right) \tag{3.5}$$

$$\frac{1}{2}x^2\left(2k\,;1-\frac{\alpha}{2}\right) \tag{3.6}$$

섬유의 계수값이 1개인 경우($k=1$)의 신뢰도 95%의 신뢰구간을 계산해 보면, $1-\alpha =$
0.95로부터 $\alpha = 0.05$가 되고, 상한은 식(3.5)로부터 $2k+2 = 4$, $\alpha/2 = 0.025$이니까 x^2
분포표로부터 자유도 4의 2.5%의 값 11.143을 얻을 수 있으므로 $1/2x^2 = 1/2$
(11.143)=5.572가 된다. 하한은 식(3.6)을 사용해 똑같이 하면 $1/2x^2 = 0.025$가 된다.
또, 계수값이 0인 경우에는 신뢰구간 상한은 한쪽 편 95%를 취하면 되기 때문에 $2k+$
$2 = 2(k=0)$, $\alpha/2 = 0.05$에서 $1/2x^2 = 2.99$가 된다.

1) 厚生労働省：シックハウス（室内空気汚染）問題に関する検討会報告書
2) 経済産業省：化学工業統計月報
3) 日本安全衛生情報センター
   http：//www.jaish.gr.jp/anzen_pg/GHS_MSD_FND.aspx
4) USEPA（米国環境保護庁）
   Integrated risk information system. http：//www.epa.gov/iris/
5) IARC（国際がん研究機関）：Monographs on the evaluation of carcinogenic risk to humans.
6) 環境省環境リスク評価室：化学物質の環境リスク評価，2010
7) 環境省環境安全課：化学物質と環境 平成12年度版，2000
8) 環境省水・大気環境局大気環境課：有害大気汚染物質測定方法マニュアル・排ガス中の指定物質の測定方法マニュアル，2008（最新版：2011）
9) U. S. Environmental Protection Agency：Compendium of Methods for the Determination of Toxic Organic Compounds in Ambient Air，2nd ed.，Determination of Polycyclic Aromatic Hydrocarbons in Ambient Air Using GC/MS, Compendium Method TO-13A（1999）
10) 田辺顕子，鈴木茂，花田喜文：浮遊粉じん中多環芳香族炭化水素類及び n -アルカン類分析のための超音波抽出の比較，分析化学，48，pp. 939-944，1999
11) 天野冴子，星純也，佐々木裕子：粒子上物質に含まれる多環芳香族炭化水素類（PAHs）の抽出法の検討と高速溶媒抽出装置（ASE）の適用の可能性，東京都環境科学研究所年報 2003年版，pp. 161-168，2003
12) 小田淳子：大気粉じん中多環芳香族炭化水素類の多成分同時抽出における超臨界流体抽出法の適用，分析化学，48，pp. 595-607，1999
13) U. S. Environmental Protection Agency：Compendium of Methods for the Determination of Toxic Organic Compounds in Ambient Air，2nd ed.，Determination of Pesticide and Polychlorinated Biphenyls in Ambient Air Using High Volume PUF Sampling Followed By GC-MD, Compendium Method TO-4A，1999
14) 環境庁保健調査室：ガスクロマトグラフ質量分析計を用いた最新環境微量物質分析マニュアル，1992
15) JIS K 0311：2005　排ガス中のダイオキシン類の測定法，日本規格協会
16) JIS K 0211：2005　分析化学用語（基礎部門），日本規格協会
17) JIS K 0102：2008　工場排水試験方法，日本規格協会
18) 平井昭司監修，社団法人日本分析化学会編：現場で役立つ環境分析の基礎，オーム社，2007
19) 平井昭司監修，社団法人日本分析化学会編：現場で役立つ金属分析の基礎－鉄・非鉄・セラミックスの元素分析，オーム社，2009
20) 河口広司・中原武利編：プラズマイオン源質量分析，学会出版センター，1994
21) 上本道久監修，社団法人日本分析化学会関東支部編：ICP発光分析・ICP質量分析の基礎と実際－装置を使いこなすために，オーム社，2008
22) 社団法人日本分析化学会イオンクロマトグラフィー研究懇談会編：役に立つイオ

ンクロマト分析，みみずく舎，2009

23）社団法人日本分析化学会：分析化学実技シリーズ　機器分析編9　イオンクロマト
グラフィー，共立出版，2010

24）Vandecasteele・Block 著，原口紘炁，寺前紀夫，古田直紀，猿渡英之訳：微量元
素分析の実際，丸善，1995

25）平井昭司監修，社団法人日本分析化学会編：現場で役立つ化学分析の基礎，オー
ム社，2006

26）関東化学編：試薬に学ぶ化学分析技術－現場で役立つ基礎記述と知識，ダイヤモ
ンド社，2009

27）環境省水・大気環境局大気環境課：有害大気汚染物質測定方法マニュアル・排ガ
ス中の指定物質の測定方法マニュアル，第1編有害大気汚染物質測定方法マニュアル，
第6章 大気中の水銀の測定方法，pp. 169-178，2008

28）有害大気汚染物質測定の実際編集委員会編： 有害大気汚染物質測定の実際（第2
版），第7章 水銀の測定方法，pp. 381-395，2000

29）環境省「水銀分析マニュアル」策定会議：水銀分析マニュアル，2004
http：//www.nimd.go.jp/kenkyu/docs/mercury_analysis_manual（j）.pdf

30）中央環境審議会大気環境部会健康リスク総合専門委員会：水銀に係る健康リスク
評価について，今後の有害大気汚染物質対策のあり方について（第7次答申），別添
2-3，2003

31）R. J. Valente, C. Shea, K. L. Humes and R. L. Tanner：Atmospheric mercury
in the Great Smoky Mountains compared to regional and global levels, Atmos.
Environ., Vol. 41, pp. 1861-1873, 2007

32）T. Zoltai and A. G. Wylie：DEFINITIONS OF ASBESTOS-RELATED
MINERALOGICAL TERMINOLOGY", In Health Hazards of Asbestos Exposure.
I. J. Selikoff, E. C. Hammond（eds），Ann. New York Acad. Sci., Vol. 330, pp. 707-
709, 1979

33）UK HSE：Fibres in air: Guidance on the discrimination between fibres types in
samples of airborne dust on filters using microscopy, MDHS 87, November, 1998

34）W. H. Walton: THE NATURE, HAZARDS AND ASSESSMENT OF
OCCUPATIONAL EXPOSURE TO AIRBORNE ASBESTOS DUST：A REVIEW,
Ann. occup. Hyg., Vol. 25, pp. 117-247, 1982

35）M. Lippmann：Effects of fiber characteristics on lung deposition, reten-tion,
and disease, Environ. Health Perspec., Vol. 88, pp. 311-317, 1990

36）J. S. Webber, A. G. Czuhanich and L. J. Carhart：Performance of Membrane
Filters Used for TEM Analysis of Asbestos, J. Occup. & Environ. Hyg. Vol. 4, pp.
780-789, 2007

37）J. Chesson and J. Hatfield：Comparison of Airborne Asbestos Levels
Determined by Transmission Electron Microscopy Using Direct and Indirect
Transfer Techniques, EPA 560/5-89-004, 1990

38）E. B. Steel and J. A. Small：Accuracy of Transmission Electron Microscopy for
the Analysis of Asbestos in Ambient Environments, Anal. Chem., Vol. 57, pp. 209-
213, 1985

제**4**장

기기분석법

4.1 가스 크로마토그래피 질량분석법

본 절에서는 가스 크로마토그래피 사중극자 질량분석계(이하, GC-QMS)의 셋업법, 초기 성능 평가법, 측정 중 성능 평가법, 정밀도 관리 데이터를 포함한 정량 데이터의 처리방법을 설명한다. 아울러 질량분리의 메커니즘에 대해서도 언급 한다.

○ 1. GC-QMS의 셋업

GC-QMS의 셋업 순서를 〈그림 4.1〉에 나타낸다.
이하, 각 공정의 내용을 순서에 따라 설명한다.

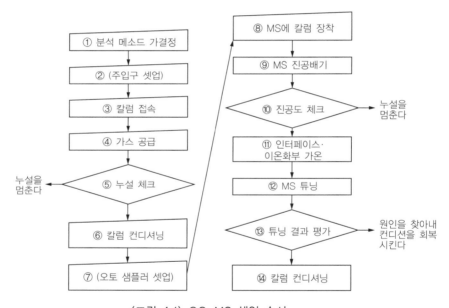

〈그림 4.1〉 GC-MS 셋업 순서

[1] GC 장치의 셋업
① 분석방법 가결정

GC 장치를 셋업하기 위해서 처음에 주입 모드, 주입구의 온도와 장착하는 칼럼을 결정한다. 참고가 되는 정보는 문헌검색이나 시료 도입장치, GC/MS 장치 제조사에 면담해 입수한다. 참고 예로서 환경성 유해 대기오염물질 측정방법 매뉴얼[1]에 기재되어 있는 GC 조건을 〈표 4.1〉에 나타낸다.

<표 4.1> GC 조건 예, 유해 대기오염물질 측정방법 매뉴얼

조건	용기 채취-가스 크로마토 그래프 질량분석법	고체흡착-가열탈착 가스 크로마토그래프 질량분석법	고체흡착-용매추출 가스 크로마토그래프 질량분석법
칼럼 액상	휘발성 유기 염소화합물 분석용 캐필러리 칼럼*	메틸실리콘 피복(WCOT) 캐필러리 칼럼	폴리에틸렌 글리콜 피복 (WCOT) 캐필러리 칼럼
칼럼 사이즈	내경 0.32mm, 길이 60m, 막두께 1.8μm	내경 0.25mm, 길이 60m, 막두께 1~3μm	내경 0.25mm, 길이 60m, 막두께 0.25μm
칼럼 오븐 승온 프로그램	40℃(4분간 유지)→ (10℃/min)→250℃ (5분간 유지)	40℃(5분간 유지)→ (4℃/min)→140℃	40℃(1분간 유지)→ (10℃/min)→200℃ 200℃
인터페이스 온도	250℃	220℃	220℃
캐리어 가스 (헬륨)유량	1mL/min	1~3mL/min	1mL/min
이온원 온도	220℃	200℃	200℃
주입구		200℃ 스플릿 (스플릿 비=1 : 20)	

* 100% 디메틸실록산, 5~20% 페닐/9 5~80% 디메틸실록산, 624계 6% 시아노프로필페닐/94% 디메틸 폴리실록산, 폴리에틸렌 글리콜 피복(WCOT) 캐필러리 칼럼 등이 있다.

② 주입구 셋업

고체흡착-용매추출-GC/MS법에서는 GC 장치의 스플릿 주입구를 사용하지만 용기 채취-GC/MS법과 고체흡착-가열탈착-GC/MS법에서는 시료 도입 기종에 따라 주입구를 사용하지 않는 경우가 있다. GC 장치의 주입구를 사용하는 경우에는 주입 모드에 대응해 라이너 및 설정 온도에 따라 셉텀을 선택해 컨디셔닝하고 장착한다.

③ 칼럼 접속
- 스플릿 주입구에 접속 : 캐필러리 칼럼은 주입구에 꽂는 캐필러리 칼럼의 길이를 장치 매뉴얼에 따라 부착한다. 길이가 맞지 않으면 크로마토그램 피크의 형상이 악화되어 감도가 나빠진다.
- 다이렉트 접속 : 캐니스터 시료 도입장치의 시료 출구는 실리콘 스틸관 또는 액상이 도포되어 있지 않은 캐필러리 칼럼이 사용되고 있다. 이것들과 GC 캐필러리 칼럼의 접속에는 유니온 또는 압입식 커넥터를 이용한다.

④ 가스 공급

캐리어 가스는 초고순도(99.99995% 이상)의 헬륨가스를 사용한다.

가스 봄베에는 내부가 스테인리스강(SUS)인 압력 조정기를 설치하고 공급압(2차압)을 0.5MPa로 설정한다. 캐리어 가스용 탄화수소 트랩과 산소 트랩을 사용하는 경우에는 로그 북을 작성해 사용한 봄베의 개수가 트랩관의 파과용량을 넘지 않게 관리한다. 캐리어 가스의 유량은 선속도로 20~40cm/s(내경 0.25mm 칼럼인 경우 0.6~1.2mL/min에 상당)로 하고, 유량 일정 설정이 가능한 기종에서는 캐리어 가스의 종류(헬륨). 칼럼 사이즈(길이, 내경, 막두께), 칼럼 항온조의 온도 프로그램을 입력해 유량(또는 선속도)을 제어한다. 외부 장착 압력 제어장치를 사용하는 경우에는 GC의 계산 기능이나 무료 계산 소프트웨어를 이용해 선속도 20~40cm/s로 캐리어 가스를 흘리는 데 필요한 칼럼 헤드압력을 계산해 그 값으로 설정한다.

⑤ 누설 체크

장착한 칼럼 출구를 헥산 등의 유기용매에 담가 버블로 캐리어 가스가 흐르고 있는 것을 확인한 후에 가스 누설 검출기를 사용해 접속부분이 누설되는지 확인한다. 누설 발견 시에는 접속부분을 다시 체결해 누설을 멈추게 한다. 다만, 지나치게 꽉 죄면 캐필러리 칼럼이 부서지므로 주의한다. 시료 도입장치의 누설 체크는 3.1절 1항(2)와 (3)을 참조.

⑥ 칼럼 컨디셔닝

칼럼 컨디셔닝(에이징이라고도 한다)은 칼럼 액상에 용해된 산소, 수분, 다른 불순물질을 제거하기 위해서 실시한다. 일반적인 조건 설정 예를 〈표 4.2〉에 나타낸다. 칼럼 설치에 사용하는 베스펠을 포함한 재질의 페룰은 컨디셔닝으로 가열하면 수축하므로 컨디셔닝 실행 뒤에 체결한다.

⑦ 액체 주입 오토 샘플러 셋업(고체흡착-용매추출-GC/MS법만)

〈표 4.2〉 칼럼 컨디셔닝 조건(칼럼 부착 시)

주입구[1]	스플릿 모드, 히터 OFF
캐리어 가스 선속도	40~80cm/s (통상 측정의 약 2배 속도)
칼럼 항온조 온도 상승 조건	초기온도 : 40℃, 머무름 시간 : 30분, 1차 온도 상승속도 : 2℃/분 , 1차 도달온도 : 80℃, 머무름 시간 : 30분, 2차 온도 상승속도 : 2℃/분, 2차 도달온도 : 실제 측정에서 채용하는 온도 상승 프로그램의 최고 설정 온도[2], 머무름 시간 : 30분.

＊1 외부 장치와 다이렉트 접속하는 경우에는 설정하지 않는다.
＊2 칼럼 사양서에 써 있는 온도 상승 프로그램에서의 내열 최고온도를 넘지 않게 설정한다.

오토 샘플러에는 용량이 5 또는 10μL인 마이크로 실린지를, 플런저의 움직임이 부드럽고 니들에 휨이 없는 것을 확인하고 나서 장착한다. 플런저의 움직임은 정기적으로 체크할 필요가 있다.

GC 공시 시료인 오토 샘플러용 바이얼의 바닥에는 흡착제 100~300mg이 들어가 있으므로 시료용액 흡인 시 니들 선단의 위치를 설정할 수 있는 오토 샘플러에 대해서는 포집제를 흡입하지 않는 위치로 설정한다. 이런 종류의 설정기능이 없는 오토 샘플러를 사용해 흡착제를 흡입하려면 추출액의 윗물을 다른 바이얼로 옮긴다.

반휘발성 유기화합물(SVOCs) 측정에서는 마이크로 실린지 세정용 용매로서 시료용매와 그것보다 용해력이 강한 다른 종류의 용매를 조합하는 경우가 많지만 VOHAPs의 측정에서는 용매 피크가 측정을 방해할 우려가 있으므로 시료용매와 동일한 이황화탄소만을 이용한다.

[2] MS장치 셋업

우선, 환경분석에서 범용되고 있는 사중극자 MS장치의 구조와 질량분리 메커니즘을 간단하게 설명한다.

사중극형 질량분석계는 이온화부, 질량분리부, 검출부로 구성된다(그림 4.2).

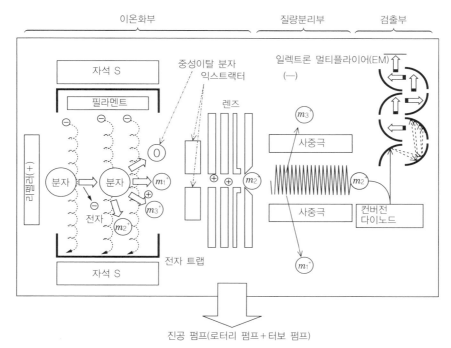

〈그림 4.2〉 사중극자 질량분석계의 기본구성

이온화부에서는 칼럼으로부터 용출하는 분자의 일부가 필라멘트로부터 방출되는 열전자에 의해 이온화되어 그 일부가 개열(fragmentation)한다. 이 이온화를 전자 이온화라고 부른다. 생성된 이온군은 압출 전극 또는 인출 전극 또는 양쪽 모두의 작용에 의해 질량분리부로 향하는 운동에너지가 주어져 렌즈를 통과하는 사이에 수렴해 사중극 로드의 중심으로 도입된다.

사중극 로드에는 고주파 전압과 직류전압이 인가되고 있어, 극성이 교대로 변화함으로써 이온은 운동방향에 대해서 수직방향의 로렌츠 힘을 받아 진동(섭동)한다. 일정한 질량 전하비(m/z)를 가진 이온은 고주파 전압과 직류전압이 일정한 범위 내(안정 진동영역)일 때에 사중극 로드를 통과할 수 있기 때문에 고주파 전압과 직류전압의 값을, 주사직선 "L"상에서 변화시킴으로써 질량분리할 수 있다(그림 4.3). 사중극자 질량분석계로 측정할 수 있는 질량 범위는 2,000amu 정도까지이고, 질량 분해능(분리할 수 있는 최소 질량차)은 대략 1amu이다.

질량분리된 이온은 가속·편향되어 컨버전 다이노드에 충돌한다. 이 편향은 중성분자를 컨버전 다이노드에 진입시키지 않기 위해 행해진다. 이온은 다이노드에 부딪히면 전자를 방출하고, 방출된 전자는 전자증배관에 의해 한층 더 증폭된다. 전자증배관에 인가하는 전압을 올리면 2차 전자의 발생량이 증가한다.

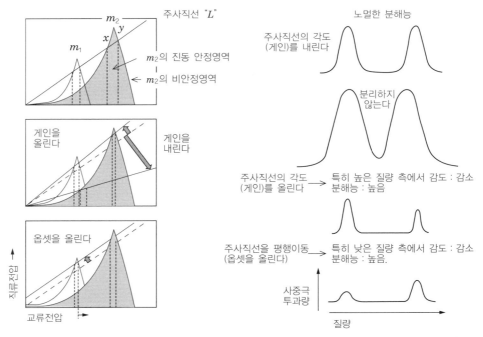

〈그림 4.3〉 사중극 동작과 질량분리 메커니즘(Mathieu의 그림 (2)를 참고로 하여 작성)

어느 정도의 전압값까지는 측정 이온 유래 전자의 증가량에 대해서 백그라운드 전자의 증가량이 적기 때문에 SN비가 좋아져 감도가 향상된다. 질량분석계의 내부는 이온이 공기분자와 충돌함으로써 운동의 궤도가 바뀌지 않고 로터리 펌프와 터보 펌프에 의해 고진공으로 유지되고 있다.

⑧ MS장치에 칼럼 장착

칼럼에 페룰을 끼운 후, 선단을 절제해 MS 내에 삽입하는 부분을 이소프로필 알코올 등을 스며들게 한 킴와이프로 닦고 부착한다. 페룰은 15% 그래파이트/85% 베스펠재를 사용한다. 그래파이트 페룰은 산소가 투과하므로 적합하지 않다. MS장치 내에 삽입하는 칼럼 선단의 위치는 장치별로 정해진 길이를 mm 단위로 장착한다.

⑨ MS장치 진공 빼기

진공 빼기를 시작하기 전에 캐리어 가스의 선속도를 측정용 선속도(20~40cm/s)로 내린다. MS장치에는 메인티넌스용 문이 붙어 있고, 문에는 홈이 있어 실리콘 패킹을 끼워 밀폐할 수 있게 되어 있다. 패킹에 부착된 먼지 등은 누설의 원인이 되므로 손가락을 사용하여 잘 닦아낸다.

⑩ 진공도 체크

고진공계를 갖춘 MS장치의 경우에는 지시값이 10^{-2}Pa 이하가 되어 있음을 확인한다. 고진공계를 갖추지 않은 장치의 경우에는 $m/z=28$의 질소가스 이온강도에 대한 $m/z=18$의 물 이온 강도비가 1/3 이하가 되어 있음을 확인한다. 단, MS를 가동시키고 나서 며칠이 경과하면 물 이온의 강도가 내려가므로 질소가스 이온의 강도와 맞추어 진공도를 판단한다.

진공도가 불충분한 때는 누설 장소를 특정해 누설을 멈추게 한다. 누설 부위를 찾는 방법으로서, 예를 들면 프론 152a가 들어간 에어 더스터를 접속장소에 분사해 프론 152a의 베이스 피크(질량 스펙트럼을 구성하는 이온 중에서 가장 강도가 강한 이온, $m/z=51$)를 모니터하면 좋다.

⑪ 인터페이스(GC/MS 접속부) 및 이온화부 가온

진공도가 충분히 내려간 것을 확인하면 MS장치의 각부를 가온한다. 진공이 불충분한 상태, 즉 산소가 남은 상태로 100℃ 이상으로 가온하면 장치 내부가 산화 손상을 입거나 부착된 오염물질이 눌어붙거나 한다.

인터페이스는 칼럼 항온조의 온도상승 프로그램의 최고온도와 같거나 또는 +10℃

로 하여, 칼럼의 내열 최고온도 이상으로 설정해선 안 된다. 이온화부 온도는 이온화 효율에 영향을 주지만, 사용하는 MS에서 VOHAPs 측정용 최적조건이 검토되어 있지 않은 경우에는 장치의 추천온도로 설정한다. 이들 이외의 파트를 가온할 수 있는 기종에서는 장치의 추천값으로 설정한다. 정량분석은 가온을 개시하고 나서 하루 기다렸다가 시작하지 않으면 안정된 결과를 기대할 수 없다.

⑫ MS 튜닝

사중극자 질량분석계에서는 진공도나 내부 오염상태에 따라 이온의 안정 진동 영역이 변화하므로 측정 전에 표준물질(퍼플루오르트리부틸아민(PFTBA) : $C_{12}F_{24}N$ 등)을 이온화실에 도입해 생성되는 주요 이온을 모니터하면서 주사직선 'L'의 기울기와 절편을 조절해 주요 이온의 강도가 각각의 질량에서 최대가 되도록 하고(질량축의 교정이라고 한다), 또한 반값 폭을 일정(보통 0.6amu)하게 한다(분해능의 조정이라고 한다). 또한 지정한 이온의 강도가 일정 값 이상이 되도록 전자증배관의 인가전압을 조정한다.

이러한 일련의 작업을 튜닝이라고 한다.

PFTBA를 이용하는 튜닝 조건에는 69~614amu를 대상으로 하는 풀(보통) 튜닝, 300amu 이하의 이온을 대상으로 하는 저질량 튜닝, 컨버전 다이노드를 장착하고 있지 않은 구식 MS로 측정한 질량 스펙트럼 라이브러리를 사용해 질량 스펙트럼 검색을 했을 때에 유사도를 올리기 위한(표준) 튜닝 등이 있다.

VOHAPs 성분 중에서 가장 분자량이 큰 것은 헥사클로로부타디엔(분자량 263.7)이므로 저질량 튜닝이 적합하다. 실제로 저질량 튜닝하면 보통의 풀 튜닝에 대해서 감도가 20% 정도 향상된다.

⑬ 튜닝 결과 평가

튜닝이 완료되면 결과가 리포트된다. 완료되지 않는 경우에는 중대한 트러블이 일어나고 있다고 생각되므로 제조사의 지시에 따라 조정한다.

튜닝 결과의 평가는 장치의 조작 매뉴얼에 기재되어 있는 기준에 따른다. 기준의 엄격도는 기종에 따라서 다르지만 다음의 평가항목은 공통된다.

- 튜닝 리포트에 표시되는 모든 이온의 질량 축 차이가 ±0.1amu 이하일 것
- 전자증배관의 전압이 전회의 튜닝 리포트에 비해 0.5kV 이상 높아지지 않을 것

튜닝 결과에 이상이 발견될 때는 MS 제조사의 지시에 따라 조정한다.

⑭ 칼럼 컨디셔닝

측정조건과 동일한 조건으로 블랭크 시료(용기포집-GC/MS법의 경우에는 가습 제로 가스, 고체흡착-가열탈착-GC/MS법의 경우에는 굽기가 끝난 포집관, 고체흡착 용매추출-GC/MS법의 경우에는 추출용매(이황화탄소))를 몇 차례 측정한다. 전회의 측정으로부터 반나절 이상의 간격을 두고 측정하는 경우에도 적어도 1회의 컨디셔닝을 실시한다.

● 2. 조건 설정 방법

(1) GC 조건

장치의 사양이나 칼럼 상태, 그리고 분석종의 구성 등에 따라 GC의 온도상승 프로그램 등의 최적조건이 다르므로 처음에는 〈표 4.1〉 등을 참고로 해 표준시료(GC-MS에 도입하는 각 성분의 질량으로서 수 ng)를 SCAN 분석해 얻어진 피크의 분리도를 평가해 GC 조건을 최적화해 나간다. 실적이 있는 GC 조건으로 측정해 얻어진 피크 형상이 나쁜(리딩이나 테일링) 경우에는 시료 도입장치의 상태 또는 캐필러리 칼럼의 성능에 문제가 있다고 생각되므로 원인을 특정해 해소한다.

분리가 불충분한 피크를 분리하고 싶을 때에는 그러한 피크가 용출되는 오븐 온도(머무름 시간과 온도상승 프로그램으로부터 계산할 수 있다)보다 20~30℃ 낮은 온도로 5분 정도의 머무름 시간을 마련하거나 혹은 그 온도로부터의 온도상승 속도를 늦춘다. 다만, 옵션의 냉각기능을 갖지 않는 GC 오븐으로 제어 가능한 최저온도는 실온 + 10℃이다. 반대로, 피크를 빨리 용출하고 싶을 때는 그러한 피크가 용출되는 온도보다 20~30℃ 낮은 온도부터 온도상승 속도를 빠르게 한다. 캐리어 가스의 선속도에 관해서는 분리를 잘하고 싶을 때에 2~3cm/s로 늦추고, 빠르게 용출하고 싶을 때에는 3~4cm/s로 빠르게 한다.

(2) 총 이온 검출(SCAN) 메소드

SCAN 분석의 개요와 기본 설정항목을 〈그림 4.4〉에 나타낸다. 설정항목은 GC-MS장치의 조작 메소드 중에서 설정한다.

여기서 이온화에너지를 70eV로 하는 것은 어느 분자의 질량 스펙트럼(프래그먼트이온의 상대강도를 막대 그래프로 나타낸 것)은 이온화에너지에 따라 변화해 이온화에너지 70eV에서 생성하는 질량 스펙트럼은 라이브러리화되고 있으므로 같은 이온화에너지로 측정해 얻을 수 있는 질량 스펙트럼을 라이브러리 검색함으로써 화합물을 확인할 수 있기 때문이다.

(3) 선택 이온 검출(SIM) 메소드

SIM 분석의 개요와 설정 항목을 〈그림 4.5〉에 나타낸다. 우선 SCAN 분석으로 얻어진 총 이온 크로마토그램(TIC)상의 피크 질량 스펙트럼을 설명하고, 라이브러리 검색에 의해 측정 대상성분 및 내부 표준성분의 머무름 시간을 확인한다(피크 어사인(할당)이라고 한다). 피크 어사인을 효율적으로 실시할 뿐 아니라, 장치의 데이터 처리 프로그램이 갖추고 있는 질량 스펙트럼의 감산 처리 커맨드. CAS 넘버 등의 화합물 정보를 사용한 질량 스펙트럼의 역순 커맨드 및 질량 크로마토그램 표시 커맨드가 도움이 된다. 표준가스(또는 시료)에 포함되는 이성체는 질량 스펙트럼 정보에 가세해 사용 칼럼과 같은 액상의 칼럼으로부터의 용출순서 정보에 근거해 할당한다.

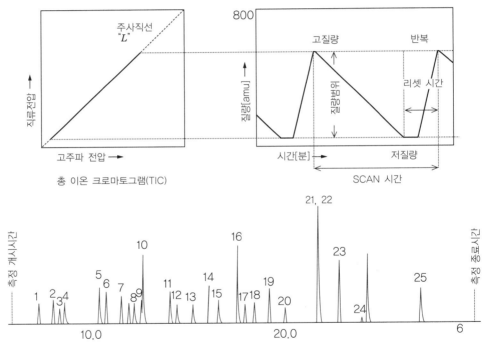

(설정항목) 질량범위 : 예−39~300amu, SCAN 시간 : 예−0.5~0.8초, SCAN 측정에서는 피크당 취득횟수가 6회 이상이 되도록 설정한다. 측정 개시시간·측정 종료시간 : 검출기(electron multiplier), 전압 : 튜닝 파일

1 : 1, 1−디클로로에틸렌	2 : 디클로로메탄	3 : 메틸 *tert*−부틸에테르
4 : *trans*−1, 2−디클로로에틸렌	5 : *cis*−1, 2−디클로로에틸렌	6 : 클로로포름
7 : 1,1,1−트리클로로에탄	8 : 사염화탄소	9 : 1,2−디클로로에탄
10 : 벤젠	11 : 트리클로로에틸렌	12 : 1,2−디클로로프로펜
13 : 디클로로브로모메탄	14 : 1,4−디옥산	15 : *cis*−1,3−디클로로프로펜
16 : 톨루엔	17 : *trans*−1,2−디클로로프로펜	18 : 1,1,2−트리클로로에탄
19 : 테트라클로로에틸렌	20 : 클로로디클로로메탄	21 : *m*−크실렌
22 : *p*−크실렌	23 : *o*−크실렌	24 : 브로모포름 내부 표준물질 :
4−브로모플루오르벤젠	25 : 1,2−디클로로벤젠	

〈그림 4.4〉 SCAN 분석의 개요(주사직선 "*L*"상의 임의의 범위를 연속적으로 변화시킨다)

다음으로 각 성분의 질량 스펙트럼 중에서 한 종류의 정량이온(타깃 이온이라고 부른다. 이 이온강도를 사용해 정량한다)과 한 종류 이상의 확인이온(레퍼런스 이온이라고 한다. 이 이온과 정량이온의 강도비가 표준가스(또는 시료)의 비와 같고(허용 오차 20% 정도), 또한 머무름 시간이 일치하면 측정 대상물질로 한다)을 지정한다. 이온 선택에서 는 비교적 큰 질량으로 선택성이 높은 이온, 강도가 큰 이온, 그리고 크로마토그래피로 분리하지 않는 성분에 대해서는 서로 공유하지 않는 이온(예 : 그림 4.7)으로 칼럼 액상 이나 실록산 등의 어느 방해성분의 간섭을 받지 않는 이온을 우선한다.

이온 선택의 특수한 예로서 1,3-부타디엔에 대해서는 전형적인 방해성분인 1-부텐의 베이스 피크 $m/z=56$을 동시에 모니터함으로써 검출된 피크에 방해성분이 오버랩하고 있는지 여부를 판정하기 쉬워져, 확인이온과 정량이온의 강도비가 일치하지 않는 원인을 해명할 수 있다.

선택이온의 소수점 이하 질량입력은 장치 매뉴얼의 지시에 따른다.

피크당 측정 횟수를 확보하면서 이온당 측정시간(드웰 시간)을 길게 함으로써 정량 정밀도를 향상시킬 목적으로 두 피크의 머무름 시간이 충분히 떨어져 있으면(기준 0.3

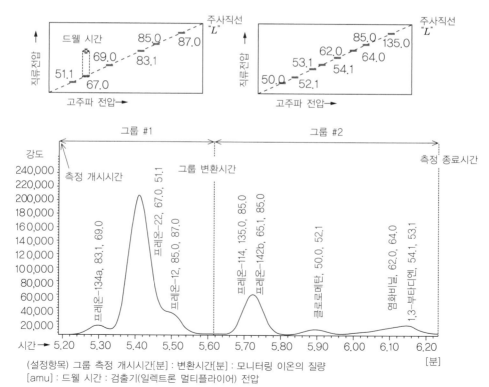

〈그림 4.5〉 SIM 측정의 개요(주사직선 "L"상의 임의의 점을 비연속적으로 변화시킨다)

매스 테이블(NIST)		
m/z	②프레온-22	③프레온-12
31	1,690	680
35	1,240	700
51	정량이온 9,999	10
85	140	정량이온 9,999
87	50	확인이온 3,260
67	확인이온 1,500	5

매스 테이블(NIST)		
m/z	②프레온-114	③프레온-142b
45	5	확인이온 3,090
65		정량이온 9,999
85	9,999	1,410
87	3,180	450
101	1,300	5
135	정량이온 6,460	
137	확인이온 1,980	

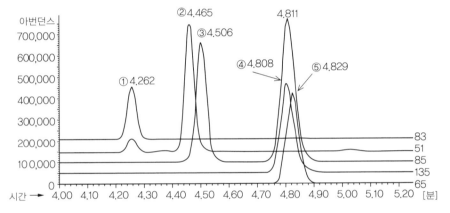

질량 스펙트럼을 테이블 표시하여 공유하지 않는다. 주요 이온을 선택한다. 예를 들면, 프레온-22와 프레온-12에 대해서는 각각 51과 67, 85와 87을 각각 선택한다.
칼럼 : Aquatic, 0.25mm×60m, 1μm(GL 사이언스사) : 승온 프로그램 : 30℃(5min)→3.5℃/min→80℃→6℃/min→120℃→15℃/min→190℃(12min)

〈그림 4.6〉 베이스 분리하지 않은 성분의 모니터링 이온 선택

분 이상) 그 중간의 시간에 측정성분을 그룹핑한다. 〈그림 4.5〉를 예로 하면 그룹#1에서는 6종의 이온을 모니터링하므로 드웰 시간을 75밀리초로 설정하면 1회의 샘플링 시간이 450+α(리셋 시간)[ms]가 되고, 크로마토그래피 피크의 베이스라인 피크 폭이 5초인 경우 피크당 대략 10회 데이터를 취득할 수 있다. 몇 개의 피크가 연속해 용출되어 그룹핑할 수 없는 경우에는 피크당 측정횟수가 10회 이상이 되도록 드웰 시간을 짧게 설정한다. 그룹마다 모니터링 개시, 종료시간, 이온질량을 나타낸 테이블을 SIM 테이블이라고 한다. MS의 프로그램에 갖춰진 SIM 테이블 자동 작성 기능은 편리하지만, 이온 선택기준이 이온강도의 대소가 많기 때문에 분석종마다 확인·수정할 필요가 있다. 그리고 그룹핑의 위치(시간)를 확인·수정할 필요가 있다.

3. GC/MS 초기성능 평가

[1] TIC상의 피크 형상, 베이스라인 체크

TIC를 표시해 피크의 대칭도, 베이스라인의 안정성, 고스트 피크 유무, 피크 프로파일(상대강도)에 대해 평가한다. 가스 크로마토그램의 피크 대칭도는 피크의 정점으로부터 베이스라인을 향해 수직선을 그어 피크 높이의 10%에서 수직선에 직교하도록 그은 선의 교점으로부터 피크와 만날 때까지의 거리 a와 b를 계측해 a/b가 0.9~1.2 사이에 있는지 확인한다.

농축장치-GC/MS 분석으로 얻을 수 있는 크로마토그램에서는 저비점 성분의 피크가 상대적으로 넓어진다. 이것은 GC 칼럼에 주입되었을 때의 콜드 트랩에 의한 칼럼 선단부에서의 농축이 효과가 없기 때문이지 장치에 문제가 있는 것은 아니다. 가열 탈착장치를 사용한 분석에서는 같은 증상이 더 명료하게 보이는 것은 콜드 트랩의 영향과 함께 저비점 성분 쪽이 트랩관에 넓게 분포하기 때문에 탈착했을 때 시료 밴드 폭이 넓어지기 때문이다.

베이스라인의 드리프트(온도상승에 따른 상승)가 발견되는 경우에는 칼럼의 컨디셔닝을 몇 차례 반복한다. 이 처리로 베이스라인 드리프트가 개선되지 않는 경우에는 칼럼의 양단을 각각 50cm 정도 잘라내고 셋업을 다시 한다. 그런데도 베이스라인 드리프트가 해소되지 않는 경우에는 그 칼럼을 폐기하고 다른 칼럼을 시험한다.

〈그림 4.7〉의 TIC는 농축장치의 밸브가 유기물로 오염되었을 때 TO-17 표준가스의 TIC 후반 부분이다. 그림 하단의 TIC는 시료 도입장치를 유지보수한 후에 TO-14＋아크릴로니트릴 표준가스를 측정한 것이다. 트리클로로에틸렌 이후에 용출하는 성분으로, 두 표준가스에 공통되는 성분에 번호를 붙였다. 두 TIC의 피크 프로파일을 비교하면 ① 트리클로로에틸렌과 ② 1,2-디클로로프로판의 대소 관계. ⑯ 메타-디클로로벤젠과 ⑲ 오르토-디클로로벤젠의 대소 관계 ⑳ 1,2,4-트리클로로벤젠의 존재 비율에 명료한 차이가 있다. 이와 같이 다성분 일제 분석으로 얻을 수 있는 피크 프로파일은 장치의 성능을 평가하는 지표로서 유효하다(이외의 예는 참고문헌 3을 참조).

[2] 검량선 작성과 직선성 평가

검량선 작성용 농도 계열 표준가스(1항 [2]) 또는 표준시료(1항 [3]과 [4])를 SIM 측정해 검량선을 작성한다. 여기서 입력하는 데이터는 화합물 테이블(측정 성분명, 머무름 시간, 정량과 확인이온의 질량, 정량이온과 확인이온의 강도비, 강도비의 허용 폭, 사용하는 내부 표준물질의 종류 지정), 검량선의 종류(가중치 있음, 없음, 1차, 2차) 및 측정한 표준 시료 데이터 파일명과 농도이다.

데이터 처리 프로그램의 자동 적분에서는 기울기(강도 차이/시간 차이)가 지정값보

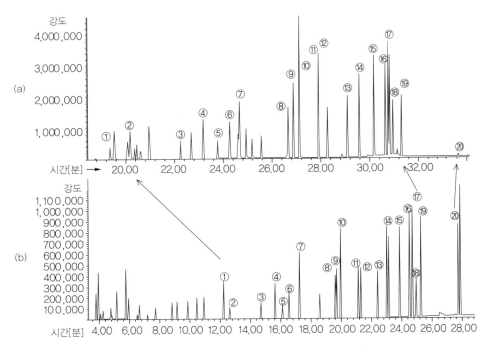

① 트리클로로에틸렌
② 1,2-디클로로프로판
③ 시스-1,3-디클로로프로펜
④ 톨루엔
⑤ 트랜스-1,3-디클로로프로판
⑥ 1,1,2-트리클로로에탄
⑦ 테트라클로로에틸렌
⑧ 클로로벤젠
⑨ 에틸벤젠
⑩ 메타-파라-크실렌
⑪ 오르토-크실렌
⑫ 스틸렌
⑬ 1,1,2,2,-테트라클로로에탄
⑭ 1,3,5-트리메틸벤젠
⑮ 1,2,4-트리메틸벤젠
⑯ 메타-디클로로벤젠
⑰ 파라-디클로로벤젠
⑱ 벤질클로라이드
⑲ 오르토디클로로벤젠
⑳ 1,2,4-트리클로로벤젠

(a) 밸브가 유기물로 오염되어 크라이오포커스 모듈 탈착 온도가 낮은 시료 도입장치를 사용해 TO-17 표준시료를 측정(TIC의 후반)
(b) 메인티넌스한 시료 도입장치를 사용해 TO-14＋아크릴로니트릴 표준시료를 측정
　(TIC 전체)
사용 칼럼 ：DB-624(6% Cyanopropylphenyl 94% Dimethylpolysiloxane, J & W Scientific)：
측정 조건 35℃(5min). 3.5℃/min, 80℃. 6℃/min, 120℃, 15℃/min, 220℃(5min) Pulsed split(40psi, 1min)

〈그림 4.7〉 TIC의 피크 프로파일에 근거한 시스템의 진단

다 커지면 피크 개시점 부근, 계속 기울기가 플러스인 동안에는 피크 상승 중, 기울기가 제로가 된 위치가 정점, 기울기가 마이너스인 동안에는 피크 하강 중, 기울기가 지정값보다 작아지면 피크의 종료점 부근, 기울기가 제로가 되면 베이스라인으로 돌아온

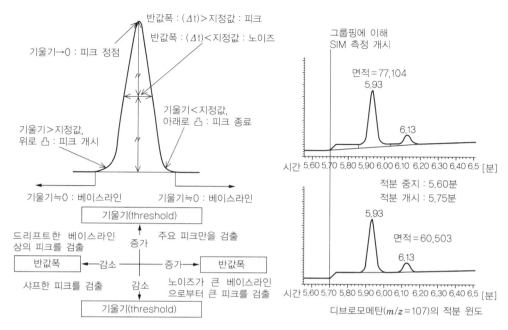

〈그림 4.8〉 자동 적분의 개요와 SIM 측정에서 일어나기 쉬운 적분 실수

것으로 하여 피크인지 아닌지를 판정한다. 그리고 기울기를 사용한 피크 판정만으로는 강도가 조금씩 변화하는 노이즈를 피크로 인식하므로 반값폭이 지정값보다 클 때에 피크, 작을 때에 노이즈로 판정한다(그림 4.8). 자동 적분기능을 사용해 적정하게 적분하려면 기울기(thereshold)와 반값폭을 시료의 피크 사이즈에 대해 적당한 값을 입력할 필요가 있다. 또, 적분 윈도 안에 그룹핑 개시점 혹은 종점이 있으면 이 그림 오른쪽 위의 예와 같이 베이스라인을 긋는 경우가 많기 때문에 피크 적분의 베이스라인은 전체 시료에 대해 성분마다 순서대로 확인할 필요가 있다.

작성한 1차 회귀직선의 검량선 직선성의 평가기준은 r^2값이 0.99 이상, 모든 검량점에서 괴리도(乖離度)가 ±15% 이내로 한다. 절편에 대해서는 벤젠이나 톨루엔 등 실내 공기로부터의 오염을 없앨 수가 없는 성분에서는 항상 양(+)의 값이 된다. 이러한 성분에도 대응할 수 있는 절편의 평가기준으로서 동량의 내부 표준물질을 주입한 종전의 절편값과 비교해 이상값(異常値)이 되어 있지 않은 것으로 한다.

고체흡착-용매추출-GC/MS법에서는 포집관의 흡착제로부터의 추출률에 대응해 검량선을 구한다. 1항 [4]에 나타낸 방법으로 포집관에 표준가스를 통기해 전처리해 얻을 수 있는 시험액을 표준액 상대 검량선을 사용해 정량해서 다음 식을 사용해 추출률을 계산한다.

$$추출률 [\%] = (정량값/이론\ 농도) \times 100$$

여기서, 이론 농도 : 첨가한 VOHAPs가 100% 회수되었다고 가정했을 경우의 검액 농도[ng/mL]

얻어진 추출률이 80% 이상인 성분은 표준액을 분석해 작성한 상대 검량선을, 80% 미만인 성분은 표준가스를 첨가한 포집관을 분석해 작성한 상대 검량선을, r^2값, 괴리도(乖離度), 절편에 대해 위 설명의 기준으로 평가한다.

[3] 장치 검출 하한값(IDL)·정량 하한값(IQL) 산출

장치의 검출 하한값과 정량 하한값을 산출하는 시험은 최저농도의 검량선 작성용 표준가스(또는 시료)를 5회 이상 측정, 정량한다. 얻어진 표준편차* (σ_{STD})의 3배 및 10배를 각각 장치의 검출 하한값(IDL), 장치의 정량 하한값(IQL)으로 한다. IQL은 목표 정량 하한값 미만일 필요가 있다(각 분석법마다 시료의 농축률을 고려한다).

다만, IDL과 IQL의 산출을 위해서 측정하는 표준가스(또는 시료)의 농도에 따라 IDL와 IQL은 변화하므로 얻어진 값이 너무 클 때는 시험농도를 낮게 하는 것을 검토한다. 시험농도를 내려도 목표 정량 하한값 미만으로 내려가지 않는 경우에는 장치의 재현성능 등이 의심되므로 제조사의 의견을 반영해 유지보수한다.

● 4. 측정 중의 장치성능 평가

[1] 머무름 시간의 변동 확인

GC측정법의 머무름 시간 변동 허용 폭은 24시간 내의 절대 머무름 시간 변동이 ±5% 이하, 상대 머무름 시간 변동이 ±2% 이하로 되어 있다[1].

절대 머무름 시간의 변동 V_a [%] 및 상대 머무름 시간의 변동 V_r [%]는 다음 식을 사용해 계산한다.

$$V_a[\%] = (Rt_t/Rt_0) \times 100$$
$$V_r[\%] = (Rt_t/Rt_{IS})/(Rt_0/Rt_{0IS}) \times 100$$

Rt_t : 평가대상의 측정에서 성분 "A"의 머무름 시간[min]

Rt_0 : 기준이 되는 측정에서 "A"의 머무름 시간[min]

Rt_{tIS} : 평가대상의 측정에서 내부 표준의 머무름 시간[min]

Rt_{0IS} : 기준이 되는 측정에서 내부 표준의 머무름 시간[min]

---

* 불편분산의 제곱근 $\sigma_{STD} = [(x_i - X)^2/(n-1)]^{1/2}$

x_i : 표준값, X : 표준의 평균값, n ; 표본 수

[2] 감도의 변동 확인 시험

검량선 작성 시부터(시료 도입장치-) GC-MS의 감도가 ±20% 이상 변화하지 않음을 시험한다.

(1) 시약

검량선 작성용 농도 계열 표준시료의 중간 농도인 것.

(2) 조작

① 검량선을 작성한 후, 최장 24시간 내에 중간 농도의 표준시료(가스)를 분석하고, 전의 검량선을 사용해 정량한다.

② 변동률을 다음 식을 사용해 구한다.

변동률[%] = (정량값-표준시료 농도)/표준시료(가스)의 농도×100

감도가 ±20% 이상 변화했을 때는 검량선을 다시 작성해 재정량한다.

유해 대기오염물질 측정방법 매뉴얼[1]에서 목표의 감동 변동 허용폭으로서 ±10% 이내가 제안되고 있어 감도 변동이 10~20%의 사이에 있는(시료 도입장치-) GC-MS 시스템은 감도 변동폭을 작게 하는 조치를 검토할 필요가 있다. 감도 변동은 작업효율을 떨어뜨리는 심각한 문제이므로 감도 변동 기준을 명확히 하기 위해서 다음의 사항을 고려해 감도 변동시험을 실시하면 된다.

• MS 튜닝은 MS의 감도를 바꾸므로 검량선 작성 후에는 튜닝을 실시해선 안 된다.

• 내부 표준강도를 측정할 때마다 체크해 장치 고유의 감도 변동 경향을 파악한다. 예를 들면, MS 튜닝의 직후에는 감도가 변동하기 쉬운 경향이 있으므로 검량선 작성용 표준가스의 분석은 튜닝을 실행한 후 몇 개의 검체를 측정하고 나서 개시한다.

• GC-MS 장치를 수 시간 사용하지 않은 후의 최초 측정은 사용하지 않았던 사이에 시스템에 축적된 방해물질의 영향을 받아 정량값이 분산하는 경우가 많다. 측정간격이 비었을 때는 검량선 확인용 표준시료를 2회 연속으로 분석해, 두 번째 데이터를 사용해 변동 %를 구한다.

5. 데이터 처리

(1) 자동 피크 분류·적분 결과의 검증

환경시료 내의 VOHAPs 농도는 GC/MS장치의 데이터 처리 프로그램에 의해 정량·확인이온이 자동 할당·적분되지만 분석자에 따른 시료별·피크별 할당과 베이스라인의 확인이 불가결하다. 특히, 분석종의 피크와 방해성분 피크가 겹쳤을 때는 수직 분할하는 것, 백그라운드에서 백그라운드로 베이스라인을 긋는(그림 4.8 오른쪽 그림) 것, 하나의 검사 대상물체에서 부적절한 베이스라인을 그은 성분은 다른 검사 대상물체에서도 베이스라인이 부적절한 경우가 많기 때문에 중점 체크한다. 머무름 시간의 변동기준(4항 [1])은 피크 할당의 잘못이 없는 것이 필요조건이며 충분조건이 아닌 것(잘못된 검출력이 약하다)에 유의한다.

(2) 정밀도 관리 시험(조작 블랭크, 회수시험, 트래블 블랭크, 이중측정) 결과의 평가

각 정밀도 관리 시료는 대기시료와 같은 방법으로 정량한다.
- 조작 블랭크 시험 : 기준값 또는 지침값이 설정되어 있는 성분의 농도가 목표 정량 하한값(표 1.3의 값의 10분의 1) 미만이면 합격으로 한다. 합격하지 않은 경우에는 세정을 반복한 후 재조작 블랭크 시험을 실시한다. 합격하지 않은 캐니스터, 포집관은 시료채취에 사용하지 않는다.

회수시험(표 3.1 참조)에서는 용기포집용 캐니스터의 회수율 ≥80%이면 캐니스터의 사용을 인정한다. 다만, 80%를 조금 웃도는 정도이면 회수시험을 반복 실시해 확실히 80% 이상이 되면 캐니스터의 사용을 인정한다. 70%≤회수율<80% : 전회의 시험으로부터 이번 시험까지 이 캐니스터를 사용해 측정한 데이터를 적용해도 좋지만, 이후의 캐니스터 사용을 인정하지 않는다. 캐니스터 회수시험 결과는 기록에 남겨 측정 데이터에 첨부한다. 회수율 <70% : 전회의 시험으로부터 이번 시험까지 이 캐니스터를 사용해 측정한 데이터를 흠이 있는 측정결과로 한다.

고체흡착-가열탈착-가스 크로마토그래피 질량분석법의 회수(파과)시험에서는 표준가스를 첨가한 포집관의 첫 번째와 두 번째 정량값의 비(두 번째/첫 번째)가 20% 이상인 경우를 불합격으로 하고, 그 원인(포집제의 성능 등)을 특정해 해소한다. 그런데도 합격하지 않는 성분에 대해서는 측정 불능으로 한다.

고체흡착-용매추출-가스 크로마토그래피 질량분석법의 회수(파과)시험에서는 정량값이 정량 하한 이상인 성분의 농도비(후단 포집제의 정량 농도/전단 포집제의 정량 농도)가 0.32 미만(포집효율 80% 이상에 상당한다)이면, 같은 배치로 채취한 시료의 정량값을 채용한다. 농도비가 0.32 이상인 경우에는 그 성분을 흠이 있는 측정결과로 한다.

- **이중측정 시험** : 시료채취량의 차이를 고려할 필요가 있으므로 대기시료 농도[μg/m³]당 검사 대상물체의 농도를 사용해 평가한다. 정량 하한값 이상으로 측정된 성분의 농도 차이 D[%]는 다음 식을 사용해 계산한다.

$$D[\%] = (C_1 - C_2)/((C_1 + C_2)/2) \times 100$$

  C_1, C_2 : 시료 농도, 2개 이상의 시료 측정값이 있는 경우에는 최솟값과 최댓값을 이용한다 [μg/m³]

허용범위는 $-30\% \leqq D + 30\%$로 한다. 농도 차이가 허용범위를 초과할 때는 흠 있는 결과로 취급하고, 원인을 특정해 개선 조치를 취한 후에 다시 시료를 채취한다.

- **트래블 블랭크 시험** : 트래블 블랭크 값이 조작 블랭크 값보다 높은 경우 트래블 블랭크 값을 사용해 정량 하한값을 산출한다. 그 값이 목표 정량 하한값(표 1.3의 값의 10분의 1) 미만이면 환경시료의 농도는 시료의 정량값에서 트래블 블랭크 시료농도의 평균값을 빼서 구한다. 정량 하한값이 목표 정량 하한값 이상이고, 시료 농 도로부터 트래블 블랭크 값을 감산한 값이 정량 하한값 미만이 되는 경우에는 시료를 재포집한다.

  시료 농도에서 트래블 블랭크 값을 감산하려면 트래블 블랭크 시료 농도의 평균 값이 전체 시료 측정에서 오염농도를 대표하는 것이 전제가 된다. 3개 트래블 블 랭크 시료의 대표성에 문제가 있는 경우에는 원인해소와 아울러 트래블 블랭크 시 험 시료 수를 늘리는 것을 검토한다.

[3] 결과 보고

환경농도는 표준상태(20℃ 1[기압])의 공기 중 농도로 환산해 시료 농도에서 조작 블 랭크의 평균값을 빼서 얻어진 농도를 측정법의 검출 하한값(MDL) 및 측정법의 정량 하한값(MQL)과 비교해 각각의 대소를 알 수 있도록 보고한다.

시료의 정량값[μg/m³]으로부터 조작 블랭크 또는 트래블 블랭크 값의 평균값[μg/m³]을 감산한 농도가 MDL 미만인 경우는 MDL 미만으로 보고한다. 감산한 농도가 MDL 이상 MQL 미만인 경우에는 농도를 괄호 쓰기로 보고한다. 감산한 농도가 MQL 이상인 경우에는 그 값을 보고한다. 보고값은 3자릿수째를 반올림해 2자릿수로 보고한 다.

연 평균값은 매월 측정결과의 산술 평균값으로 한다. 다만, MDL 미만인 데이터는 검 출 하한값의 1/2값을 이용해 평균값을 산출한다. 평균값이 MDL 미만인 경우에는 '불검 출'로 한다. 결측월(欠測月)이 있으면 측정한 월수를 괄호 안에 써 평균농도로 부기한 다. 그리고 시료채취 지점의 분류(일반 환경, 도로 주변, 발생원 주변)를 부기한다.

4.2 액체 크로마토그래피 및 액체 크로마토그래피 질량분석법

● 1. 액체 크로마토그래피법(HPLC)의 원리

[1] 머리말

액체 크로마토그래피는 고정상으로서 고체를 이동상으로 하여 액체를 사용하는 크로마토그래피이며, 피검성분의 고정상과 이동상에 대한 친화성 차이에 따라 분리를 한다. 가스 크로마토그래피(GC)로 측정이 곤란한 난휘발성물질이나 열적으로 불안정한 물질도 HPLC로는 측정할 수가 있어 단백질, 무기 이온, 고분자 폴리머 등의 분석에도 사용된다. 캐필러리 칼럼을 사용한 GC에 비해 피크 폭이 넓은 것이 약점이지만, 최근에는 고정상 칼럼 충전제의 입자 지름을 작게 함으로써 분해능이 높은 분석이 가능해졌으며, 초고속 액체 크로마토그래피(UHPLC : Ultra High Performance Liquid Chromatography)도 빠르게 보급되고 있다.

[2] HPLC의 구성

HPLC의 구성을 〈그림 4.9〉에 나타냈다. 리저버에 들어 있는 이동상(용리액이라고도 한다)은 탈기장치를 거쳐 펌프를 통과해 분리부로 흘러간다. 매뉴얼 혹은 오토 인젝터에 의해 분석시료가 주입되고, 칼럼에 의해 각 성분은 분리되어 검출기에서 시그널이 관측된다.

크로마토그래피에서는 머무름 시간이 물질을 확인하기 위한 중요한 지표이기 때문에 값이 안정되어 있는 것이 중요하다. 또, 검출기에서 방해가 되는 시그널이 나오지 않아야 높은 정밀도로 분석할 수 있다. 한편 트러블이 적은 우수한 장치여야 한다. HPLC 시스템은 이러한 요구를 만족시키기 위한 기능을 가지고 있다. 탈기장치는 여러 가지 분석상의 트러블을 일으키는 이동상 중의 용존공기를 뽑아내기 위해서 장비되어 있다.

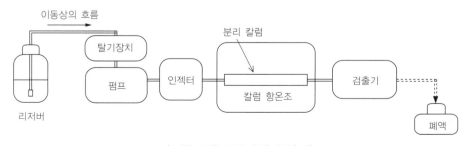

〈그림 4.9〉 HPLC의 구성 예

최근에는 소형 고분자막 투과형 탈기장치가 일반적으로 사용되고 있다.

펌프 시스템은 저압 그래디언트형과 고압 그래디언트형으로 분류할 수 있다(그림 4.10). 저압 그래디언트형에는 2종류 이상의 이동상을 시간마다 바꾸어 통과시키는 전자 밸브 뒤에 펌프가 위치해 있다.

고압 그래디언트형에는 한 종류의 이동상을 1대의 펌프가 흡인·배출해, 펌프 뒤에 균일하게 혼화하기 위한 믹서가 존재한다. 펌프는 항상 일정한 유량으로 이동상을 흘리기 위해서 더블 플런저 방식을 택하고 있는 것이 많다. 각 플런저 전후에는 역류를 막기 위한 인렛 및 아웃렛 밸브가 장비되고 있다.

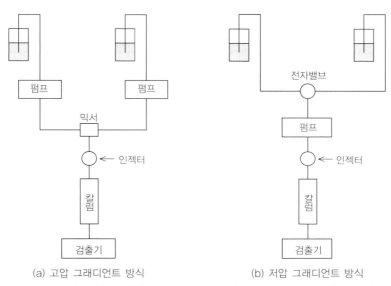

(a) 고압 그래디언트 방식　　　(b) 저압 그래디언트 방식

〈그림 4.10〉 고압 그래디언트 및 저압 그래디언트형 펌프 구성의 모식도

인젝터에는 수동 및 자동형이 존재하지만 정량분석에는 자동형 오토 인젝터를 사용하는 경우가 많고, 매뉴얼(수동형) 인젝터는 정제 목적으로 HPLC를 사용하는 경우에 선택된다.

바이얼에 넣은 측정용 시료를 니들로 일정량 흡인한 후, 니들 외벽은 니들 세정액으로 세정되어 캐리오버(전회 분석한 성분이 잔존해 이번 분석에 반영되는 것)를 일으키지 않는 구조로 되어 있다. 니들은 인젝션 포트에 접속되어 흡인된 시료액은 전량 칼럼에 주입된다.

칼럼은 일정 온도로 유지하기 위해서 칼럼 항온조 내에 설치된다. 온도에 따라 머무름 시간이 변화하기 때문에 온도의 안정성은 중요하다. 일반적인 정량분석에 사용되는 칼럼은 내경 4.6mm, 길이 150~250mm의 스테인리스강 혹은 수지성 원통형 용기에 입자지름 3~5μm의 충진제를 채운 것이다. 분리 칼럼을 오래 가게 하기 위해서 프리 칼럼이나 가드 칼럼을 전단에 접속하는 경우도 있다. 칼럼에서의 분리원리에 대해서는 후에 설명한다.

액체 크로마토그래피로 사용되는 대표적인 검출기를 〈표 4.3〉에 나타낸다. 가장 널리 사용되고 있는 자외·가시 흡광광도 검출기는 가격도 싸고, 광범위한 종류의 물질을 ppb(μg/L) 레벨로 검출할 수 있지만, 측정 대상물질과 같은 파장의 빛을 흡수하는 물질은 모두 검출되기 때문에 칼럼에서의 분리가 요구된다.

최근에는 똑같이 자외·가시 영역의 흡광도를 측정하지만, 측정파장 범위를 설정해 일정 시간마다 흡수 스펙트럼을 채취할 수 있는 포토다이오드 어레이 검출기(다파장 검출기)가 더 일반적으로 사용되고 있다. 각 피크의 흡광도뿐만 아니라 스펙트럼을 얻을 수 있으므로 물질의 확인이나 방해성분의 유무 판단에 유효하다. 유해 대기오염물질의 측정에 있어서 2,4-디니트로페닐히드라진(2,4-DNPH)으로 유도체화한 포름알데히드 및 아세트알데히드의 검출에는 자외·가시 흡광광도 검출기 혹은 포토다이오드 어레이 검출기가 사용되고 있다.

형광 검출기는 형광을 발하는 물질의 검출에 한정되어, 벤조[a]피렌 등의 다환 방향족 탄소류의 측정에 사용된다. 물질에 따라 여기파장과 형광파장(검출파장)을 설정해 선택성이 높은 검출을 할 수 있고, 또한 매우 높은 감도를 얻을 수 있다는 이점이 있다. 전기전도도 검출기는 전기전도성이 있는 물질의 검출에 사용되고, 유기산이나 산성비 관련 이온(NO_3^-. SO_4^- 등) 등을 측정할 때에 사용된다. 선택성이 낮기 때문에 칼럼에서 분리해야 한다.

〈표 4.3〉 대표적인 액체 크로마토그래프 검출기(질량분석기는 제외)

검출기(약칭)	측정 대상물질	감도	선택성	그래디언트 분석
자외·가시 흡광광도 검출기 (UV-Vis 검출기)	자외·가시 흡수가 있는 물질	중간(ppb 레벨)	중간	가능
포토다이오드 어레이 검출기 (PDA)	자외·가시 흡수가 있는 물질	중간(ppb 레벨)	중간	가능
형광 검출기(FLD)	형광성 물질	높음(ppt, ppb 레벨)	높음	가능
전기전도도 검출기(CD)	이온 등의 전기 전도성 물질	중간(ppb 레벨)	중간	가능
시차굴절률 검출기(RID)	광범위한 물질	낮음(ppm 레벨)	낮음	어렵다
증기화 광산란 검출기(ELSD)	광범위한 물질	중간(ppb 레벨)	낮음	가능
전기화학 검출기(ECD)	산화 또는 환원성 물질	높음(ppt, ppb 레벨)	높음	어렵다

[3] 분리의 기본

고속 액체 크로마토그래피를 분리 기구에 따라 분류하면 흡착, 분배, 이온 교환, 이온 배제 및 어피니티 크로마토그래피가 있다. 또, 이동상과 고정상의 극성 높낮이에 따라 분류하면 순상 및 역상 크로마토그래피가 있다. 순상 크로마토그래피는 고극성(친수성)의 고정상(예 : 실리카겔, 알루미나)과 비극성(소수성)의 이동상(예 : n-헥산, 디에틸에테르)을 사용한다. 한편, 역상 크로마토그래피는 비극성(소수성)의 고정상(예 : 옥타데실기 결합 실리카겔(ODS) 〈그림 4.11〉 참조)과 높은 극성(친수성)의 이동상(예 : 아세토니트릴/물(1/1))을 이용한다. 이와 같이 역상에서는 고정상과 이동상의 극성 높낮이 관계가 순상인 경우와 역전되기 때문에 역상으로 부르고 있다.

역상 크로마토그래피는 칼럼의 안정성, 쉬운 사용성, 운전비용 등에서 뛰어나 정량 분석에 가장 많이 사용되고 있는 크로마토그래피이다. 역상 크로마토그래피에서 용질은 친수성인 것부터 차례로 용출되어 나온다. 이동상인 아세토니트릴/물의 아세토니트릴 비율을 올리면 이동상의 소수성과 함께 용출력이 증대하기 때문에 고정상에 머무르는 힘이 강한 소수성 물질을 용출할 수 있다. 또한, 이동상의 용매 조성이 일정한 상태에서 분석하는 방법을 아이소크라틱 용리, 시간이 지나면서 용출력이 강한 용매의 비율을 올려 가는 방법을 그래디언트 용리라 부른다. 그래디언트 용리는 다성분 동시분

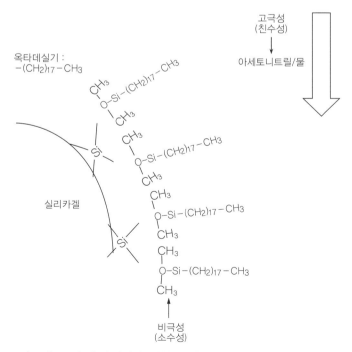

〈그림 4.11〉 옥타데실기 결합 실리카겔의 표면 화학구조 모식도

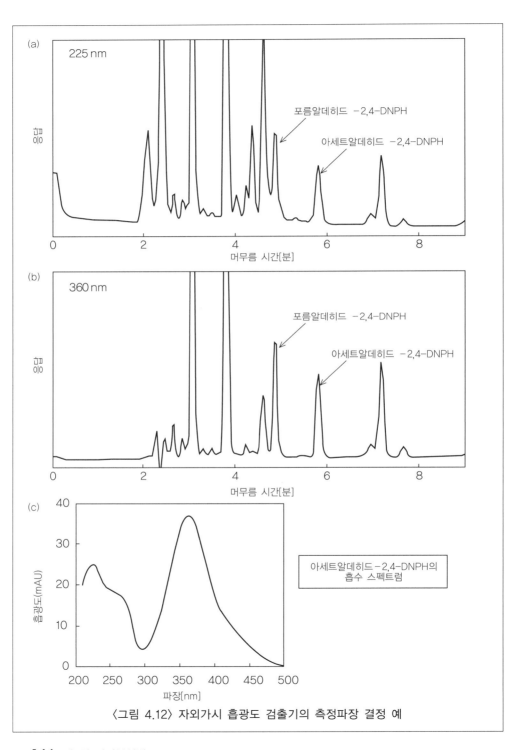

(a) 225 nm

흡응

포름알데히드 −2,4−DNPH

아세트알데히드 −2,4−DNPH

머무름 시간[분]

(b) 360 nm

흡응

포름알데히드 −2,4−DNPH

아세트알데히드 −2,4−DNPH

머무름 시간[분]

(c)

흡광도(mAU)

아세트알데히드−2,4−DNPH의
흡수 스펙트럼

파장[nm]

〈그림 4.12〉 자외가시 흡광도 검출기의 측정파장 결정 예

석 시 아이소크라틱 용리를 이용하면 머무름 시간이 벌어져 있는 성분을 분석하는 데 적합하다.

[4] 검출파장의 결정

자외·가시 흡광광도 검출기에서 검출파장(측정파장)으로서 보다 고감도로 측정하기 위해서 물질의 흡수 스펙트럼(측정 용액은 이동상과 합한다)으로부터 흡수 극대파장을 선택하는 경우가 많지만, 선택성 및 조작성에 대해서도 고려할 필요가 있다. 〈그림 4.12〉를 예를 들면, 알데히드류인 2,4-DNPH 유도체의 흡수 극대파장은 225nm 및 360nm 부근이지만, 단파장 측인 225nm에서는 많은 불순물의 흡수가 있기 때문에 선택성은 낮아진다. 또 조작성에 있어서도 베이스라인이 안정되기 힘들다는 결점이 있다. 장파장 측의 360nm를 선택하면 불순물의 피크도 적고 분리조건의 검토에 시간을 들일 필요도 없는 동시에 베이스라인도 안정된다.

형광 검출기를 사용하기 위해서는 여기파장과 형광파장의 2개를 우선 결정하지 않으면 안 된다. 선택한 파장에 따라 감도가 크게 좌우된다. 일반적으로는 〈그림 4.13〉의 순서에 따라 각 파장을 결정한다. 다만, 일반적으로 형광 스펙트럼에는 형광물질 유래의 형광 이외에 다양한 방해신호가 검출된다. 예를 들면, ① 여기파장 부근에 나타나는 여기 산란광(레일리 산란), ② 2차 산란광(여기파장 2배의 파장), ③ 용매 유래의 라만(Raman)광 등이다. 이동상 용매만의 형광 스펙트럼을 미리 측정하여 ③의 빛과 겹치

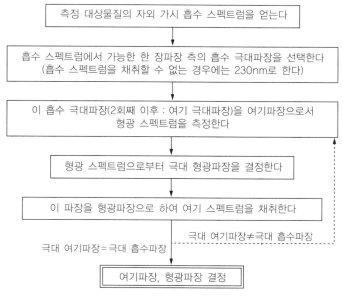

〈그림 4.13〉 형광 검출기의 여기파장 및 형광파장 결정 방법 예

지 않는 형광파장을 선택할 필요가 있다.

[5] 분리의 최적화

가장 널리 사용되고 있는 역상 크로마토그래피에서의 분리 최적화 순서 예를 이하에 나타낸다.

(1) 이동상의 유기용매 비율을 변화시킨다

역상 크로마토그래피에서는 이동상의 유기용매 비율을 낮추면 이동상의 소수성은 감소해, 각 측정 물질의 용출시간이 늦어지고 피크 간격도 넓어진다.

(2) 이동상 완충액의 pH를 변화시킨다

역상 크로마토그래피에서는 분석 대상물질이 카르본산 등의 산성 물질이나 아미노기를 가지는 알칼리성 물질인 경우에는 유기용매와 혼화하는 수계 이동상 용액의 pH가 머무름 시간에 큰 영향을 준다. 이동상의 pH에 따라 산성이나 알칼리성 물질의 해리상태가 변화하기 때문이며, 완전하게 해리하면 머무름 시간은 최단이 된다. 또한, 일반적으로는 실제 시료 용액을 주입함으로써 이동상의 pH가 변화하지 않게 인산-인산수소나트륨, 초산-초산암모늄계 등의 완충액을 이용한다.

(3) 칼럼 온도를 바꾼다

일반적으로 칼럼 온도를 올리면 머무름 시간이 짧아지는 물질이 많지만, 일률적으로 빨라지는 것은 아니고 물질에 따라 그 정도는 다르다. 칼럼 온도를 5℃ 정도 변화시킴으로써 분리의 미세 조정이 가능한 경우도 있다.

(4) 기타(유기용매의 종류, 칼럼 등)

사용하고 있는 유기용매를 메탄올에서 아세토니트릴로 바꾸거나 또 반대로 아세토니트릴에서 메탄올로 바꾸어 분석을 시도한다. 일반적으로 용출력은 메탄올보다 아세토니트릴 쪽이 강하지만 일률적으로 머무름 시간이 빨라지는 것은 아니고, 용출 패턴이 변화하는 경우가 있다. 그 밖에 아세토니트릴보다 용출력이 한층 더 강한 테트라히드로푸란을 이동상에 5~10% 정도 첨가함으로써 분리의 미세조정이 가능할 수도 있다.

지금까지의 단계에서 아직 목적하는 분리를 얻을 수 없는 경우에는 칼럼을 교환한다. 같은 ODS 칼럼이라도 입자 지름이 작으면 분리는 양호해진다. 또, 제조사나 브랜드를 바꿈으로써 가는 구멍 지름의 크기나 화학결합시킨 관능기의 비율, 엔드 캡핑 처리(잔존 실라놀기를 막는 처리) 방법이나 정도, 담체인 실리카겔의 표면처리방법 등이 다르기 때문에 다른 분리 패턴을 얻을 수 있는 경우가 있다. 그 밖에 극성기 내포형 ODS 칼럼이나 페닐기를 결합한 칼럼의 사용도 분리 패턴이 변화하는 경우가 있다.

◐ 2. 액체 크로마토그래피 질량분석법(LC/MS)의 원리

[1] 머리말

액체 크로마토그래피 질량분석계(LC-MS)는 분리부로서 앞에 설명한 액체 크로마토그래피를, 검출부로서 질량분석계를 사용하는 분석기기이다. 지금까지 액체인 이동상과 함께 용출된 측정 대상물질을 기체상태의 이온으로 하기 위해서 여러 가지 인터페이스가 개발되었지만, 약 20년 전에 현재 일반적으로 사용되고 있는 대기압 이온화법에 의한 인터페이스가 판매되기 시작한 후 급속히 LC-MS가 보급되어 왔다.

[2] LC-MS의 구성

LC-MS의 분리부는 HPLC와 동일하고, 분리된 각 성분을 질량분석계에 도입하기 위한 인터페이스가 있는 것이 특징적이다. 가장 많이 보급되어 있는 것은 일렉트로 스프레이 이온화법(ESI법 : ElectroSpray Ionization)과 대기압 화학 이온화법(APCI법 : Atmospheric Pressure Chemical Ionization)이며, 두 가지 모두 대기압하에서 이온화가 진행된다.

다른 이온화법으로는 대기압 광 이온화법이 사용되는 경우가 많다. ESI 및 APCI법

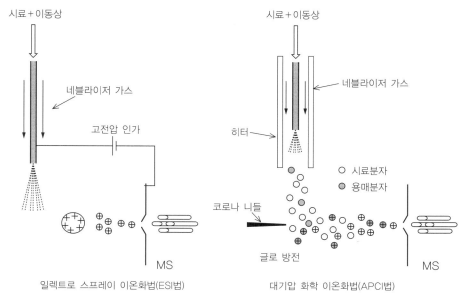

〈그림 4.14〉 액체 크로마토그래프 질량분석계의 대표적인 이온화법 모식도

의 이온화 개념을 〈그림 4.14〉에 나타낸다. ESI법에서는 시료용액을 스프레이 분무하면서 강한 전기장에 도입함으로써 액체방울에 전하를 띠게 해 시료분자를 이온증발에 의해 이온화하는 방법이며, 중극성부터 고극성 화합물에 적합하다. 생기는 이온은 주로 프로톤화 분자($[M+H]^+$) 혹은 탈프로톤화 분자($[M-H]^-$)로, 복잡한 프래그먼트 이온의 생성은 일어나기 어려운 가장 소프트한 이온화법이다.

또, 다가 이온이 생기는 것이 특징이며, 이 때문에 측정범위가 2,000amu 미만인 장치에서도 분자량이 수 만인 펩티드나 DNA 올리고머 등의 물질을 측정할 수 있다. 또 ESI법에서는 LC의 유속이 감도에 영향을 주어 보통은 0.2~0.4mL/min의 유속으로 측정을 실시한다. 이로 인해 분리 칼럼으로서는 내경 2.0mm 정도의 세미 마이크로 타입을 사용하는 경우가 많다.

한편, APCI법에서는 시료용액을 가열 히터 내에서 스프레이 분무하면서 용매와 시료분자를 기화시킨 후 용매분자를 코로나 방전에 의해 이온화함으로써 반응가스와 똑같은 기구로 시료분자의 화학 이온화를 일으키는 방법이다. 이 이온화법은 ESI법보다 극성이 낮은 화합물의 이온화에 적합하다. 다만 가열에 의해 용매를 기화시키기 때문에 열에 불안정한 물질에는 적합하지 않다. 또한, 가열에 의해 기화시키기 때문에 LC의 유량은 감도에 그다지 영향을 주지 않고, 지금까지 일반적으로 사용해 온 HPLC 칼럼을 사용해 분석할 수 있다.

LC-MS에서 사용되는 질량분석계로는 사중극자형, 이온트랩형 및 비행시간형이 일반적이지만, 질량분리부를 텐덤(tandem)으로 연결한 텐덤 질량분석계도 보급되어 있다. 사중극자형의 원리에 대해서는 앞 절을, 이온 트랩형 및 비행시간형에 대해서는 다른 책[4]을 참조하기 바란다.

최근에는 텐덤 질량분석계가 주류가 되었고, 그중에서도 트리플 사중극자형이 많이 사용되고 있다. 트리플 사중극자는 텐덤으로 사중극이 3개 나란히 배치되어 있고, 중앙의 사중극은 콜리전 셀로서 사용되며, 제1의 사중극을 통과한 이온에 콜리전 가스(질소나 아르곤 등)를 충돌시켜 프래그먼트 이온을 생성(충돌 유도 해리 : Collision-

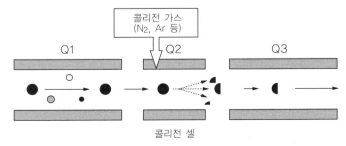

〈그림 4.15〉 텐덤 질량분석계의 SRM 모드 모식도

Induced Dissociation(CID))시킨다. 보통 정량분석에서는 선택 반응 모니터링 (SRM : Selected Reaction Monitoring) 모드로 측정을 실시한다(그림 4.15 참조). 적절한 화합물 고유의 프리커서 이온(제1의 사중극으로 선택)과 프로덕트 이온(제 3 의 사중극으로 선택)을 선택함으로써 SRM에 있어서의 측정은 싱글 질량분석계에 의한 선택 이온 모니터링(SIM)보다 선택성이 높고 백그라운드 레벨도 낮아지기 때문에 SN 비가 향상된다는 특징이 있다.

그리고 그 밖에 트리플 사중극자 질량분석계에서는 ① 프로덕트 이온 스캔 ② 프리커서 이온 스캔 및 ③ 뉴트럴 로스 스캔 모드에서 측정이 가능하고, 약물 대사의 연구나 공통 구조를 갖는 물질의 스크리닝 등에 사용된다.

[3] LC/MS에서의 측정 조건 최적화

LC/MS에 의해 측정 대상물질을 정량하기 위해서는 질량분석계에서 각 화합물 고유의 파라미터(parameter)를 최적화해야 한다. 텐덤 질량분석계의 최적화 순서 예를 〈그림 4.16〉에 나타낸다.

우선, 실린지 펌프를 이용한 인퓨전 분석에 의해 이온화법이나 모드, 측정에 사용하

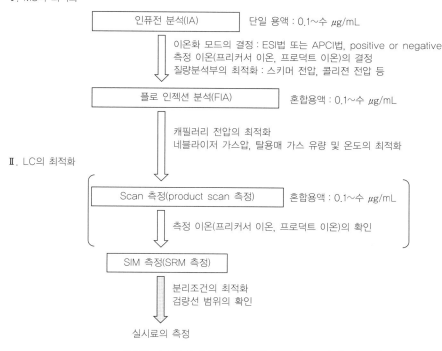

〈그림 4.16〉 LC/MS에 의한 최적화 조건의 검토 순서 예

는 프리커서와 프로덕트 이온을 결정하고, 스키머 전압이나 콜리전 전압 등 질량분석부에서 효율 좋게 이온을 통과시키거나 프로덕트 이온을 생성시키기 위한 각종 전압을 최적화한다. 계속해서 플로 인젝션 분석 등에 의해 이온화부에서의 네블라이저 가스나 탈용매 가스의 유량 및 온도, ESI법으로 캐필러리 전압, APCI법으로 코로나 전류를 검토해 효율 좋게 프리커서 이온을 생성하는 파라미터를 선택한다.

이러한 값은 질량분석부의 파라미터와 달리 화합물마다 설정하는 값은 아니기 때문에 다성분 동시분석을 실시하는 경우에는 ① 가장 이온화 효율이 나쁜 물질에 적합한 값으로 한다, ② 목표 정량 하한값이 가장 낮은 물질에 적합한 값으로 하는 등 분석의 목적에 대응한 선택을 할 필요가 있다.

질량분석계에서의 최적화 후, 이동상 조건을 검토한다. 검토방법에 대해서는 1항 [5] '분리의 최적화'를 참조하기 바란다.

최근에는 LC-MS 판매 제조사가 많은 물질의 측정조건을 제공하고 있어 최적화 과정을 거치지 않고 SRM에 의한 정량분석을 실시할 수 있게 됐다. 그러나 보다 고감도로 분석을 실시하기 위해서는 최적화를 분석자가 직접 실시해 각 파라미터가 어떠한 의미를 가지고 있는지를 알아 둘 필요가 있다.

[4] LC/MS의 주의점
선택성이 높고 고감도로 측정할 수 있는 LC/MS이지만 다음의 사항에 주의할 필요가 있다.

(a) 비휘발성의 이동상 첨가물을 사용할 수 없다
대기압 이온화법에서는 인산 완충액 등의 비휘발성물질은 질량분석부 입구에서 석출되어 감도 저하로 연결되기 때문에 사용할 수 없다. 대신에 초산, 초산암모늄, 포름산, 포름산암모늄, 탄산수소암모늄 및 암모늄 용액 등이 이동상으로 사용된다.

(b) 매트릭스의 영향을 받기 쉽다
시료에 포함되는 불순물의 존재에 의해 이온화 억제나 이온화 촉진이 일어나 정량성에 문제가 생기는 경우가 있다. 안정 동위체 표식물질의 사용, LC 조건의 최적화 혹은 새로운 클린업 실시 등의 대처를 강구해 영향을 줄일 필요가 있다.

◐ 3. 대기시료에 응용
[1] 액체 크로마토그래피법에 있어서의 성능 평가
유해 대기오염물질 측정방법 매뉴얼(환경성)[1]에서는 액체 크로마토그래피법의 대상물질로서 알데히드류(아세트알데히드, 포름알데히드 외) 및 다환 방향족 탄화수소(대기분진 중의 벤조[a]피렌 외)를 규정하고 있다.

알데히드류는 시료 포집 시에 2,4-DNPH와 반응시켜 유도체화하고, 이 유도체를 HPLC로 검출·정량한다. 2,4-DNPH 유래의 흡광 극대파장인 360nm를 검출파장으로 해 자외·가시 흡광광도 검출기를 이용한다.

HPLC 측정의 경우에는 ① 머무름 시간의 안정, ② 검출기 감도의 안정은 물론이고 시료용액에 공존하는 미반응 2,4-DNPH와 포름알데히드 2,4-DNPH의 분리가 충분한 이동상 조건을 설정하는 것이 중요하다.

또, GC 및 GC/MS와 마찬가지로 강 양이온 교환 수지관에서 처리하면 양호한 크로마토그램을 얻을 수 있다[3]. 분리용 칼럼으로서 일반적으로 ODS 칼럼(4.6×150mm)을 사용하지만, 아미드기 내포형 칼럼에서는 아세트알데히드-2,4-DNPH의 이성체 피크가 분리되는 경우가 있다. 이러한 경우 각각의 피크 면적 혹은 피크 높이를 합산해 계산할 필요가 있다.

벤조[a]피렌 외의 다환 방향족 탄화수소의 측정은 형광 검출기를 이용하고, 분리 칼럼으로는 보통 ODS 칼럼(4.6×250mm)을 사용한다. 다환 방향족 탄화수소의 측정시에는 형광 검출기를 사용하기 때문에 자외·가시 흡광광도 검출기보다 감도변동이 크기 때문에 검출기 감도의 안정성을 정기적으로 모니터할 필요가 있다. 일련의 측정 전 및 10시료에 1회 정도의 빈도로 검량선 작성용 표준액의 중간 정도 농도의 용액을 측정해 감도변동이 $\pm 20\%$(가능하면 $\pm 10\%$)인 것을 확인한다. 또 이동상에 용존 산소가 잔존해 있으면 베이스라인이나 머무름 시간이 안정되지 않을 뿐만 아니라, 형광의 퀜칭에 의해 감도가 저하하는 등의 트러블이 일어나므로 탈기장치가 충분히 기능하고 있는지 확인한다.

벤조[a]피렌뿐만 아니라 다른 다환 방향족 탄화수소(페난트렌, 안트라센, 플루오란텐, 피렌, 벤조[a]안트라센, 크리센, 벤조[b]플루오란텐, 벤조[k]플루오란텐, 인데노[1,2,3 cd]피렌, 디벤조[a, h]안트라센 및 벤조[ghi]페릴렌 등)도 동시에 측정하는 경우, 고감도로 분석하려면 물질에 최적인 여기파장과 검출파장(형광파장)을 설정할 수 있도록 각 측정 대상물질을 충분히 분리할 필요가 있다. 이동상으로서 아세토니트릴과 물의 혼합 용리액을 사용할 뿐만 아니라 메탄올 등을 제3용매로서 첨가하면 분리가 양호해지는 경우가 있다.

[2] 액체 크로마토그래피 질량분석법에서의 성능 평가

유해 대기오염물질 측정방법 매뉴얼에서는 2008년 개정판부터 아세트알데히드 및 포름알데히드의 측정방법으로서 액체 크로마토그래피 질량분석법이 채용되고 있다. 기기 측정용 시료액의 조제까지는 고체포집-액체 크로마토그래피법과 동일하고, 기기분석 부분만 LC-MS를 사용한다. 분석 대상물질의 이온화는 APCI 혹은 ESI법으로 실시해 네거티브 모드로 탈프로톤화 분자([M−H]⁻)를 검출하므로 이 이온에 의한 SIM 측정을 행한다. [5] 또한, 텐덤 질량분석계를 사용하는 경우 탈프로톤화 분자를 프리커서 이온으로 해, 화합물에 따라 생성 비율이 높은 프로덕트 이온을 선택해 SRM 측정으로 정량한다[6].

분리 칼럼 및 이동상은 액체 크로마토그래피법의 경우와 같은 것을 사용해도 되지만 ESI법으로 이온화를 실시하는 경우 내경 2.1mm의 세미마이크로 타입의 칼럼을 사용하는 경우가 많다. 또, 측정 시 다량의 미반응 2,4−DNPH가 질량분석계에 도입되는 것을 피하기 위해서 스위칭 밸브로 유로를 바꾸도록 설정하는 것이 바람직하다. 자외 · 가시 흡광광도 검출기와 달리 감도변동이 크기 때문에 형광 검출기와 동일한 감도변동 체크를 실시하는 것이 중요하다.

아세트알데히드 및 포름알데히드 이외의 저급 알데히드류와 케톤류도 동시에 측정하는 경우 아래의 사항에 주의해 측정조건을 결정한다.

① 동일한 모니터 이온을 선택하는 경우(아세톤과 프로피온알데히드, 크로톤알데히드와 메타크롤레인, 2−부타논과 n−부틸알데히드)가 많기 때문에 각 피크를 충분히 분리할 수 있는 이동상 조건을 설정한다.

② 보통의 ODS 칼럼과 아세토니트릴/물의 이동상에서는 완전분리가 곤란한 아세톤과 크로톤알데히드는 ESI법을 사용하는 경우 피크톱이 겹치지 않는 이동상 조건을 적용한다. 이 2개의 물질은 모니터 이온이 다르기 때문에 크로마토그램상의 문제는 일어나지 않지만, ESI법의 경우 2개의 농도차이가 클 때에 농도가 낮은 물질의 이온화 억제가 일어나, 존재해도 피크가 검출되지 않는 현상이 일어나는 경우가 있다. 때문에 피크가 딱 겹치는 분리조건은 피해야 한다.

4.3 원자흡광분석법

○ 1. 머리말

원자흡광분석장치는 월시(A. Walsh) 박사에 의해 개발되어[7] 당초에는 화학 불꽃을 시료의 원자화부에 이용했다. 이것은 현재의 플레임 원자흡광분석법에 해당한다. 또, 리보프(L'vov) 박사[8]와 질량맨(Massman) 박사[9]는 원자화부에 흑연관을 이용해 아크 또는 전기가열에 의해 목적원소를 원자 증기로 했다. 이것이 원자화부에 흑연관을 이용한 전기가열식 원자흡광분석장치의 원형이다.

그 후 원자흡광분석의 기초연구가 급속히 진행되어 기술 진보와 함께 실용화와 보급화가 이루어져 현재는 화학분석에서 빠뜨릴 수 없는 장치 중 하나가 됐다. 장치 성능이 크게 향상되어 자동화와 안전성이 담보됨에 따라 최신 장치는 누구나 조작할 수 있게 되었다. 그러나 한편에서 자동화된 장치는 측정자가 지식 없이 분석하여 결과를 얻을 수 있기 때문에 분석결과의 타당성 논란이 제기되고 있다.

특히 복잡한 조성으로 구성되는 환경시료 등을 취급하려면 시료의 조성, 분석 대상 원소와 그 농도, 공존물로부터의 간섭 등을 고려해 측정자 스스로 최적의 분석조건을 검토하고 결정해야 한다.

● 2. 원자흡광분석장치의 기초지식

[1] 원자흡광분석장치의 원리

기저상태에 있는 원소의 유리원자를 포함한 원자증기에 그 원소 고유의 빛을 조사하면 그 빛은 감쇠한다.

원자흡광분석법이란 원자가 농도(원자 개수)에 대응해 입사광을 정량적으로 공명 흡수하는 현상을 이용해 목적하는 원소의 농도를 구하는 방법이다. 기저상태의 원자증기를 생성시키는 방법에 따라 화학불꽃을 이용하는 플레임 원자흡광분석법과 전기열을 이용하는 전기가열식 원자흡광분석법의 2종으로 대별된다. 이러한 방법은 목적원소와 농도에 따라 나누어 사용할 수 있지만, 전기가열식 원자흡광분석법은 플레임 원자흡광분석법(정량범위 : %~ppb 정도)과 비교해 10^2~10^3배 정도(정량범위 : ppb~ppt)의 고감도 분석이 가능하고, 정량에 필요한 시료량이 50~100μL 정도의 극미량이어도 되는 이점이 있다. 한편 플레임 원자흡광분석법은 정밀도가 뛰어나다.

일반적인 원자흡광 분석장치 구성을 〈그림 4.17〉에 나타낸다. 광원에는 중공 음극 램프와 백그라운드 보정용 중수소(D_2) 램프가 하프 미러(반투명 거울)에 의해 동일한 광축이 되도록 설치되어 있다. 각각의 광원에서 나온 빛은 같은 광로를 통해 시료의 원자화부를 통과해 분광기에 들어가, 반투명 거울이나 섹터 미러에 의해 동조된다.

분광기 내의 회절격자는 이러한 빛을 분광해, 목적 파장의 빛만이 슬릿을 통과해 광전자증배관에 들어간다. 그 후, 목적파장의 빛을 전기신호로 변환해 전치 증폭기로 증폭한 후 동기회로에 의해 중공음극 램프와 중수소 램프 각각의 신호로 분리해, 변환기에 의해 흡광도로 변환한다. 이때 원자의 농도(원자 개수)와 얻을 수 있는 흡광도는 람

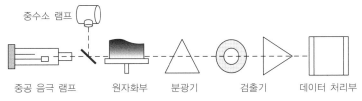

중수소 램프

중공 음극 램프　　원자화부　　분광기　　검출기　　데이터 처리부

〈그림 4.17〉　원자흡광분석장치 구성의 개략도

베르트–비어의 법칙에 따른다. 입사광의 강도를 I_0, 입사광이 시료의 원자증기에 의해 흡수되어 검출기에 도달한 투과광 강도 I, 이러한 광강도와 흡광도 A 및 목적농도 c와의 관계는 다음 식에 의해 나타낼 수 있다.

여기서, k는 흡광계수, l은 원자증기의 두께(거리)를 나타내고 동일 조건하의 일련의 측정에서는 동일 값으로 다루어진다.

$$A = -\log \frac{I}{I_0} = klc$$

[2] 광원과 분석파장

광원에는 일반적으로 중공 음극 램프(hollow cathode lamp)가 이용된다. 램프의 음극부는 측정원소 또는 그 합금으로 만들어져 있다. 램프 내부는 비활성 가스인 네온(Ne)이나 아르곤(Ar)이 봉입되어 있고, 음극과 양극 사이에 전압을 인가함으로써 봉입가스가 이온화되어 음극에 충돌해 스패터링(sputtering)이 일어나고, 음극물질이 봉입가스나 그 이온, 전자와 충돌해 여기되어 발광한다. 이 발광 스펙트럼은 휘선 스펙트럼이며 이 중 측정원소 유래의 휘선을 분석선에 이용한다. 또, 광원에는 무전극 방전 램프, 증기 방전 램프, 또 파장 연속광원이 되는 크세논 램프 등을 탑재한 장치도 있다.

어느 광원이든 사용시간과 함께 열화한다. 열화의 상태는 사용시간과 인가전류에 비례하기 때문에 사용시간과 인가전류의 곱을 적산값으로서 기록해 두면 좋다.

또 분석선은 휘선 중 측정원소의 기저상태에 공명 흡수되는 공명선이 이용된다. 공명선의 수는 원소에 따라서 다르지만 공명선에 따라 흡수(감도)가 다르기 때문에 일반적으로는 가장 흡수가 큰 파장, 바꿔 말하면 가장 고감도인 최대 흡수파장이 측정에 이용된다. 그렇지만 원소나 장치조건에 따라서는 최대 흡수파장이 불안정하고 분석 정밀도가 현저하게 떨어지는 경우도 있다. 이와 같은 경우에는 제2파장을 선택하는 편이 고정밀도 분석이 가능하다.

◉ 3. 원자화부

[1] 플레임 원자흡광분석법의 원자화부

캐필러리에 의해 빨아올린 시료 용액은 네블라이저에 의해 미스트 분무되어 챔버 내에서 가스에 혼합되고, 다시 입자 선별된다. 미세한 시료 미스트는 가스와 함께 버너 헤드에 도입되어 플레임 내에서 탈용매, 화합물의 분해 및 원자화가 일어난다. 플레임의 생성에는 연소가스와 보조가스가 필요하고, 보통은 공기/아세틸렌 또는 일산화이질소/아세틸렌 혼합가스에 의한 화학 불꽃을 이용한다.

아세틸렌 가스는 저압하에서 액화되어 장치 내부 및 배관 등을 침식할 가능성이 있기 때문에 가스봄베 압력이 저하한 상태로 사용하지 않는 편이 좋다.

[2] 전기가열식 원자흡광분석법의 원자화부

전기가열에 의해 측정원소를 원자화하는 노(爐)에는 시료용액과 접촉하는 면이 그래파이트의 흑연로와 메탈 소재의 금속로로 대별된다. 현재는 흑연관을 원자화부에 이용한 장치가 주류이며, 내부에 판 모양의 시료받이가 삽입되어 있는 플랫폼형이 사용되는 경우가 많다. 또, 최근에는 자동주입장치(오토 샘플러)에 의해 노 내에 시료가 도입되기 때문에 주로 취급되는 것은 액체이지만 노의 타입과 시료 도입 방법에 따라서는 현탁액(slurry)이나 고체도 측정에 이용할 수 있다.

◐ 4. 백그라운드 보정

시료 중 공존물질에 의한 광산란이나 분자종의 흡수 등 측정원소와는 무관한 흡수를 백그라운드 흡수라고 한다. 백그라운드 흡수의 보정에는 연속 스펙트럼법, 제만 보정법, 비공명 근접선법, 자기 반전법 등의 보정법이 이용된다.

[1] 연속 스펙트럼 광원에 의한 보정

백그라운드 보정을 위한 연속 스펙트럼 광원에는 중수소(D_2)가 일반적으로 이용된다. 중공 음극 램프의 휘선은 원자 흡수 스펙트럼 폭이 매우 좁고 측정원소의 원자 흡수와 백그라운드 흡수의 합계량이 흡수된다. 한편, D_2의 연속파장은 스펙트럼 폭이 넓고, 측정 대상원소에는 거의 흡수되지 않기 때문에 백그라운드 흡수만을 측정할 수 있다. 때문에 흡수의 합계량에서 백그라운드 흡수분을 공제함으로써 측정원소의 흡수량만을 구할 수 있다(그림 4.18).

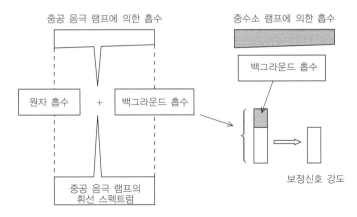

〈그림 4.18〉 연속 스펙트럼 광원에 의한 백그라운드 보정

[2] 제만 분열 보정

원자의 스펙트럼선이 자장의 영향으로 몇 개의 성분으로 분열함과 동시에 편광하는 것을 이용하는 보정방법이다. 가장 단순한 계에서는 전자의 에너지 레벨(준위)이 분열하면 π 성분과 그 양측에 σ^+ 및 σ^- 성분이 생긴다(그림 4.19). 한편, 백그라운드 흡수는 자장의 영향을 받지 않고 분열이나 편광을 나타내지 않는다. 제만(P.Zeeman) 효과에 의한 백그라운드 보정에는 자장이 작용하는 장소와 방법에 따라 몇 가지로 구별되지만, 여기에서는 일례를 설명한다. 자장과 측정광이 평행방향이 되는 것을 세로방향 제

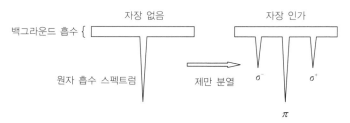

〈그림 4.19〉 원자 스펙트럼의 제만 분열

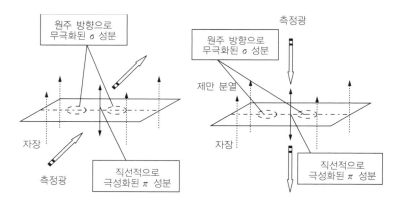

〈그림 4.20〉 제만 분열보정 방식의 개념

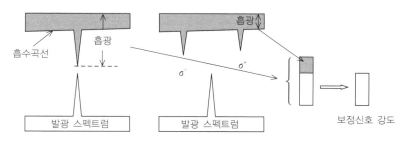

〈그림 4.21〉 세로방향 제만에 의한 백그라운드 보정

만, 직교방향이 되는 것을 가로방향 제만이라고 한다(그림 4.20).

세로방향 제만에서는 원자 흡수 스펙트럼에 자장을 인가한 경우, 스펙트럼은 분열해 2개의 σ 성분만 보인다. 이 경우 2개의 σ 성분은 원주방향으로 극성화되어 있는 것처럼 보이지만 π 성분은 전기 벡터와 일직선이 되기 때문에 안 보인다(그림 4.21). 한편, 가로방향 제만에서는 극성화가 일어나고 있는 면을 가로방향으로부터 보고 있으므로 π 성분과 σ 성분 모두가 관측된다. 어느 경우에도 지극히 짧은 시간에 자장이 있는 상태와 없는 상태로부터 스펙트럼의 분열을 측정해(즉, 전 흡수와 백그라운드 흡수를 측정해) 그 차이로부터 측정원소의 흡수량만을 구한다.

◯ 5. 분석에서의 간섭

원자흡수분광분석법에서는 주로 4개의 요인에 의한 간섭을 받을 가능성이 있다.

① 물리간섭 : 시료용액의 점성이나 표면장력 등의 물리적 성질이 달라서 시료 도입 효율의 변화 등이 원인이 되어 생긴다.

② 분광간섭 : 목적원소의 분석선에 근접한 다른 원소 스펙트럼선의 존재에 의해 생긴다. 또, 염이나 산화물이 증발할 때의 분자흡수, 큰 입자의 증발에 의한 광산란 등에 의해 백그라운드 흡수가 높아짐으로써 일어난다.

③ 이온화간섭 : 원자가 이온화해, 원자흡수가 일어나지 않음으로써 생긴다.

④ 화학간섭 : 목적원소가 난해리성 화합물 등을 형성해, 원자증기를 얻을 수 없기 때문에 생긴다. 또, 공존물질에 의해 다른 중간 생성물이 생성되어 원자화 과정이 복잡해짐으로써 흡광 시그널의 분열이나 저하가 일어난다.

이 중 ①~③의 요인에 대해서는 원자흡광분석법에서는 일어나기 어렵다고 여겨지고 있어 간섭의 최대 원인은 ④인 경우가 많다.

◯ 6. 원자흡광분석법에서의 특성값

분석조건 및 장치의 성능평가에서는 검출한계(하한)[10]나 정량 하한[10]이 하나의 판단이 되지만, 원자흡광분석에서는 특성값(농도)에 따라 분석조건이나 장치 상태를 판단할 수도 있다. 여기서의 특성값이란 신호의 1% 흡수(0.0044A 또는 A-s)를 일으키는 데 필요한 목적원소의 양으로 나타내진다. 플레임 원자흡광분석에서는 특성 농도로서 pg/0.0044A (A-s), 전기가열식 원자흡광분석에서는 특성 질량으로서 pg로 구한다.

동일조건에서 특성값이 높아지는 경우에는 램프의 열화, 네블라이저의 유량 변동, 노나 분광기의 열화, 광축의 엇갈림 등의 가능성이 있기 때문에 정기적으로 확인한다.

7. 정량방법[11]

[1] 검량선법

가장 일반적인 정량수단으로, 이미 농도를 알고 있는 표준액을 이용해 농도와 흡광도로부터 검량선을 작성한다. 다음으로 농도를 모르는 시료용액의 흡광도를 측정해 작성한 검량선으로부터 농도로 환산함으로써 목적원소의 농도를 정량한다.

이 정량수단은 표준액에 대한 상대농도법이며, 측정으로부터 얻을 수 있는 흡광도는 장치 및 측정일 등에 따라 다르기 때문에 정량은 일련의 분석 내에서 검량선을 작성하고 미지시료를 측정할 필요가 있다. 또, 흡광도는 어느 일정한 곳부터 만곡을 시작하기 때문에 신뢰성이 높은 결과를 얻으려면 검량선의 직선관계가 성립하는 범위 내에서 정량한다.

[2] 표준첨가법

공존물질로부터의 간섭이 클 때에 유용한 정량수단이다. 표준첨가법은 일정량의 시료에 농도를 알고 있는 표준액 몇 방울을 첨가한 후 그때의 흡광도와 첨가 농도로부터 검량선을 작성해 그 기울기와 절편으로부터 목적원소의 농도를 정량한다. 첨가하는 표준액 농도는 시료용액 목적원소의 흡광도에 대해 2배, 3배 등 일정 간격이 되는 것이 바람직하다. 또, 표준액의 가장 높은 농도를 첨가했을 경우에도 얻을 수 있는 흡광도와 농도에 직선성이 유지되는 것을 확인하는 것이 중요하다.

[3] 매트릭스 매칭법

측정하는 시료의 주요 조성을 포함한 표준액을 조제해 검량선 작성에 이용하는 것이다. 표준액과 시료의 주요 조성을 맞춤으로써 측정 시에 매트릭스의 간섭을 동일한 정도로 해 간섭을 없애는 방법이다. 조성이 명확한 고순도 물질 등에는 유용한 수단이지만 조성이 복잡한 환경시료에서는 적용범위가 좁다.

8. 플레임 원자흡광분석의 유의점

측정 대상은 크롬, 니켈 및 망간이다[1]. 측정 광원에는 측정원소에 적합한 중공 음극 램프와 연속 스펙트럼 백그라운드 보정의 중수소 램프 등을 이용한다. 원자화부에는 크롬의 경우에는 아세틸렌/일산화이질소 플레임, 니켈 및 망간의 경우에는 아세틸렌/공기 플레임을 사용한다.

분석조건의 일례를 〈표 4.4〉에 나타낸다. 최적의 분석조건은 각 장치마다 다르기 때문에 이것을 참고로 가장 최적의 조건을 설정한다. 최적화한 분석조건에 의해 조제한

원소	Cr	Ni	Mn
분석선 파장 [nm]	357.9	232.0	279.5
연소가스 [L/min]	아세틸렌 6.0	아세틸렌 1.7	아세틸렌 1.7
보조가스 [L/min]	일산화이질소 6.0	공기 15	공기 15
램프 전류 [mA]	10	10	10
버너 위치 [mm]	8	8	8
감도·조건검토액*¹	4mg/L	7mg/L	2.5mg/L
1% 흡수감도*²	0.078mg/L	0.14mg/L	0.052mg/L

*1 분석조건을 검토할 때에 이용하는 용액 농도의 기준. 다만, 시료 도입량 등에 따라서도 다르기 때문에 적당한 선택이 필요하다.
*2 분석조건 및 장치 상태를 판단할 때의 감도 기준.

표준농도 계열로부터 검량선을 작성해 시료를 정량한다.

● 9. 전기가열식 원자흡광분석의 유의점

측정 대상은 니켈, 망간, 베릴륨 및 크롬이다[14]. 원자화부에는 흑연 또는 내열 금속재의 튜브형 또는 컵형 노를 사용한다.

[1] 분석조건

분석의 온도조건은 일반적으로 건조, 회화(灰化), 원자화, 클린업의 4단계에 의해 행해진다(그림 4.22).

- 건조 단계 : 탈용매를 실시한다. 갑작스런 비등에 의한 휘산 손실, 분산을 막기 위해서 완만하게 승온해 충분히 용매를 휘발시킨다.
- 회화 단계 : 측정 대상원소의 화학종을 통일하고 공존물질을 제거한다. 분석 정밀도, 감도 및 정량값에 가장 크게 영향을 주는 요인이다. 원소에 따라서는 시료와 함께 노 내에 화학수식제(매트릭스 모디파이어)를 첨가해 대상원소의 열적 안정성 유지, 내화성 원소의 열분해 촉진, 간섭물 제거 등을 실시한다.
- 원자화 단계 : 환원이나 열분해에 의한 원자화를 실시한다. 측정원소의 완전휘발에는 고온이 유리하지만 최적조건의 설정은 필요하다. 고온은 노의 소모를 앞당기기 때문에 보통은 2,500℃ 이하를 선택한다.

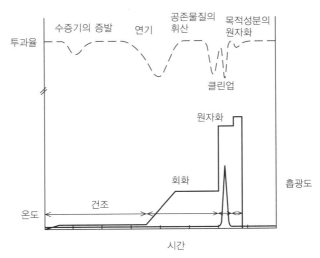

〈그림 4.22〉 전기가열식 원자흡광분석장치의 온도 프로그램

- 클린업 단계 : 노 내 캐리오버를 제거한다. 보통은 원자화 온도보다 100~200℃
  정도 높은 값을 선택해 3~5초 정도를 설정한다.

이러한 온도조건 등에 대해서는 회화/원자화 곡선 등을 측정해 적절한 조건을 선택
하면 된다(그림 4.23).

이 방법의 대상원소는 표준첨가법에 따라 정량한다(그림 4.24)[1]. 일례로서 흑연로 원
자흡광분석법의 분석조건을 〈표 4.5〉에 나타낸다. 최적인 분석조건은 각 장치마다 다
르기 때문에 이것을 참고로 가장 최적인 조건을 설정한다.

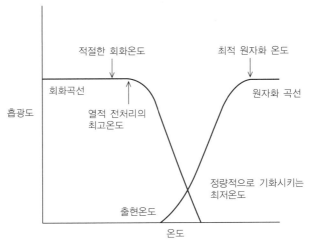

〈그림 4.23〉 회화/원자화 곡선

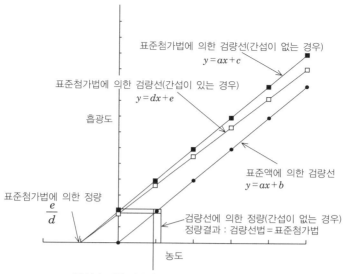

표준첨가법에 의한 검량선(간섭이 없는 경우)
$y = ax + c$

표준첨가법에 의한 검량선(간섭이 있는 경우)
$y = dx + e$

흡광도

표준액에 의한 검량선
$y = ax + b$

표준첨가법에 의한 정량
$\dfrac{e}{d}$

검량선에 의한 정량(간섭이 없는 경우)
정량결과 : 검량선법＝표준첨가법

농도

검량선에 의한 정량(음(−)의 간섭이 있는 경우)

〈그림 4.24〉 표준첨가법과 검량선법에 의한 정량의 개념

〈표 4.5〉 흑연 노 원자흡광분석의 분석조건 예

분석선 파장 [nm]	Cr357.9, Ni232.0, Mn279.5, Be234.9
건조온도 [℃]	100~120(30~40초)
회화온도 [℃]	500~800(약 30초)
원자화 온도 [℃]	2,000~2,700(4~6초)
클린업 [℃]	2,200~2,700(3~5초)
화학 수식제[*1]	Pd＋Mg(NO₃)₂, Mg(NO₃)₂, NH₄H₂PO₄ 등
감도·조건검토액[*2]	Cr 10μg/L, Ni 50μg/L, Mn 10μg/L, 4.0μg/L
1% 흡수강도[*3]	Cr 7.0pg, Ni 20pg, Mn 6.3pg, Be 2.5pg

[*1] 모든 원소가 열적으로 안정되어 화학 수식제 무첨가로도 분석할 수 있지만, 화학수식제를 첨가하는 편이 정밀도 좋은 분석을 할 수 있는 경우도 있다.

[*2] 분석조건을 검토할 때에 이용하는 용액 농도의 기준. 다만, 시료 도입량 등에 따라서 다르기 때문에 적당한 선택이 필요.

[*3] 분석조건 및 장치 상태를 판단할 때의 감도 기준(pg/0.0044Abs).

[2] 기타

전기가열식 원자흡광분석장치에서는 시료 등을 노에 도입할 때에 자동주입장치(오토샘플러)가 이용되는 일이 많지만, 고정밀 분석을 실시하려면 1회의 채취량은 10~20μL가 적절하다. 그리고 시료 내의 공존물질이 적고, 측정 시에 간섭이 발견되지 않는 경우에는 검량선법에 의한 정량을 실시해도 좋다.

10. 수소화물 발생 원자흡광분석법의 유의점

시료 중의 비소를 환원해 가스상의 수소화합물을 발생시켜 플레임이나 가열 셀에 도입하여 분석하는 수단이다. 무기 비소화합물은 주로 As(Ⅲ) 및 As(V)로 존재하고 있으며, 시료 중에는 공존할 가능성도 있다. 그러나 화학종에 따라 수소화물 발생 조건이나 발생률이 다르기 때문에 예비환원에 의해 수소화물을 발생하는 화학종으로 통일하는 것이 가장 중요하다[15].

[1] 수소화물 발생법

수소화물 발생은 화학반응에 의해 일어나고 As(Ⅲ)는 테트라히드로붕산나트륨(NaBH₄)과 산성 용액 내에서 반응해 수소화비소(아르신(AsH₃))를 생성한다.

$$3BH_4^- + 3H^+ + 4H_3AsO_3 \longrightarrow 3H_3BO_3 + 4AsH_3 + 3H_2O$$

(a) 연속식 수소화물 발생 방식

일정량을 송액하는 펌프를 이용해 테트라히드로붕산나트륨 용액, 염산 및 시료를 송액·혼합해 수소화비소를 연속적으로 발생시켜 분석장치에 도입한다. 이 경우 송액 과정에서 시약과 혼합되어 수소화물이 발생하기 때문에 혼합비와 반응거리나 시간이 수소화물 발생에 크게 영향을 준다(그림 4.25).

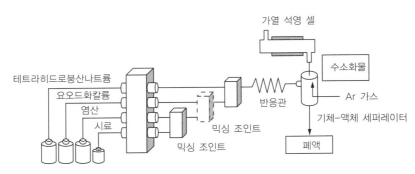

〈그림 4.25〉 연속식 수소화 발생장치의 개략

(b) 저압식 수소화물 발생 방식

시료에 아연 또는 테트라히드로붕산나트륨 용액을 더해 수소화비소를 발생시켜 포집한 기체의 양 또는 압력이 일정값이 된 후 분석장치에 도입한다.

어떤 수소화물 발생 방식에 대해서도 표준액을 기초로 단계적으로 희석한 다른 표준 농도 계열로부터 검량선을 작성해 정량에 이용한다.

(2) 분석조건

수소화물 발생 원자흡광분석의 분석조건 일례를 〈표 4.6〉에 나타낸다. 최적의 분석조건은 각 장치마다 다르기 때문에 이것을 참고로 가장 최적의 조건을 설정한다.

〈표 4.6〉 수소화물 발생법의 분석조건 예

분석선 파장 [nm]	As193.7
광원 램프	중공 음극 램프
백그라운드 보정	중수소 램프
석영 셀 가열온도 [℃]	1,000
캐리어 가스 유량 [mL/min]	0.1
테트라히드로붕산나트륨 용액	1.0(w/v)%, 5.0mL/min
염산	50(v/v)%, 1.5mL/min
(요오드화칼륨 용액)	10(w/v)%, 1.5mL/min

[3] 기타

수소화물 발생은 전처리와 공존물질에 의해 현저하게 영향을 받기 때문에 주의가 필요하다. 특히 유기물, 질산 이온 및 아질산 이온은 수소화물의 발생을 저해하기 때문에 제거해야 한다[12].

● 11. 기타

정량에서는 검량선의 중간 정도 농도의 것을 1개 선택해 이것을 일련의 정량에 대해 정기적(10시료에 1회 정도)으로 측정함으로써 장치의 감도변동을 확인한다. 20%를 넘는 감도변동이 발견되는 경우 그때까지 측정한 값에 부정확도의 위험성이 있기 때문에 값을 사용하지 않거나 재측정을 하는 것이 좋다.

4.4 ICP 발광분광분석법 및 ICP 질량분석법

유도결합 플라즈마 발광분광분석법(ICP-AES : Inductively Coupled Plasma Atomic Emission Spectrometry) 및 유도결합 플라즈마 질량분석법(ICP-MS : Inductively Coupled Plasma-Mass Spectrometry)은 시료 내의 미량원소를 분석하는 방법으로서 환경, 생체, 식품, 철강, 반도체 등 다양한 분야에서 널리 활용되고 있다. 대기환경 분야에서는 주로 대기분진에 포함되는 미량원소의 분석법으로서 환경성이 발행한 유해 대기오염물질 측정법 매뉴얼[1]이나 대기 중 미소 입자상 물질(PM$_{25}$) 성분 측정 잠정 매뉴얼(개정판)[13] 등에서 채용되고 있다.

본절에서는 ICP-AES 및 ICP-MS의 기본 원리와 분석의 유의점을 중심으로 살펴본다. 또, 분석법의 타당성을 확인하는 방법과 대기분석에 적용한 사례에 대해서도 살펴본다.

그리고 분석법의 상세한 내용에 대하여는 발광분광분석 통칙(JIS K 0116) 및 고주파 플라즈마 질량분석 통칙(JIS K 0113)을 참조하기 바란다.

○ 1. 장치의 기본구성

ICP-AES 및 ICP-MS의 기본구성을 〈그림 4.26〉에 나타낸다. ICP-AES는 플라즈마로 여기된 원자나 이온의 발광선을 분광기에 도입해 발광 스펙트럼을 계측한다. 이에 대해 ICP-MS는 플라즈마로 이온화된 1가 양이온을 질량분석계에 도입해 질량 스펙트럼을 계측한다.

질량분석계는 인터페이스, 이온렌즈계, 질량분리부 및 검출기로 구성된다. ICP-AES 및 ICP-MS는 모두 다이내믹 레인지가 넓고, 검량선의 직선성은 $10^6 \sim 10^8$ 전후로 넓다. 또, 다원소 분석에 걸리는 시간이 원자흡광분석법에 비해 압도적으로 짧아 다원소 일제 분석에 특히 우위이다.

시료 도입계 및 여기부는 ICP-AES 및 ICP-MS에 공통되는 구성요소이다. 이하에 각각의 구조를 설명한다.

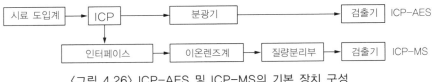

〈그림 4.26〉 ICP-AES 및 ICP-MS의 기본 장치 구성

[1] 시료 도입계

시료 도입계는 분석 시료를 ICP에 도입하기 위한 부분이다. 분무법이 일반적이고 송액 펌프, 네블라이저, 스프레이 챔버로 구성된다.

송액 펌프는 네블라이저에 일정 유량의 시료를 도입하기 위한 것으로 페리스태틱 펌프가 잘 이용된다.

네블라이저는 고속의 캐리어 가스류에 의해 시료용액을 미세한 안개로 만들기 위한 장치로 다양한 형상이 시판되고 있다. 동축형 네블라이저나 크로스 플로형 네블라이저는 선단 노즐 부근에 캐리어 가스류에 의한 부압(負壓) 흡인력이 생기기 때문에 송액 펌프를 생략할 수도 있다. 이러한 네블라이저는 선단부에 염류가 석출하는 경우가 있어 막힘에 의해 분무량에 변동이 생길 가능성이 지적되고 있기 때문에 염 농도가 높은 시료를 분석하려면 주의가 필요하다. 바빙턴형 네블라이저는 V자형 단면의 홈을 흘러내리는 시료액을 배면으로부터 고속 캐리어 가스류로 안개화하는 구조이다. 염류의 석출에 의한 막힘의 위험이 적어 염 농도가 높은 시료의 분석에 적합하다. 또, 점성이 높은 시료의 분석에도 유용하다. 캐리어 가스류에 의한 부압 흡인력을 이용할 수 없기 때문에 송액 펌프가 필요하다.

스프레이 챔버는 네블라이저로 생성된 안개 가운데 입경이 작은 안개를 선별해 ICP에 도입하기 위한 장치로 네블라이저에서 생기는 캐리어 가스류의 요동을 완충하는 기능도 한다. 이중관형(스콧형), 사이클론형, 호른형 등이 일반적이다. 네블라이저로부터 도입된 시료의 대부분은 챔버 벽에 충돌해 드레인으로서 제거된다. ICP에 도입되는 시료량은 네블라이저로부터 분무된 시료 전체의 1~3% 정도이다.

[2] 여기부(勵起部)

플라즈마는 이온, 전자, 중성입자를 포함한 전기적으로 중성이며 큰 전리도를 가진 기체이다[14]. 삼중관 구조의 석영 플라즈마 토치 내에 아르곤 가스를 도입해, 선단부에 단 로드 코일에 고주파수의 대전류를 흘리면 코일 주위에 강력한 진동 자장이 발생한다. 이것에 의해 환상 전류가 유도되어 아르곤 가스를 고온으로 가열한다. ICP는 이 유도가열에 의해 유지된다.

플라즈마 토치 및 ICP의 구조를 〈그림 4.27〉에 나타낸다. ICP는 중공구조로 되어 있어, 중심부의 온도는 9,000~10,000K에 이른다. 토치 내부를 흐르는 아르곤 가스를 바깥쪽으로부터 플라즈마 가스, 보조가스, 캐리어 가스라고 부른다. 네블라이저로 안개화되어 스프레이 챔버에서 선별된 시료는 캐리어 가스와 함께 토치의 중심관으로부터 ICP에 도입된다. 고온 영역에 둘러싸인 여기(勵起) 존에 체류하는 시간은 보통 2~3ms로 탈용매, 원자화, 이온화가 일어나는 데 충분하다.

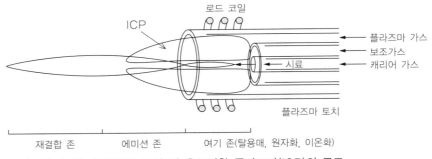

〈그림 4.27〉 플라즈마 토치 및 유도결합 플라즈마(ICP)의 구조

◎ 2. ICP-AES의 원리

ICP로 여기된 원자나 이온의 에너지 준위가 하위의 준위로 돌아올 때, 에너지 준위의 차이에 상당하는 파장의 빛이 방출된다. 즉, 발광선의 파장은 원소의 고유한 값이된다. 여기원자로부터의 발광선을 중성 원자선, 여기이온으로부터의 발광선을 이온선이라고 한다. ICP-AES는 발광 스펙트럼의 파장으로부터 원소를 확인하고, 발광강도로부터 농도를 정량하는 분석법이다.

ICP로부터의 발광은 분광기의 입구 슬릿에 집광되어 분광기에 유실된다.

ICP의 방사방향(플라즈마에 대해서 수직방향)에서 측광하는 방식과 ICP의 축방향에서 측광하는 방식이 있고, 양 방향에서 측광이 가능한 장치도 있다. 방사방향 측광은 감도가 약간 떨어지지만 공존하는 원소의 영향을 잘 받지 않는다. 한편, 축방향 측광은 고감도 분석을 기대할 수 있지만 공존하는 원소의 영향을 받기 쉽다. 현재는 축방향 측광의 공존원소의 영향을 경감하기 위한 기구를 갖춘 광학 인터페이스를 탑재한 기종도 있다.

분광기는 시퀀셜 타입과 멀티채널 타입으로 대별된다. 전자에는 체르니-터너형 분광기가, 후자에는 파셴(Paschen)-룽게(Lunge)형 분광기와 에셸형 분광기가 대표적이다. 진공자외 영역(파장 190nm 이하)의 발광선을 측정하기 위해서 분광기 안을 진공으로 하는 구조를 가진 것, 분광기 내의 공기를 질소나 아르곤으로 치환하는 기능을 갖춘 장치도 있다. 검출에는 광전자증배관 검출기나 CCD(Charge Coupled Device), CID(Charge Injection Device) 등의 반도체 검출기가 이용된다. 분광기의 구조와 검출기에 대해 이하에 설명한다.

[1] 체르니-터너형 분광기

이 분광기는 평면 회절격자를 컴퓨터 제어된 스테핑 모터로 회전시켜 검출기 슬릿의 위치에 도달하는 빛의 파장을 변화시키는 기구를 갖춘 장치이다. 일반적으로 검출기에는 1개의 광전자증배관 검출기가 탑재되어 목적원소의 측정파장을 주사함으로써 다원소 분석(엄밀하게 동시분석은 아니다)이 가능해진다.

[2] 파센-룽게형 분광기

이 분광기는 롤런드원에 입구 슬릿, 오목면(凹面) 회절격자, 검출기를 배치해 다원소 발광 스펙트럼을 동시에 검출하는 기구를 갖춘 장치이다. 검출기에 복수의 광전자증배관 검출기를 탑재한 기종과, 반도체 검출기를 연속적으로 배치한 기종이 있다. 후자는 단시간에 발광 스펙트럼의 전 파장을 동시에 검출·기록할 수 있다.

[3] 에셀형 분광기

이 분광기는 프리즘과 에셀 회절격자를 조합함으로써 측정 가능한 파장영역의 빛을 2차원으로 분산시키는 기구를 갖춘 장치이다. 이것과 반도체 검출기를 조합함으로써 단시간에 발광 스펙트럼의 전 파장을 동시에 검출·기록할 수 있다.

● 3. ICP-MS의 원리

ICP는 1가의 양이온을 효율적으로 생성한다. 하우크(Houk)[15]는 이온화 온도 7,500 K, 전자밀도 10^{15}개/cm^3의 조건에서 1가 양이온의 이온화율을 계산해 50종류 이상의 원소가 90% 이상의 비율로 1가 양이온으로 이온화됨을 나타냈다. ICP-MS는 플라즈마로 생성한 1가의 양이온을 질량분석계를 사용하여 질량 스펙트럼의 질량전하비(m/z)로부터 원소를 확인하고, 이온 카운트로부터 농도를 정량하는 분석법이다. 또, 동위체비 측정도 가능하다.

ICP에 도입된 시료는 여기(勵起) 영역에서 탈용매, 원자화, 이온화되어 일반적으로 로드 코일상 10mm 전후 위치에서 이온을 질량분석계로 끌어들인다. 이온은 인터페이스를 통해 대기압하에서 진공계에 유도되고, 이온렌즈계에 대해 중성입자나 포톤과 분리된다. 그 후 질량분리부에서 이온을 질량별로 분리해 2차 전자증배관 검출기나 패러데이 검출기 등으로 검출한다. 장치의 각 구성요소를 이하에 설명한다.

[1] 인터페이스

인터페이스는 샘플링 콘 및 스키머 콘으로 부르는 2개의 오리피스로 구성되며, 대기압하에 있는 ICP와 고진공하에 있는 질량분리부를 연결하는 역할을 한다. 후단의 이온렌즈계는 게이트 밸브를 통해 접속된다. 장치 가동 중에는 로터리 펌프에 의해 수백 Pa 정도의 준진공이 유지되지만, 휴지 시에는 대기압하에 놓인다. 이때, 게이트 밸브를 닫음으로써 후단의 고진공 상태는 유지된다.

샘플링 콘은 직경 1mm 정도의 구멍을 가진 원추형 구조로 ICP의 로드코일 위 10 mm 전후의 위치에 놓인다. 구리나 니켈로 된 것이 일반적인데 장치 가동 중에는 물 또는 가스로 냉각된다.

로드코일 상단과 샘플링 콘의 거리를 샘플링 뎁스(깊이)라고 하는데, 분석조건을 최적화할 때의 조정 파라미터 중 하나이다.

스키머 콘은 직경 0.3~1mm 정도의 구멍을 가진 원추형 구조로 샘플링 콘 뒤에 배치된다. 샘플링 콘과 마찬가지로 구리나 니켈로 된 것이 일반적이다.

[2] 이온 렌즈계

이온 렌즈계는 플라즈마로부터 이온을 효율적으로 끌어내기 위한 인출 전극, 백그라운드 시그널을 증가시키는 원인이 되는 중성입자나 포톤을 가리기 위한 기구, 효율적으로 질량분리부로 유도하기 위한 수속전극 등으로 구성된다. 중성입자나 포톤을 가리기 위한 기구에는 포톤 스토퍼, 축 어긋남 렌즈, 편향 전극, 편향 미러 등 다양한 형식이 있다. 모두 양(+)의 전하를 가진 이온의 궤도를 변화시킴으로써 직진하는 중성입자나 포톤과 분리하기 위한 것이다.

[3] 질량분리부 및 검출기

질량분리부는 이온렌즈계로부터 입사한 이온을 전기장이나 자기장 안을 통과시켜, 전자장 작용에 의해 m/z에 대응해 분리하는 부분이다. ICP-MS의 질량분리부에는 사중극자형 질량분석계(QMS : Quadrupole Mass Spectrometer), 이중수속형 질량분석계(SFMS : Sector Field Mass Spectrometer), 비행시간형 질량분석계(TOFMS : Time-of-Flight Mass Spectrometer) 등이 탑재되어 장치구성을 구별할 목적으로 각각 ICP-QMS, ICP-SFMS, ICP-TOFMS로 표기하기도 한다. 각 질량분석계의 구조와 검출기에 대해 이하에 설명한다.

① QMS : 4개의 몰리브덴 로드 전극에 고주파 교류전압과 직류전압을 인가해 전극 사이에 고주파 사중극 전기장을 형성한다. 특정 고주파 사중극 전기장은 특정 m/z를 가진 이온만이 빠져 나갈 수 있다. 그 외의 m/z를 가진 이온은 고주파 사중극 전기장 내에서의 진동 진폭이 커져 배제된다. 검출기에는 일반적으로 2차 전자증배관 검출기가 이용된다. 인가전압을 변화시키고 질량 스펙트럼을 주사함으로써 단시간에 다원소 분석(엄밀하게 동시분석은 아니다)이 가능하다(4.1.1 [2]). ICP-QMS는 소형이고 비교적 저렴해 가장 널리 보급되어 있는 시스템이다.

② SFMS : 자장 및 전기장 섹터로 구성된다. 입사 이온의 질량을 자기장 섹터로 운

동에너지를 전기장 섹터로 수렴시키기 때문에 높은 질량분해능을 얻을 수 있다. 일반적으로 HR-ICP-MS(고분해능형 ICP 질량분석장치)로 표기되는 기종은 이 시스템을 채용하고 있다. 단일 검출기를 탑재한 기종에서는 자기장 강도나 이온의 가속에너지를 변화시키고 질량 스펙트럼을 주사함으로써 다원소 분석이 가능하다. 한편, 전기장-자기장의 순서로 레이아웃(정배치형 이중수속이라고 한다)된 시스템에서는 자기장 섹터 후방에 복수의 검출기를 배치함으로써 질량 주사하지 않고 복수의 측정 대상원소를 동시에 검출할 수 있다. 이것은 MC-ICP-MS(멀티 컬렉터형 ICP 질량분석장치)로 표기되며, 정밀한 동위체비 측정에 매우 유리하다. 일반적으로 다이내믹 범위가 넓은 패러데이 검출기가 탑재된다. 또, 모든 질량을 하나의 면상에 수속시킬 수 있는 자장 섹터(Mattauch-Herzog 기하학이라고 한다)와 리니어 어레이 검출기를 탑재한 ICP-SFMS가 시판되고 있다. 이 장치는 단시간에 전체 질량 스펙트럼을 동시에 검출·기록할 수 있다.

③ TOFMS는 이온화한 시료를 가속해 검출기에 도달할 때까지의 시간 차이를 검출한다. m/z가 클수록 검출기에 도달하기까지 시간이 걸려 이 시간 차이를 검출함으로써 원소를 확인한다. 단시간에 전체 질량 스펙트럼을 동시에 검출·기록할 수 있다.

◉ 4. 장치 특성 및 분석상의 유의점

목적원소의 분석에 적절한 분석법을 선택하고 장치의 성능과 특성을 파악하는 것은 중요하다. 여기서는 장치의 감도와 검출한계, 분석의 장해가 되는 다양한 간섭과 그 대책 및 기본적인 장치 조정에 대해 설명한다.

[1] 감도와 검출한계

ICP-AES의 검출한계는 일반적으로 ppb(ng/mL) 단위이며, 플레임 원자흡광분석법(FAAS)과 거의 동등한 감도이다. 다만, 고온의 플라즈마를 이용하는 ICP-AES는 B, W, Ta, Zr과 같은 내화성 원소에 대해 FAAS보다 고감도이다.

ICP-MS의 검출한계는 일반적으로 ppt(pg/mL) 단위이며, 원소에 따라서는 서브 ppt 단위의 검출도 가능하다. ICP-AES에 비해 감도가 3자릿수 높고, 보다 미량인 원소분석이 가능하다. 대기환경 분야에서 자주 분석되는 원소에 대해 ICP-AES 및 ICP-MS로 기대되는 검출한계의 일례[16]를 〈표 4.7〉에 정리했다.

여기서는 유해 대기오염물질의 우선 검사물질로 지정되어 있는 원소, 미세 입자상 물질($PM_{2.5}$)의 환경기준 설정에 수반해 환경성이 발표한 '미세 입자상 물질의 성분분석과 관련되는 기초적인 정보에 대해'(2009년 9월)에서 조사할 무기원소 성분으로 예시

(단위 : ng/mL)

원소	ICP-AES	ICP-MS	원소	ICP-AES	ICP-MS
Li	1	0.027	Sb	10	0.012
Be	0.1	0.05	Ba	0.2	0.006
Na	10	0.03	La	2	0.002
Mg	0.1	0.018	Ce	9	0.004
Al	4	0.015	Pr	9	0.004
K	40	–	Nd	10	0.007
Ca	0.1	0.5	Sm	8	0.013
Sc	0.4	0.015	Eu	0.45	0.007
Ti	0.8	0.011	Gd	3	0.009
V	1	0.008	Tb	5	0.002
Cr	2	0.04	Dy	2	0.007
Mn	0.3	0.006	Ho	1	0.002
Fe	0.62	0.58	Er	2	0.005
Co	0.85	0.005	Tm	1.3	0.002
Ni	3	0.013	Yb	0.4	0.005
Cu	1	0.04	Lu	0.3	0.002
Zn	1	0.035	W	10	0.007
As	10	0.031	Ti	10	0.003
Se	15	0.37	Pb	20	0.01
Mo	2	0.006	Th	14	0.0003
Cd	1	0.012	U	50	0.0003

되어 있는 원소 및 그 측정법을 정한 대기 중 미세 입자상 물질($PM_{2.5}$) 성분 측정 잠정 매뉴얼(개정판)[13]에서 측정 대상원소로 언급되어 있는 원소를 참고로 대표적인 것을 예시한다.

대기분진에는 다양한 발생원에서 유래하는 다양한 원소가 포함되어 있다. 주요 원소와 극미량인 원소에서는 최대 10^6 정도의 농도 차이가 있다. 따라서 모든 원소를 동일 조건으로 일제 분석하는 것은 현실적으로는 바람직하지 않다. 목적원소의 농도 레벨에 대응해 ICP-AES와 ICP-MS를 이용하는 것이 일반적이다[17].

[2] 간섭과 그에 대한 대책

(a) ICP-AES의 발광 스펙트럼 간섭

ICP로부터의 발광 스펙트럼은 목적원소의 발광선뿐만 아니라 공존하는 원소나 아르곤 플라즈마 내에서 생성되는 다양한 원자나 이온에서 유래하는 발광선이 공존하고 있다. 파장이 근접하는 발광선끼리 서로 겹쳐 목적원소의 분석을 방해하는 것을 발광 스펙트럼 간섭이라고 한다. 다수의 발광선을 가진 전이금속을 고농도로 포함한 시료의 경우 특히 주의가 필요하다. 간섭의 정도는 목적원소와 공존원소의 농도 관계나 각 발광선의 강도에 따라서 다르다.

분해능이 높은 분광기(일반적으로 시퀀셜형이 유리하다)를 이용하거나 광학 필터 등의 옵션 기능을 가진 장치를 이용해 경감할 수 있지만 완전한 분리는 곤란하다. 따라서 복수인 발광선 가운데 비교적 간섭이 적은 발광선을 정량에 이용하는 것이 원칙이다. 미지 시료의 경우 예비적인 프로파일 측정을 실시하는 등 공존원소의 정보를 얻는 것과 동시에 파장표 등에서 목적원소의 발광선 근처의 정보를 얻어 두는 것이 중요하다. 또, 함수에 의해 발광 스펙트럼 간섭을 보정하는 프로그램도 실용화되고 있다.

(b) ICP-MS의 질량 스펙트럼 간섭

ICP에서는 용존원소의 단원자 이온과 함께 아르곤, 대기 중의 질소나 산소, 용매로서 도입되는 산이나 물에서 유래하는 단원자 이온이나 그것들이 복잡하게 결합한 다양한 다원자 이온도 생성한다. 또 ICP는 1가의 양이온을 효율 좋게 생성하는 이온원이지만 제2 이온화에너지가 작은 원소(예를 들면, Ba, La, Ce 등)의 경우 2가 양이온이 수% 생성된다. 또, 인터페이스 부근에 형성되는 온도가 낮은 경계층에서는 재결합 반응에 의해 산화물 이온 등도 생성된다. 이러한 m/z가 목적원소와 겹쳐 분석을 방해하는 것을 질량 스펙트럼 간섭이라고 한다.

SFMS를 탑재한 HR-ICP-MS에서는 높은 질량분해능에 의해 질량 스펙트럼 간섭의 대부분을 피할 수 있다. 그러나 가장 널리 보급되어 있는 ICP-QMS는 분해능이 낮아 다원자 이온의 피크와 명목상 같은 질량을 갖는 1가 이온의 피크를 분리할 수가 없다. 예를 들면, $[^{40}Ar^{14}N]^+$와 $^{54}Fe^+$나 $^{54}Cr^+$, $[^{40}Ar^{14}N^1H]^+$와 $^{55}Mn^+$, $[^{40}Ar^{16}O]^+$와 $^{56}Fe^+$, $[^{40}Ar^{16}O^1H]^+$와 $^{57}Fe^+$, $[^{40}Ar^{40}Ar]^+$와 $^{80}Se^+$ 등이 있다. 또, 대기시료(대기분진)의 분석에서는 산에 의한 분해처리를 실시하는 경우가 많기 때문에 용매에서 기인하는 다원자 이온도 무시할 수 없다. 질산, 황산, 염산 및 인산을 사용했을 때에 관측되는 다원자 이온의 예를 〈표 4.8〉에 나타낸다.

〈표 4.8〉 질산, 황산, 염산 및 인산을 사용할 때에 관측되는 다원자 이온

(재)일본규격협회의 허가를 얻어 JIS K 0113으로부터 전재)

m/z	원소(천연 존재비)	$H_2O(HNO_3)$	H_2SO_4	HCl	H_3PO_4
16	O(99.8)	^{16}O			
17	O(0.04)	^{16}OH			
18	O(0.20)	$^{16}OH_2$, ^{18}O			
19	F(100)	$^{16}OH_3$			
20	Ne(99.2)	$^{18}OH_2$			
21	Ne(0.26)	$^{18}OH_3$			
22	Ne(8.82)				
23	Na(100)				
24	Mg(78.8)				
25	Mg(10.15)				
26	Mg(11.05)				
27	Al(100)				
28	Si(92.21)	$^{14}N^{14}N$, $^{12}C^{16}O$			
29	Si(4.7)	$^{14}N^{14}NH$, $^{12}C^{16}OH$			
30	Si(3.09)	$^{14}N^{16}O$			
31	P(100)	$^{14}N^{16}OH$			
32	S(95.02)	$^{16}O^{16}O$	^{32}S		
33	S(0.75)	$^{16}O^{16}OH$	^{33}S, ^{32}SH		
34	S(4.21)	$^{16}O^{18}O$	^{34}S, ^{33}SH		
35	Cl(75.77)	$^{16}O^{18}OH$	^{34}SH	^{35}Cl	
36	Ar(0.34), S(0.02)	^{36}Ar	^{36}S	^{35}ClH	
37	Cl(24.23)	^{36}ArH	^{36}SH	^{37}Cl	
38	Ar(0.06)	^{38}Ar		^{37}ClH	
39	K(93.08)	^{38}ArH			
40	Ar(99.6), Ca(96.97) K(0.01)	^{40}Ar			
41	K(6.91)	^{40}Arh			
42	Ca(0.64)	$^{40}ArH_2$			
43	Ca(0.14)				
44	Ca(2.06)	$^{12}C^{16}O^{16}O$			
45	Sc(100)	$^{12}C^{16}O^{16}OH$			
46	Ti(7.99), Ca(0.003)	$^{14}N^{16}O^{16}O$	$^{32}S^{14}N$		$^{31}P^{14}NH$
47	Ti(7.32)		$^{32}S^{14}N$		$^{31}P^{16}O$
48	Ti(73.97), Ca(0.19)		$^{32}S^{14}N$, $^{32}S^{16}O$		$^{31}P^{16}OH$
49	Ti(5.46)		$^{33}S^{16}O$	$^{35}Cl^{14}N$	$^{31}P^{16}OH_2$, $^{31}P^{18}O$
50	Ti(5.23), Cr(4.35) V(0.24)	$^{36}Ar^{14}N$	$^{34}S^{16}O$		

m/z	원소(천연 존재비)	$H_2O(HNO_3)$	H_2SO_4	HCl	H_3PO_4
51	V(99.76)			$^{37}Cl^{14}N$, $^{35}Cl^{16}O$	
52	Cr(83.76)		$^{36}S^{16}O$	$^{35}Cl^{16}O$	
53	Cr(9.51)			$^{37}Cl^{16}O$	
54	Fe(5.82), Cr(2.38)	$^{40}Ar^{14}N$		$^{37}Cl^{16}OH$	
55	Mn(100)	$^{40}Ar^{14}NH$			
56	Fe(91.66)	$^{40}Ar^{16}O$			
57	Fe(2.19)	$^{40}Ar^{16}OH$			
58	Ni(66.77), Fe(0.33)				
59	Co(100)				$^{31}P^{12}C^{16}O$, $^{31}P^{14}N^{14}N$
60	Ni(26.16)				$^{31}P^{14}N^{14}NH$
61	Ni(1.25)				
62	Ni(3.66)				
63	Cu(69.17)				$^{31}P^{16}O^{16}O$
64	Zn(48.89), Ni(1.16)		$^{32}S^{16}O^{16}O$, $^{32}S^{32}S$		$^{31}P^{16}O^{16}OH$
65	Cu(30.83)		$^{32}S^{16}O^{16}O$, $^{32}S^{33}S$		$^{31}P^{16}O^{18}O$
66	Zn(27.81)		$^{34}S^{16}O^{16}O$, $^{32}S^{34}S$		$^{32}P^{16}O^{18}OH$
67	Zn(4.11)			$^{35}Cl^{16}O^{16}O$	$^{31}P^{18}O^{18}O$
68	Zn(18.57)	$^{40}Ar^{14}N^{14}N$	$^{36}S^{16}O^{16}O$, $^{32}S^{36}S$		$^{31}P^{18}O^{18}OH$
69	Ga(60.16)			$^{37}Cl^{16}O^{16}O$	$^{38}Ar^{31}P$
70	Ge(20.51), Zn(0.62)	$^{40}Ar^{14}N^{16}O$			
71	Ga(39.84)			$^{36}Ar^{35}Cl$	$^{40}Ar^{31}P$
72	Ge(27.4)	$^{36}Ar^{36}Ar$	$^{40}Ar^{32}S$		
73	Ge(7.76)		$^{40}Ar^{33}S$	$^{36}Ar^{37}Cl$	
74	Ge(36.56), Se(0.87)	$^{36}Ar^{38}Ar$	$^{40}Ar^{34}S$		
75	As(100)			$^{40}Ar^{35}Cl$	
76	Ge(7.77), Se(9.02)	$^{36}Ar^{40}Ar$	$^{40}Ar^{36}S$		
77	Se(7.58)	$^{36}Ar^{40}ArH$		$^{40}Ar^{37}Cl$	
78	Se(23.52), Kr(0.35)	$^{38}Ar^{40}Ar$			
79	Br(50.54)	$^{38}Ar^{40}ArH$			
80	Se(49.82), Cr(2.27)	$^{40}Ar^{40}Ar$	$^{32}S^{16}O^{16}O^{16}O$		
81	Br(49.46)	$^{40}Ar^{40}ArH$	$^{32}S^{16}O^{16}O^{16}OH$		
82	Kr(11.56), Se(9.19)	$^{40}Ar^{40}ArH_2$	$^{34}S^{16}O^{16}O^{16}O$		
83	Kr(11.56)		$^{34}S^{16}O^{16}O^{16}OH$		
84	Kr(56.9), Sr(0.56)		$^{36}S^{16}O^{16}O^{16}O$		

질산을 사용하면 ICP 중의 질소 농도가 증가해 N을 포함한 다원자 이온에 의한 질량 스펙트럼 간섭이 강해진다. 그러나 앞에 설명한 것과 같이 N을 포함한 다원자 이온은 항상 ICP 중에 존재하기 때문에 영향이 미치는 범위는 순수의 경우와 같다. 또, N의 제1 이온화에너지는 크고(14.53eV) 간섭의 강도는 한정적이다. 때문에 질산은 ICP-MS 입장에서 이상적인 산이다. 한편, 황산, 염산, 인산을 사용하면 매우 다양한 다원자 이온이 생성되어 보다 많은 원소에 질량 스펙트럼 간섭의 영향이 미친다. 또, S(10.36eV), Cl(12.97eV), P(10.49eV)보다 낮은 제1 이온화에너지에 의해 간섭의 강도도 질산을 사용했을 경우보다 크다. 따라서 이러한 산을 사용하는 경우에는 특별한 주의가 필요하다.

종래형 ICP-QMS에서는 질량 스펙트럼 간섭을 경감하기 위해서 간섭의 영향이 작은 동위체를 정량에 이용하는 것이 원칙이었다. 그러나 천연 동위체비가 특정 동위체에 크게 치우쳐 있는 원소나 단일 동위체 원소에서는 질량 스펙트럼 간섭을 피하는 것이 곤란하다. 예를 들면 전처리에 염산(과염소산도 마찬가지)을 사용했을 경우 $[^{37}Cl^{16}N]^+$나 $[^{35}Cl^{16}O]^+$가 $^{51}V^+$에, $[^{40}Ar^{35}Cl]^+$가 $^{75}As^+$에 간섭하지만, V의 동위체는 대부분이 ^{51}V(99.76%)에 치우쳐 있고, ^{75}As는 완전하게 단일 동위체이기 때문에 질량 스펙트럼 간섭의 영향은 피할 수 없었다. 때문에 스펙트럼 간섭을 보정하기 위한 함수가 이용되어 왔다.

이에 대해 현재 시판되고 있는 ICP-QMS에서는 질량 스펙트럼 간섭을 경감하는 기능으로서 질량분리부 앞에 충돌/반응 셀을 탑재한 것이 있다(인터페이스에 같은 기능을 부가한 기종도 있다). 셀에는 수소, 헬륨, 메탄, 암모니아 등의 단일가스 또는 그러한 혼합가스가 도입되어 플라즈마로부터 받아들여진 이온과 기체 분자가 상호작용을 일으킨다.

이때 다원자 이온은 기체분자와의 충돌·반응에 의해 해리하거나, 운동에너지를 잃어 대부분이 소실되는 구조이다. 이 시스템을 탑재한 ICP- QMS에서는 다원자 이온에 의한 질량 스펙트럼 간섭의 영향을 최소화할 수 있을 것으로 기대된다.

(c) 비스펙트럼 간섭

ICP-AES 및 ICP-MS에서는 앞에 설명한 것과 같은 발광 스펙트럼 간섭이나 질량 스펙트럼 간섭 이외에 화학 간섭 및 물리 간섭 등의 비스펙트럼 간섭에 유의할 필요가 있다. ICP는 전자밀도가 높고 시료 중의 매트릭스에 따라 분석원소의 이온화율이 변화하는 이온화 간섭의 영향은 작다고 한다. 하지만 고농도 매트릭스를 포함한 시료에서는 목적원소의 신호강도가 증감하는 경우가 있다(화학 간섭). 또 시료의 액성(예를 들면, 점성)에 따라서는 네블라이저에서의 안개화 효율이 변화해 시료 도입량의 변화에 기인하는 신호강도의 증감이 보이는 경우도 있다(물리 간섭). 이러한 비스펙트럼 간섭을 경감하기 위해서는 분석시료의 희석이나 표준시료에 대한 매트릭스 매칭이 유효하다. 또, 비스펙트럼 간섭을 보정하기 위한 정량법으로는 내부표준법이 유효하다(장치 감도의 드리프트 영향도 보정할 수 있다). 이것은 분석시료와 표준시료의 쌍방에 동일한 농도의 내부 표준원소를 첨가해 목적원소와 내부 표준원소의 신호비를 이용해 검량하는 방법이다.

내부 표준원소에는 분석시료에 포함되지 않은(또는 극미량이기 때문에 분석에 영향을 주지 않는) 원소를 선택하지 않으면 안 된다. 또, 목적원소와 내부 표준원소의 신호강도가 비스펙트럼 간섭에 의해 똑같이 영향을 받을 필요가 있기 때문에, 특히 ICP-MS에서는 목적원소와 질량수가 가까운 원소를 선정하는 것이 중요하다. ICP-MS에 의한 대기시료 분석에서는 내부 표준원소로서 저질량용으로 ^{7}Li이나 ^{9}Be, 중질량용으로 ^{59}Co, 중고질량용으로 ^{115}In, 고질량용으로 ^{209}Bi 등이 널리 이용된다. 또, ICP-AES에 의한 분석에서는 Y의 발광선(371.030nm)이 잘 이용된다. 그 밖에 표준첨가법도 비스펙트럼 간섭을 보정하는 정량법으로서 유효하다.

[3] 장치 조정

ICP-AES 및 ICP-MS는 여기부인 플라즈마를 안정화시키기 위해 분석을 개시하기 전에 30분 정도의 난기(暖機)운전을 필요로 한다.

ICP-AES는 여기부 및 분광기의 조정이 필요하다. 여기부에서는 광축 조정이 기본이 된다. 이것은 목적원소에 대해서 최대의 발광강도를 얻을 수 있도록 플라즈마 토치의 얼라인먼트를 조정하는 것을 가리키고, 플라즈마 토치를 탈착했을 때에는 필수이다. 분광기에서는 파장 교정이 중요하다. 이것은 목적원소의 파장과 분광기의 파장을 일치시키기 위해서 실시하는 조작으로 단파장, 중파장, 장파장 영역에 발광선을 가진 원소를 혼합한 용액을 도입해, 그 발광선을 이용해 파장을 교정한다.

ICP-MS는 여기부, 이온렌즈계, 질량분리부, 검출기의 각 부위에 대해서 조정이 필요하다. 여기에서는 가장 널리 보급되어 있는 ICP-QMS의 장치 조정에 대해 설명한다. 일반적으로 저, 중, 고질량의 원소를 혼합한 용액을 이용한다. 우선, 목적원소에 대해서 최대의 이온 카운트 수를 얻을 수 있도록 플라즈마 토치의 얼라인먼트를 조정한다.

다음으로 고주파 출력, 캐리어 가스 유량, 샘플링 깊이를 조정해 각 질량 영역에서의 감도를 최적화한다. 플라즈마 내에서 이온밀도가 최대가 되는 위치로부터 이온을 인터페이스에 넣는 것이 이상적이다. 고주파 출력을 올리면 이온밀도가 최대가 되는 위치는 로드코일 측으로 시프트한다. 한편, 캐리어 가스 유량을 늘리면 이온밀도가 최대가 되는 위치는 샘플링 콘 측으로 시프트한다. 따라서 이러한 파라미터에 맞추어 샘플링 깊이를 조정할 필요가 있다. 일반적으로 고주파 출력을 올리면 감도는 증가하고 질량 스펙트럼 간섭의 원인이 되는 산화물 이온의 생성비를 저감할 수 있다. 한편, 캐리어 가스 유량을 늘리면 감도는 증가하지만(너무 늘리면 감도는 저하한다), 산화물 이온의 생성비가 증가하는 경우가 있다. 또, 각 질량 영역 감도의 밸런스는 이온렌즈계의 파라미터를 조작함으로써 조정한다. 계속해서 질량축 교정과 분해능 조정을 실시한다. 질량축 교정이란 목적원소의 질량수와 질량분리부의 질량축을 일치시키기 위해서 실시하는 조작으로 저, 중, 고질량 각 원소의 질량수에 대해서 ±0.1amu(원자 질량 단위)를 기준으로 조정한다.

분해능은 피크 높이의 10% 높이에서의 피크 폭에 대해 0.7amu를 기준으로 조정한다. 또 ICP-QMS에 탑재되는 2차 전자증배관 검출기에는 2개의 검출 모드(펄스 카운팅 모드와 아날로그 모드)가 있어, 신호강도에 대응해 자동으로 모드가 바뀐다. 때문에 2개 모드의 신호강도를 선형적으로 잇는 계수(P/A 계수 등이라고 부른다)를 정기적으로 고칠 필요가 있다.

● 5. 분석법의 타당성 확인과 대기분석에 적용

실제로 대기분석을 실시하기 전에 대기분진의 표준물질 등을 이용해 분석법(전처리법을 포함한다)의 타당성을 확인하면 좋다. 표준물질은 미국의 NIST(National Institute for Standards and Technology)나 국립환경연구소 등에서 시판되고 있다. ICP-AES나 ICP-MS는 일반적으로 전처리로서 시료의 용액화가 요구된다. 산을 이용한 가압 용기법에 의한 분해처리가 대표적인 전처리이다. 그리고 필요에 따라서 희석이나 내부 표준원소를 첨가하고 분석을 진행한다. 각 원소의 분석값과 표준물질의 인증값을 비교함으로써 전처리부터 분석에 이르는 일련의 조작의 타당성을 확인할 수 있다.

〈표 4.9〉에 NIST에서 시판되고 있는 표준물질 SRM 1648(Urban Particulate Matter)을 가압 용기법에 의해 전처리(질산, 불산, 과산화수소수의 혼산을 사용)해 ICP-MS에 의해 분석한 결과의 일례[18]를 나타낸다. 그리고 이 데이터는 충돌/반응 셀을 탑재한 ICP-QMS를 이용해 내부표준법에 따라 정량한 것이다.

원소	분석 모드*1	m/z	검출한계 [pg/mL]	분석값 (평균값±표준편차) [μg/g]			인증값 참조값*2 [μg/g]	회수율 [%]
Be	NG	9	0.228	1.27	±	0.11	–	–
Al	He	27	185	32,500	±	1,100	34,200	95.1
V	He	51	2.06	130	±	4	127	102.4
Cr	He	53	2.65	400	±	24	403	99.4
Mn	H₂	55	1.71	778	±	34	786	99.0
Fe	H₂	57	119	38,100	±	1,600	39,100	97.5
Co	He	59	0.734	17.0	±	0.8	18 *2	94.2
Ni	He	60	2.89	66.0	±	1.2	82	80.4
Cu	He	63	16.7	563	±	45	609	92.5
Zn	He	66	88.4	4,780	±	148	4,760	100.4
As	He	75	0.819	114	±	3	115	99.0
Se	He	78	2.17	24.7	±	1.1	27	91.5
Mo	He	95	2.29	14.6	±	0.6	–	–
Ag	He	107	0.331	6.05	±	0.16	6 *2	100.9
Cd	He	111	0.461	71.8	±	4.4	75	95.7
Sb	He	121	1.27	42.7	±	1.5	45 *2	95.0
Ba	He	137	29.3	702	±	20	737 *2	95.3
Tl	He	205	0.0632	2.34	±	0.09	–	–
Pb	He	208	17.1	6,650	±	156	6,550	101.6
Th	He	232	0.120	7.01	±	0.05	7.4 *2	94.7
U	He	238	0.0367	5.30	±	0.14	5.5	96.4

＊1 충돌/반응 셀에 도입한 가스를 나타낸다. NG는 가스를 도입하지 않고 분석했음을 의미한다.
＊2 Co, Ag, Sb, Ba 및 Th는 참조값이다.

〈표 4.10〉은 타당성을 확인한 전처리법 및 분석법에 의해 대기분진시료를 분석한 결과의 일례[18]이다. 그리고 대기분진시료는 도로 주변 및 일반 환경에서 입경별(대기 동력학적 입경 $D_p < 2.1 \mu m$, $2.1-11 \mu m$, $> 11 \mu m$)로 포집된 것이다.

대기분진은 토양, 해염, 화산 등의 자연 발생원과 함께 공장·사업장의 매연, 자동차의 배기가스, 타이어나 브레이크의 마모, 들불 등 다양한 인위 발생원으로부터도 대기에 배출된다. 금속원소는 대기의 이류확산 과정에 있어서 대기 화학적으로 안정적이기 때문에 대기분진 발생원의 조성정보를 가진 일종의 트레이서로서 기능한다[19]. 즉, 금속원소는 대기분진의 기원을 아는 단서가 되는 것이다. 이와 같이 대기환경 분야에서 미

〈표 4.10〉 입경별 대기분진 중의 미량원소 농도[18]
(영국 왕립화학회의 허가를 얻어 문헌[18]의 Supplementary material에서 게재)

(단위 : ng/m^3)

원소	도로 주변(다테바야시(館林))			일반 환경(마에바시(前橋))		
	<2.1μm	2.1~11μm	>11μm	<2.1μm	2.1~11μm	>11μm
Be	0.0023	0.018	0.011	0.0045	0.011	0.0036
Al	91	830	620	93	620	250
V	1.6	1.5	1.0	1.2	1.1	0.43
Cr	13	4.2	1.5	3.0	3.5	0.78
Mn	18	17	10	6.9	9.5	3.0
Fe	250	720	410	87	370	130
Co	0.17	0.30	0.18	0.13	0.29	0.087
Ni	4.0	2.0	0.80	2.0	4.5	0.35
Cu	10	23	4.9	5.0	11	3.5
Zn	.79	48	41	32	20	5.7
As	0.93	0.35	0.12	0.74	0.25	0.045
Se	0.69	0.070	0.0092	0.37	0.050	0.0039
Mo	2.8	1.5	0.32	2.4	1.1	0.12
Ag	0.23	0.052	0.015	0.086	0.031	0.0039
Cd	0.40	0.063	0.015	0.48	0.041	0.0090
Sb	3.4	3.9	0.75	2.2	0.99	0.13
Ba	9.8	33	8.7	5.4	11	2.1
Tl	0.058	0.016	0.0057	0.037	0.012	0.0015
Pb	13	3.9	1.4	11	2.7	0.52
Th	0.0093	0.090	0.063	0.0062	0.048	0.015
U	0.0056	0.033	0.021	0.018	0.029	0.0086

량원소의 동태 해명은 중요해, 고감도이며 신속한 다원소 일제분석이 가능한 ICP-AES 및 ICP-MS는 대표적인 분석법이라고 할 수 있다.

4.5 주사 전자현미경법 및 투과 전자현미경법

1. 머리말

전자선을 시료에 조사하면 〈그림 4.28〉에 나타내듯이 2차 전자, 반사전자, 오제 (Auger) 전자, 특성 X선, 빛 등이 발생한다. 또, 시료의 두께가 충분히 얇으면 전자선은 시료를 투과하게 된다. 투과한 전자는 시료를 그냥 지나간 투과 전자, 에너지를 잃지 않고 진로를 굽힐 수 있는 탄성 산란 전자, 그리고 에너지를 잃은 비탄성 산란 전자로 분류된다. 전자선을 조사함으로써 발생하는 이러한 전자, 광자는 시료의 표면형상, 구성원소, 원자배열, 원자의 결합상태 등의 정보를 포함하고 있다. 전자선을 프로브로 하여 이러한 정보를 추출하기 위한 장치가 전자현미경이다.

전자는 가스 중의 분자에 의해서도 산란되므로 그 진로는 항상 높은 진공으로 유지할 필요가 있고, 시료도 보통 진공 안에서 관찰한다. 따라서 시료는 진공 안에서 형상을 유지할 수 있는 것에 한정된다. 전자현미경에 이용되는 전자선의 파장은 보통 0.01 nm 이하이며 이 파장은 빛의 파장과 비교해 현격하게 짧다. 이 때문에 전자현미경은 광학현미경에 비해 회절에 의한 상의 블러(blur)를 작게 하는 것이 가능하다. 또, 원리적으로 초점심도가 매우 깊은 것도 특징 중 하나이다.

전자현미경은 주사 전자현미경(SEM : Scanning Electron Microscope)과 투과 전자현미경(TEM : Transmission Electron Microscope)으로 분류할 수 있다. 전자는 주로 벌크시료에서 발생하는 2차 전자, 반사전자 등을 이용해 시료의 표면구조를 조사하는 장치이다. 후자는 전자선이 충분히 투과하는 얇은 시료를 이용해, 주로 시료를 투과한 탄성 산란전자나 비탄성 산란전자를 이용하여 시료의 내부구조를 조사하는 장치

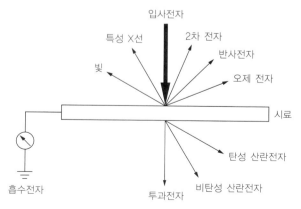

〈그림 4.28〉 시료에 전자선을 조사할 때 생기는 현상

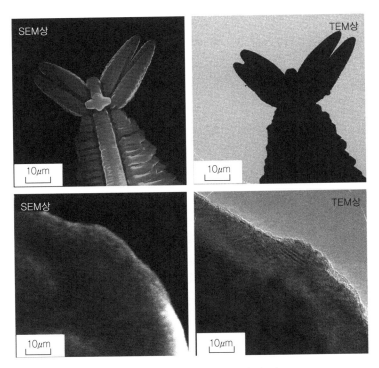

〈그림 4.29〉 SEM상과 TEM상의 비교

산화텅스텐을 이용한 SEM상과 TEM상의 비교. 상단 왼쪽은 비교적 저배율의 SEM상, 상단 오른쪽은 같은 배율, 같은 장소의 TEM상이다. SEM상에서는 시료표면의 凹凸을 명료하게 관찰할 수 있지만 시료를 전자선이 투과하지 않기 때문에 TEM상에서는 외형만 관찰된다. 한편, 시료의 선단부를 고배율로 비교 관찰한 예가 아래의 사진이다. 왼쪽은 SEM상이지만 이와 같이 확대해도 새로운 정보를 얻을 수 없다. 오른쪽의 TEM상에서는 격자상의 모양이 관찰된다. 이것은 격자상이라고 하는 원자 배열 정보이다.

이며 원자배열까지 관찰할 수 있다.

또, 어느 쪽 장치든 전자선이 조사된 시료 부위에서 발생하는 특성 X선을 이용해 시료의 원소분석이 가능하다. 〈그림 4.29〉에 특징적인 예로서 산화텅스텐의 주사 전자현미경에 의한 표면화상(SEM상) 및 그 선단 일부분을 투과 전자현미경으로 확대해 결정 내의 배열을 촬영한 화상(TEM상)을 나타낸다. 이 동일 시야의 SEM상(표면의 凹凸)과 TEM상(내부구조)의 비교 사진을 보면, 두 장치의 관찰 대상 차이를 이해할 수 있을 것이다.

본 절에서는 주사 전자현미경 및 투과 전자현미경의 원리와 이들 장치를 이용해 어떠한 정보를 얻을 수 있는지에 대해서 기초 내용을 설명한다.

◐ 2. 주사 전자현미경의 기본 원리[20]

주사 전자현미경(그림 4.30)은 일반적으로 SEM이라 부른다. 주요 용도는 덩어리(벌크상) 시료의 표면을 수 배의 저배율부터 100만 배 정도의 고배율까지 관찰하는 것이다. 전자의 진로는 항상 높은 진공으로 유지할 필요가 있다.

〈그림 4.30〉 열전자 방출형 전자총을 구비한 범용 SEM(JSM-6010)의 외관
터치 패널에 의해 조작하는 새로운 타입의 SEM.

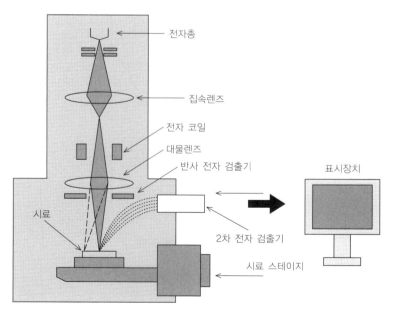

〈그림 4.31〉 SEM의 원리도

SEM은 전자총, 렌즈(집속렌즈, 대물렌즈)계, 전자 코일, 검출기(2차 전자, 반사전자), 시료 스테이지, 표시장치 등으로 구성되어 있다. 전자가 통과하는 경로는 진공펌프에 의해 항상 배기되어 있고, 진공으로 유지되어 있다.

〈그림 4.31〉에 SEM의 원리도를 나타낸다. 거울통 상부에 설치된 전자총에서 나온 전자는 전자선으로서 음극에 인가된 고전압에 의해 가속된다. 전자총에는 열전자 방출형, 냉음극 전계 방출형, 쇼트키 전계 방출형의 3종류(그림 4.32)가 있다. 열전자 방출형 전자총은 가장 일반적으로 사용되고 있어 사용자가 유지보수(전자 소스 교환, 전자총 클리닝)하는 것이 가능하다. 전자 소스로서 텅스텐 필라멘트나 LaB_6 단결정이 사용되고 있다. 후자 쪽이 고휘도이며 장수명이다. 이 전자 소스의 에너지 격차는 1.5eV 정

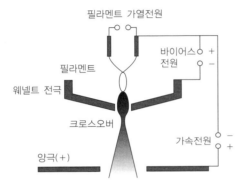

(a) 열전자 방출형 전자총

텅스텐의 필라멘트를 가열함으로써 발생한 열전자를 필라멘트와 웨넬트 전극 사이에 인가한 바이어스에 의해 크로스오버를 묶어 양극(+)에서 가속하는 구조이다. 사용자가 유지보수할 수 있다.

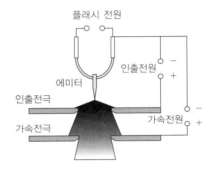

(b) 냉음극 전계 방출형 전자총

가장 높은 분해능을 얻을 수 있는 전자총이다. 전계 방출을 일으키기 위해 이미터의 선단은 청정하게 유지할 필요가 있고 전자총 안의 진공도는 $10^{-9}Pa$ 정도의 초고진공으로 유지할 필요가 있다.

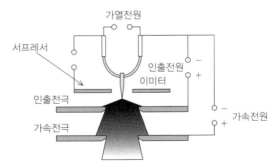

(c) 쇼트키 전계 방출형 전자총

이미터가 가열되고 있기 때문에 가스 흡착이 없고, 방출전류가 안정되어 있다. 따라서 고분해능 관찰과 아울러 EDS 등의 분석이 중시되는 경우에 이용된다.

〈그림 4.32〉 전자총의 종류

도이다. 냉음극 전계 방출형 전자총은 100nm 정도의 굵기로 성형된 텅스텐의 단결정 바늘 끝을 전자 소스로 하여 수 kV의 높은 전계를 인가했을 때에 터널 효과에 의해 전자가 방출되는 전계 방출 현상을 이용한 것이다. 방출된 전자는 가속전극에 의해 가속되어 소정의 에너지(가속전압)를 갖게 된다.

이 전계 방출형 전자총의 전자 소스 크기는 5~10nm로 열전자형 전자총의 전자 소스 크기 10~20μm에 비하면 매우 작다. 또, 방출된 전자의 에너지 격차가 적은 (~0.3eV) 것도 특징 중 하나이다. 이러한 이유 때문에 이 전자총을 이용하면 매우 높은 분해능을 얻을 수 있다.

한편, 쇼트키형 전자총은 가열된 금속 표면에 높은 전계를 인가했을 때에 일어나는 쇼트키 방출로 부르는 현상을 이용하고 있다. 이미터로는 선단곡률이 수백 nm인 텅스텐 단결정에 일함수를 저하시킬 목적으로 ZrO를 피복한 것이 이용되고 있다.

1,800K 정도의 온도로 이미터를 가열해 큰 방출전류를 얻을 수 있다. 이 타입의 전자총에서는 이미터로부터 방출되는 불필요한 열전자를 차폐하기 위해서 마이너스의 전압을 인가한 전극으로서 서프레서를 마련하고 있다.

전자총 부분은 10^{-7}Pa 정도의 초고진공에 놓여 있지만, 이미터가 1,800K 정도의 고온으로 유지되고 있기 때문에 가스 흡착이 없어 방출전류의 안정도가 우수하다. 냉음극 전계 방출형 전자총에 비해 방출전자의 에너지 폭은 약간 큰데(0.7~1.0eV), 높은 프로브 전류를 얻을 수 있는 장점이 있어 형태 관찰과 동시에 각종 분석 결과를 중시하는 경우에 이용된다.

가속된 전자선은 집속렌즈, 대물렌즈에서 가늘게 좁혀져 시료에 조사된다. SEM이나 다음에 설명하는 TEM에 이용하는 전자렌즈는 자계형을 이용하는 것이 일반적이다. 전자의 가속전압이 높으면 전자선의 파장이 짧아지므로 사진을 보다 가늘게 좁힐 수 있어 분해능이 높아진다. 반면, 전자가 시료 내부에 깊게 진입하기 때문에 시료에 따라서는 가장 바깥 표면의 관찰이 어려워진다(그림 4.33).

집속렌즈의 강도를 변화시킴으로써 전자선의 지름을 조정할 수 있다. 집속렌즈의 렌즈 작용을 강하게 하면 전자 프로브는 축소되므로 전자선이 가늘어져 SEM상의 분해능은 향상한다. 한편, 렌즈 작용을 약하게 하면 축소율은 작아지므로 전자선이 굵어져 SEM상의 분해능은 나빠진다.

〈그림 4.34〉에 나타내듯이 집속렌즈와 대물렌즈의 사이에는 조리개가 설치되어 있어 집속렌즈로 모아진 전자선 가운데 이 조리개를 통과하는 전자만 대물렌즈에 도달한다. 집속렌즈의 렌즈 작용을 강하게 하면 전자선은 크게 넓어져 조리개의 구멍을 통과할 수 있는 전자는 적어져(그림 왼쪽) SEM상의 분해능은 향상되는 반면, 신호(2차 전자의 발생)량은 감소해 화질은 나빠진다.

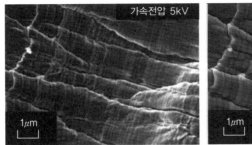
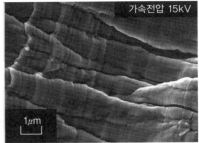

(a) 구리 절삭편의 표면

(b) 삼나무 꽃가루의 표면

(c) 도막의 표면

〈그림 4.33〉 가속전압의 차이에 따른 화상 질의 차이

가속전압을 높게 함으로써 전자선을 가늘게 좁히는 것이 가능해 높은 분해능을 얻을 수
있다. 그러나 시료의 성질이나 관찰 목적에 맞추어 가속전압을 변화시킴으로써 한층 더
많은 정보를 얻을 수 있다.

집속렌즈의 렌즈작용을 약하게 하면 전자선은 별로 퍼지지 않아 보다 많은 전자가
조리개를 통과할 수 있고(그림 오른쪽) 분해능은 나빠지지만 화질은 향상된다. 따라서
희망하는 배율로 집속렌즈의 강도를 바꿀 필요가 있다. 집속렌즈를 통과한 전자선은
전자 코일에 의해 굽힐 수 있어 시료 표면 위를 면상(面相)으로 주사한다(그림 4.31).

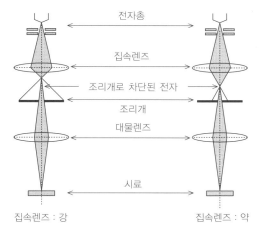

집속렌즈 : 강　　　　　　　　　　　집속렌즈 : 약

집속렌즈의 작용을 강하게 하면 전자선을 가늘게 좁힐 수 있어 분해능이 향상된다. 반면, 조리개로 차단되는 전자가 많아지기 때문에 2차 전자의 발생량이 감소하고, 화질은 열화한다(왼쪽). 집속렌즈의 작용을 약하게 하면 조리개에서 차단되는 전자가 감소하고, 시료 표면에서의 2차 전자 발생량은 증가하지만 전자선을 가늘게 좁힐 수 없어 분해능이 열화한다. 이 때문에 배율에 대응한 조정이 필요하다.

(a) 집속렌즈의 조정 1

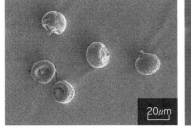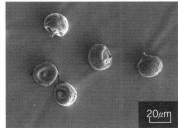

(b) 집속렌즈의 조정 2(삼나무 꽃가루)

왼쪽은 집속렌즈의 작용이 강한 경우, 오른쪽은 집속렌즈의 작용이 약한 경우의 2차 전자상이다. 하단은 중배율(×500), 상단은 비교적 높은 배율(×10,000)의 경우를 나타낸다. 높은 배율의 경우는 집속렌즈 작용을 강하게 하면 샤프한 분해능 높은 2차 전자상을 얻을 수 있고, 중배율 이하에서는 집속렌즈의 작용이 약할수록 매끄러운 화질 좋은 2차 전자상을 얻을 수 있다. 배율에 대응한 집속렌즈 작용의 조정이 필요하다는 것을 알 수 있다.

〈그림 4.34〉 목적에 따른 집속렌즈의 조정

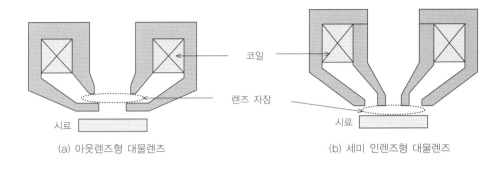

(a) 아웃렌즈형 대물렌즈   (b) 세미 인렌즈형 대물렌즈

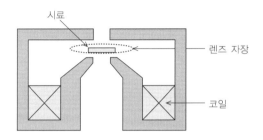

(c) 인 렌즈형 대물렌즈

〈그림 4.35〉 대물렌즈의 종류

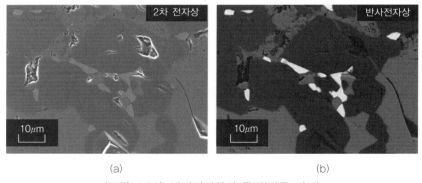

(a)   (b)

〈그림 4.36〉 반사전자상의 특징(광물 시료)

표면 연마된 광물 시료의 동일 시야에서의 2차 전자상(a)과 반사전자상(b)의 비교 예를 나타
낸다(가속전압 : 15kV). 2차 전자상에서는 비교적 미세한 凹凸 형상 변화를 관찰할 수 있다.
한편, 동일장소를 반사전자로 관찰하면 조성에 의한 콘트라스트가 현저해진다. 반사전자상은
이와 같은 광물 시료나 합금 시료 등의 관찰에 유효하다.

그리고 대물렌즈에 의해 시료상에 집속된다. 이 대물렌즈에는 아웃렌즈, 세미 인렌즈, 인 렌즈의 3종류(그림 4.35)가 있다. 아웃렌즈형 대물렌즈(그림(a))는 가장 많이 사용되고 있는 범용 타입의 대물렌즈이다. 시료의 크기나 자성 재료에서도 문제없이 사용할 수 있는 등 자유도가 높지만 초점거리가 길어 높은 분해능을 얻을 수 없다. 세미 인 렌즈형 대물렌즈(그림(b))는 슈노켈 렌즈라고도 하며 렌즈 형상을 연구함으로써 대물렌즈 하부 공간에 강자장을 누설시켜 렌즈를 형성한다. 아웃렌즈와 같이 큰 시료를 취급할 수 있지만 자성 재료의 관찰에는 쓰이지 않는다. 인 렌즈형 대물렌즈(그림(c))는 투과 전자현미경의 대물렌즈와 같이 렌즈의 자장 공간에 시료를 넣어서 가장 높은 분해능을 얻을 수 있지만, 시료의 크기는 수 밀리 이하여서 세미 인 렌즈와 마찬가지로 자성 재료의 관찰에는 쓰이지 않는다. SEM의 분해능은 전자총과 대물렌즈의 조합으로 정해진다.

시료에서 방출된 2차 전자나 반사전자는 시료실 내에 부착한 검출기로 검출되고 주사 위치의 휘도 신호로서 디스플레이에 표시된다. 2차 전자의 발생강도는 전자선이 시료표면에 입사할 때의 각도에 따라 바뀌기 때문에 2차 전자상에서는 시료 표면의 미세한 凹凸 형상을 관찰할 수 있다.

한편 반사 전자의 강도는 시료의 원자번호 증가에 따라 단조롭게 증가하기 때문에 반사 전자상은 합금 등에서의 조성이 다른 영역을 다른 콘트라스트로서 관찰할 수 있다(그림 4.36). 또, 2차 전자나 반사전자와 동시에 특성 X선이 발생하고 있기 때문에 시료실에 X선 분석장치(에너지 분산형 X선 분광장치 : EDS나 파장 분산형 X선 분광장치 : WDS)를 달아 발생한 특성 X선의 에너지(파장)에 대응한 강도를 계측함으로써 시료의 원소 분석도 가능하다.

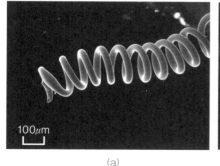
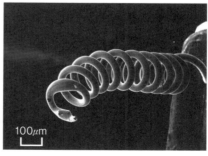

(a)   (b)

〈그림 4.37〉 스테이지 이동

끊어진 필라멘트의 선단을 비교적 저배율로 다른 방향으로부터 SEM 관찰한 예를 나타낸다. SEM은 초점심도가 깊고 스테이지는 수평 이동뿐만 아니라 회전이나 경사가 가능하다. 따라서 비교적 큰 시료(밀리 단위)를 모든 방향으로부터 관찰할 수 있다.

시료는 스테이지 위에 고정되어 있다. 주사 전자현미경의 스테이지는 수평(X, Y), 회전(R), 경사(T), 상하(Z) 이동 등의 움직임이 가능해 시료를 모든 방향으로부터 관찰할 수 있다(그림 4.37).

시료와 대물렌즈의 거리를 워킹 디스턴스(WD)라고 하며, 스테이지의 상하 움직임으로 변화시킬 수 있다. 워킹 디스턴스를 짧게 하면 SEM의 분해능은 향상되지만 초점심도는 얕아진다. 또 워킹 디스턴스를 길게 하면 SEM의 분해능은 저하하지만, 초점심도는 깊어진다. SEM을 충분히 잘 다루기 위해서는 지금까지 설명한 것처럼 시료나 목적에 따라 조건을 설정하는 것이 중요함을 알 수 있다.

⊙ 3. 주사 전자현미경용 시료 제작법

범용형 SEM에서는 수십 밀리 지름 정도 크기의 시료까지 관찰 가능하다. 시료 홀더 위에 도전성 테이프나 도전성 페이스트를 이용해 고정한다. 그러나 전자선을 시료 위에 조사하기 때문에 절연물에서는 시료 표면에 전하가 모여 차지업(charge up) 현상을 일으켜 상 관찰이 곤란하게 된다.

이것을 피하는 방법으로서 미리 시료 위에 금, 백금, 카본 등을 스패터링 장치나 진공 증착장치로, 코팅해 도전성을 갖게 하거나 가속전압을 1kV 부근까지 내려 관찰한다. 그러나 시료의 형상에 따라서는 도전성 코팅을 해도 차지업하는 시료가 있다.

〈그림 4.38〉은 전분 입자를 관찰한 예이다. 코팅 및 SEM 관찰 조건은 같지만 그림(a)는 차지업이 남아 있지만 그림(b)는 차지업이 없다. 이것은 전분 입자를 분산하고 있는 바탕(下地)에 차이가 있기 때문이다. 그림(a)는 실리콘 웨이퍼 위에 분산하고 나서

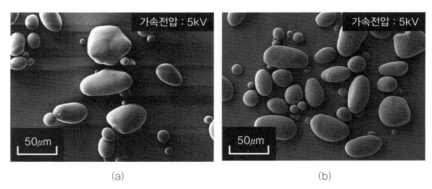

(a)   (b)

〈그림 4.38〉 차지업 현상의 실제

(a)는 실리콘 웨이퍼 위에 전분 입자를 분산하고 백금 코팅해 SEM 관찰했다.
(b)는 양면 테이프 위에 같은 전분 입자를 분산해 백금 코팅을 실시해 SEM 관찰했다. 백금의 코팅량(200nm 두께 정도)과 SEM 관찰 조건(가속전압)은 같지만 바탕의 차이에 따라 차지업의 정도가 다르다.

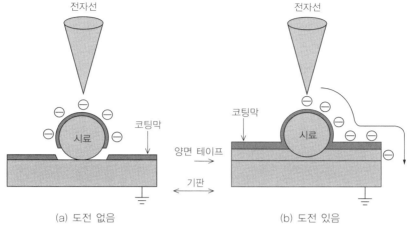

(a) 도전 없음

전자선

코팅막

시료

코팅막

양면 테이프

기판

(b) 도전 있음

〈그림 4.39〉 차지업의 방지

구 형태 시료의 경우 도전성 코팅 시에 코팅재의 회절성은 나쁘다. 시료와 바탕 사이에 도전
되기 어렵기 때문에 차지업이 일어난다(a). 한편, 양면 테이프 위에 시료를 분산하면 구 형태
시료의 일부가 파묻히고 시료와 바탕의 사이의 도전도 양호해진다(b).

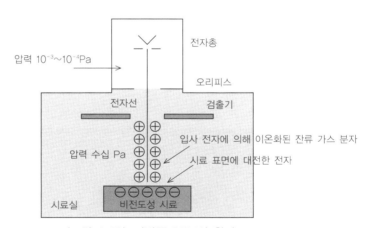

전자총

압력 $10^{-3} \sim 10^{-4}$Pa

오리피스

전자선

검출기

입사 전자에 의해 이온화된 잔류 가스 분자

압력 수십 Pa

시료 표면에 대전한 전자

시료실

비전도성 시료

〈그림 4.40〉 저진공 SEM의 원리

전자총 부분은 높은 진공도를 유지하고, 시료실의 진공을 저하시키면 잔류 가스가 입사 전자에 의해
이온화되어 시료 상의 대전(帶電)을 중화한다. 검출기는 일반적으로 반사 전자 검출기를 이용한다.

도전성 코팅을 해 전분 입자의 하부까지 코팅이 돌고 있지 않기 때문에 차지업이 일어
나고 있다. 한편, 그림(b)의 바탕은 양면 테이프이며 전분 입자를 양면 테이프의 점착
층에 가볍게 눌러 입자의 반 정도까지 메워지는 형태로 도전성 코팅했다(그림 4.39).
이와 같이 시료의 조정방법은 시료의 형상에 따라 판단할 필요가 있다.

금속이나 광물의 경우 소정의 크기로 절단하는 경우가 있다. 여기에는 다이아몬드

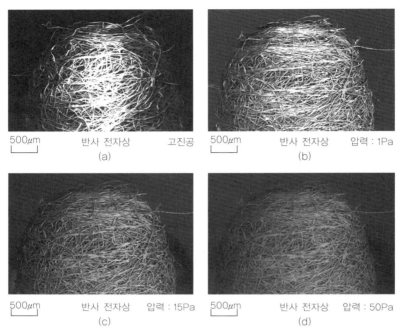

〈그림 4.41〉 저진공 SEM에 의한 절연물 관찰(압력변화의 영향)

(a)는 고진공으로 관찰한 결과, 차지업에 의한 이상(異常) 콘트라스트를 볼 수 있다. (b)는 압력 1Pa에서 관찰한 예를 나타낸다. 차지업은 완화되고는 있지만 여전히 이상 콘트라스트가 남아 있다. (c)는 압력 15Pa로 관찰한 예로 차지업은 완전하게 제거되었다. (d)는 압력을 한층 더 상승시킨 예로 잔류 가스의 양이 많고 화질이 열화했다. 적정한 압력은 시료에 따라 다르므로 주의가 필요하다. 모두 가속전압은 15kV로 촬영했다.

〈그림 4.42〉 저진공 SEM에 의한 절연물 관찰

필터에 모아진 분진을 저진공 SEM으로 관찰한 예를 나타낸다(가속전압 : 15kV).

커터 등이 필요하다. 또, 절단면이 관찰 대상인 경우는 경면 연마가 필요하게 된다. 금속이나 세라믹스의 연마면에서는 반사 전자를 이용해 결정 방위의 차이에 의한 콘트라스트(채널링 콘트라스트)를 얻을 수도 있다. 그러나 연마 등에 의한 가공 왜곡이 남아 있으면 충분한 채널링 콘트라스트를 얻을 수 없다. 이 경우는 시료 표면의 화학 에칭이나 전해 연마가 필요하다. 차폐재를 이용한 아르곤 이온에 의한 단면 제작장치[21]를 이용하면 비교적 용이하게 왜곡이 없는 단면을 제작할 수 있다.

최근에는 SEM의 시료실 내 진공도를 내리고 입사 전자빔으로 잔류 가스를 플러스로 이온화해 시료 위의 대전을 중화하는 저진공 SEM도 보급되어 있다. 〈그림 4.40〉에 그

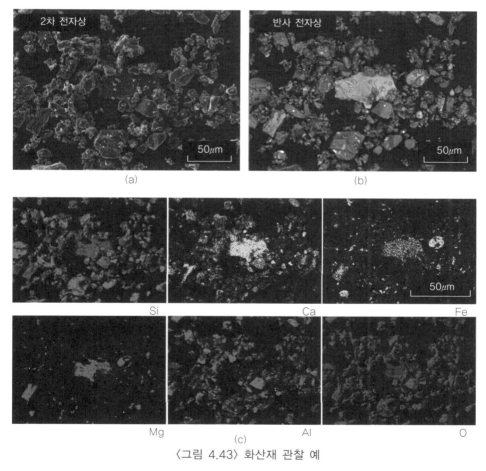

〈그림 4.43〉 화산재 관찰 예

채취한 화산재를 양면 테이프 위에 분산해 카본 증착을 실시한 후에 관찰했다. 2차 전자에 의한 관찰(a)에서는 시료 표면의 凹凸 등 세부 관찰이 가능하다. 한편, 반사 전자에 의한 관찰(b)에서는 평균 원자번호의 차이에 의한 콘트라스트를 얻을 수 있다. 그리고 EDS 분석에 의해 실제 구성 원소를 알 수 있다. 또, 원소 매핑(c)으로부터 구성원소의 2차원 분포를 알 수 있다.

원리도를 나타낸다. 이 장치를 이용하면 절연물을 도전성 코팅하지 않고도 관찰 가능하다. 〈그림 4.41〉에 면봉 선단의 관찰 예를 나타낸다. 시료의 재질이나 형상에 따라 적절한 진공도는 바뀐다. 분진 등의 분체시료나 석면(asbestos) 등의 미소섬유 형상의 시료는 보통 양면 테이프 위에 분산하거나 멤브레인 필터 위에 분산해 카본 코팅을 실시해 관찰한다. 그러나 저진공 SEM에서는 이러한 시료를 도전성 코팅 없이 관찰(그림 4.42)할 수 있다.

4. 주사 전자현미경의 응용

양면 테이프 위에 분산된 화산재의 SEM 관찰, X선 분석 예를 〈그림 4.43〉에 나타낸다. 카본 코팅을 실시해 보통의 고진공으로 관찰하고 있다. 2차 전자상에서는 입자

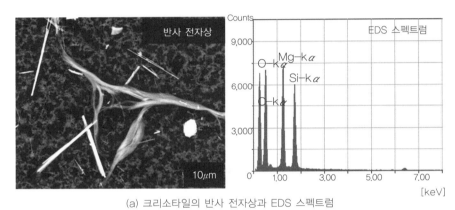

(a) 크리소타일의 반사 전자상과 EDS 스펙트럼

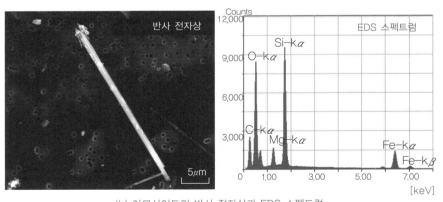

(b) 아모사이트의 반사 전자상과 EDS 스펙트럼

〈그림 4.44〉 석면 관찰 예

2종류의 석면을 필터 위에 채취해 카본 증착을 실시한 후에 관찰했다. 반사 전자에 의해 관찰을 실시해 섬유 위에 전자선을 정지시키고 EDS에 의한 점분석을 실시한 결과를 우측에 나타낸다. 분석 결과로부터 (a)는 크리소타일 (b)는 아모사이트임을 확인할 수 있다.

표면의 형상을 자세하게 관찰할 수 있어 반사 전자상을 이용함으로써 조성의 차이를 알 수 있다. 그리고 전자선 조사에 의해 발생한 특성 X선의 에너지를 분광함으로써 각각의 구성원소를 알 수 있다. 멤브레인 필터 위에 분산된 석면의 SEM 관찰, X선 분석 예를 〈그림 4.44〉에 나타낸다. 카본에 의한 도전성 코팅을 실시해 고진공 SEM으로 관찰, 분석하고 있다. X선 분석에 의해 구성원소를 특정함으로써 분류까지 가능해진다.

● 5. 투과 전자현미경의 기본 원리[22), 23)]

투과 전자현미경(그림 4.45)은 일반적으로 TEM이라고 한다. 얇게 한 시료에 100~1,000kV 정도의 고전압으로 가속한 전자를 조사한다. 투과한 전자는 시료의 구조(결정 배열, 조성, 두께 등)에 대응한 산란을 일으킨다. 이 투과 전자의 확대상을 전자 렌즈의 조합으로 얻는 것이 TEM이다.

〈그림 4.46〉에 나타내는 대로 TEM은 조사계(전자총, 집속렌즈의 조합), 결상계(대물렌즈, 중간렌즈, 투영렌즈)로 구성되어 있다. 전자총에는 2항의 SEM 항에서 설명한 바와 같이 열전자총형(텅스텐, LaB_6), 냉음극 전계 방출형, 쇼트키형이 있어 목적에 따

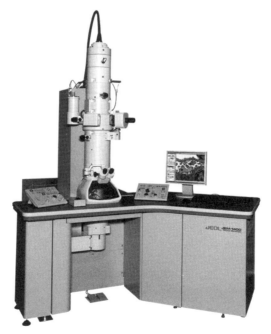

〈그림 4.45〉 열전자 방출형 전자총을 구비한 TEM(JEM-1400)의 외관

열전자 방출형 전자총을 갖춘 TEM. 가속전압은 최대 120kV로 높은 콘트라스트의 TEM상을 얻을 수 있는 장치이다. STEM, EDS 등의 부속장치를 탑재할 수 있어 복합적인 해석을 실시할 수 있다.

라 장치 도입 시에 선택할 필요가 있다.

TEM의 분해능(0.1~0.2nm)은 매우 높아 원자배열(격자상)까지 관찰할 수 있다. TEM상의 콘트라스트 성인(成因)은 다음의 3종류(mass-thickness 콘트라스트, 회절 콘트라스트, 위상 콘트라스트)로 구성된다.

시료 중의 질량이 큰 원소 부분이나 다른 부분보다 두꺼운 부분에서는 입사 전자가 더 크게 산란된다. 크게 산란된 전자는 시료의 후초점 부근에 배치된 대물 조리개로 차단되고 TEM상 위에서 어두워져, 산란이 작은 다른 부분과 명암의 콘트라스트가 생긴다. 이것을 mass-thickness 콘트라스트(그림 4.47)라고 한다.

결정성 시료에 대해서는 방위가 조건을 만족하면 회절현상이 일어나 입사 전자선은 크게 산란된다. 대물 조리개에 의해 직접 투과파만을 이용해 결상한 명시야상에서는 회절조건을 만족한 영역은 그 영역으로부터 회절된 전자가 대물 조리개에 의해 차단되

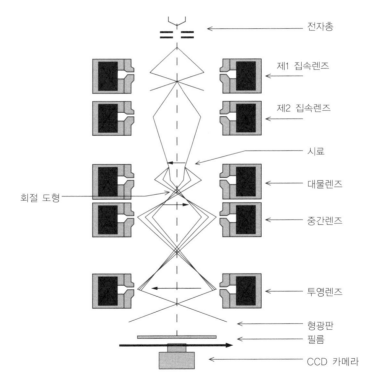

전자총
제1 집속렌즈
제2 집속렌즈
시료
대물렌즈
회절 도형
중간렌즈
투영렌즈
형광판
필름
CCD 카메라

〈그림 4.46〉 TEM의 원리도

TEM은 조사계(전자총, 집속렌즈의 조합), 결상계(대물렌즈, 중간렌즈, 투영렌즈)로 구성되어 있다. TEM상은 최종적으로 상관실(像觀室)의 형광판에 투영된다. TEM상의 기록은 형광판 아래에 있는 필름 등에 직접 노광한다. TEM상과 동일 시야의 전자회절 도형을 얻을 수 있다. 전자회절 도형을 취득함으로써 이 부위 원자 배열의 규칙성, 주기성, 대칭성, 변형 등의 중요한 정보를 얻을 수 있다.

어 결상에 기여하지 않기 때문에 회절조건을 만족하지 않은 영역에 비해 어두워진다. 이러한 콘트라스트를 회절 콘트라스트(그림 4.48)라고 한다. 이 콘트라스트는 회절조건이 방위에 민감하기 때문에 격자 결함이나 외력에 의한 격자 왜곡을 검출, 관찰하기 위해서 매우 유효하다.

그리고 회절만을 이용한 상은 암시야상이라고 하는데, 이 상에서는 회절조건을 만족하는 영역은 밝고 회절조건을 만족하지 않는 영역은 어두워진다. 큰 대물 조리개를 사용하면 투과 빔과 회절 빔이 양쪽 조리개를 통과한다. 전자선은 본래 파로서의 성질을

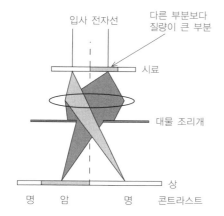
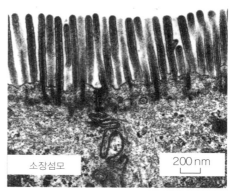

〈그림 4.47〉 mass-thickness 콘트라스트
오른쪽은 mass-thickness 콘트라스트에 의해 상이 맺힌 소장섬모의 TEM상이다.

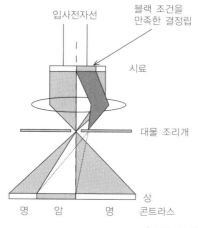
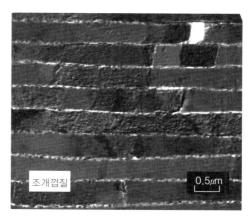

〈그림 4.48〉 회절 콘트라스트
다결정 시료에서 블랙 조건을 충족시키는 결정립은 다른 결정립보다 다량의 전자선을 산란하고 대물 조리개에 차단되어 TEM상 위에서 어두워지므로 콘트라스트로서 인식할 수 있다. 또, 결정 결함이나 입계가 있으면 마찬가지로 콘트라스트로서 인식할 수 있다. 이것을 회절 콘트라스트라고 한다. 오른쪽은 회절 콘트라스트에 의해 결상된 조개껍질의 TEM상을 나타낸다.

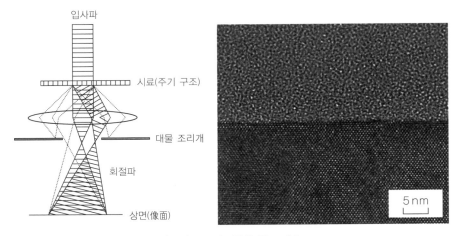

〈그림 4.49〉 위상 콘트라스트

조리개를 통과한 투과파와 회절파가 상면(像面) 부근에서 다시 한번 만나서 상을 만들 때
투과파와 회절파 사이에 간섭에 의하여 생기는 상 콘트라스트를 위상 콘트라스트라고 한다.
격자상은 위상 콘트라스트이고, 포커스에 따라 콘트라스트가 변한다. 오른쪽은 위상 콘트라
스트에 의하여 결상된 실리콘 단결정상의 산화막(아몰퍼스) TEM상을 나타낸다.

갖고 있기 때문에 이 성질을 명확히 할 필요가 있는 경우에는 각각을 투과파와 회절파
(결정성 시료가 아닌 경우는 산란파)라고 한다. 상면(像面) 부근에서는 이러한 파는 다
시 만나 간섭 패턴을 일으킨다. 이 패턴의 콘트라스트는 만났을 때의 투과파와 회절파
사이에서 위상의 차이와 각 파(波)의 강도에 의해 생긴다. 회절파의 위상이나 강도는
시료의 장소마다 달라 상 위의 간섭 패턴에 콘트라스트를 일으킨다. 이 콘트라스트를
위상 콘트라스트(그림 4.49)라고 한다. 격자상은 위상 콘트라스트 중 하나이며, 회절파
가 투과파와 만남으로써 생기는 간섭 무늬이다. 시료 두께나 렌즈의 수차(收差), 초점
은 편차량에 의해 서로 간섭하는 파의 위상이 변화하기 때문에 그것들을 변화시키면
콘트라스트가 바뀐다. 따라서 상을 적절히 해석하려면 최적의 초점은 편차량을 찾아내
는 것이 필요해, 일련의 포커스로 촬영된 수르-포커스(through-focus) 시리즈를 취
득하는 것이 일반적으로 행해지고 있다. 또, 정량적으로 해석하려면 TEM상을 시뮬레
이션하는 경우가 있다.

　TEM에는 전자회절 모드가 표준적으로 장비되어 있고, TEM상과 동일 시야의 전자
회절 도형(그림 4.50)을 얻을 수 있다. 전자 회절 도형을 취득함으로써 원자 배열의 규
칙성, 주기성, 대칭성, 왜곡 등의 중요한 정보를 얻을 수 있다.

　TEM상이나 회절 도형은 최종적으로 상관실(像觀室)의 형광판에 투영된다. TEM상
의 기록은 형광판 아래에 있는 필름에 직접 노광한다. 그러나 최근에는 필름을 사용하
지 않고 CCD 카메라를 사용해 직접 디지털 데이터로서 기록하는 경우가 많아지고 있

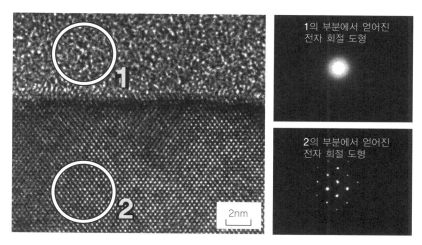

〈그림 4.50〉 전자회절 도형

대물렌즈의 후초점면에는 항상 전자회절 도형이 생기고 있다. TEM에서는 이것을 렌즈의 조정에 의해 최종적으로 형광판 상에 결상하게 하여 전자회절 도형을 얻는다. TEM상과 동일 시야의 미소 영역의 결정 정보(방위, 규칙성, 대칭성 등)를 얻을 수 있다. 왼쪽은 Si 단결정상의 산화막 단면 TEM상을 나타낸다. 오른쪽 상하는 각각 TEM상 중의 1(아몰퍼스 (amorphous) 영역)의 영역. 2(단결정 영역)로부터 얻은 전자회절 도형이다. 아몰퍼스 부분은 해로(harrow) 패턴인데 단결정 부분에서는 대칭성이 좋은 회절 도형을 얻을 수 있다.

다. 또, 상관실이 없는 차세대 TEM도 상품화되었다.

또한, SEM과 마찬가지로 전자선을 가늘게 조여 시료 위를 면상으로 주사해 투과한 전자선 강도를 휘도로서 상을 얻는 STEM(주사 투과 전자현미경) 기능을 가지는 것이 주류가 되어 가고 있다.

에너지 분산형 X선 분광법(EDS)이나 전자선 에너지 손실분광법(EELS)[24]의 기능을 조합함으로써 미소 영역의 점분석이나 원소별 분포를 나타내는 원소 매핑을 얻을 수 있다(TEM의 경우는 시료가 박막화되어 있어 전자선의 시료 내 확산 영향이 없기 때문에 전자선의 지름과 같은 정도의 공간 분해능으로 분석이 가능해진다). 또 EELS를 사용하면 전자 상태를 해석할 수 있다.

◎ 6. 투과 전자현미경의 시료 제작법

TEM 시료의 크기는 대물렌즈의 갭이 좁기 때문에 작은데, 일반적으로는 최대 3mm 지름이다. 또, TEM 시료는 전자선이 충분히 투과할 수 있도록 얇게 하는 것이 중요하다. 석면이나 미립자 등 지름이 매우 작은 시료는 전자선을 충분히 투과할 수 있는 카본이나 수지로 만들어진 두께 수십 nm의 얇은 막(지지막) 위에 분산해 직접 관찰하는 경우가 많다. 이러한 경우에는 미리 용제 내(물, 유기용제 등)에서 초음파에 의한 분산을 실시하는 편이 지지막 위에서 시료를 겹치지 않고 관찰하기 쉬운 시료를 제작할 수 있다.

전자선이 투과할 수 없는 크기의 시료에 관해서는 전자선이 충분히 투과하는 정도의 두께까지 박편화할 필요가 있다. 박편화 방법은 시료의 물성(경도, 도전성, 형상)에 따라 구분하여 사용할 필요가 있다. 예를 들면 수지, 생체 시료나 일부 부드러운 금속은 울트라 마이크로톰을 사용한 초박절편법이 일반적이다. 생체 시료의 경우는 미리 조직에 화학고정, 탈수처리를 실시해 수지를 둘러쌀 필요가 있다. 수지의 경우도 오스뮴산이나 루테늄산 등으로 미리 염색이 필요한 경우가 있다. 금속에서는 전해연마법, 광물, 세라믹 등의 절연물이나 합금에서는 아르곤 이온을 이용한 이온 밀링법이 사용된다. 또, 반도체 소자의 불량해석 등과 같은 위치 정밀도가 높은 시료를 제작하기 위해서는

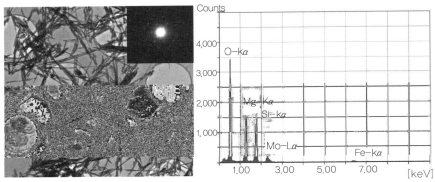

(a) 크리소타일의 TEM상과 EDS 스펙트럼

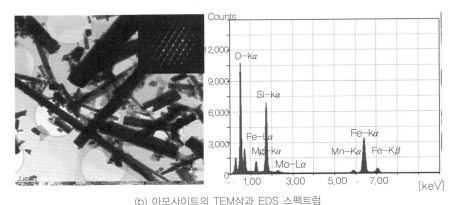

(b) 아모사이트의 TEM상과 EDS 스펙트럼

〈그림 4.51〉 석면 관찰 예

TEM에 의한 석면의 해석 예를 나타낸다. 카본 지지막 위에 시료를 분산한 후 TEM 관찰을 실시한 예를 나타낸다(왼쪽). SEM과 마찬가지로 EDS를 이용해 점분석이 가능하고, 그 결과를 오른쪽의 스펙트럼으로 나타낸다. 특히 TEM의 경우 각각의 TEM상의 오른쪽 위에 나타내는 것 같은 전자회절 도형을 얻을 수 있고. 결정학적 지식으로부터도 물질을 특정할 수 있다.

가공 정밀도가 요구된다. 이러한 경우는 갈륨이온을 이용한 집속 이온 빔 장치(FIB)[25]
가 일반적으로 사용된다. 이 FIB에 의한 시료 제작은 수지와 금속의 접합계면 등 물성
이 현저하게 다른 물질의 복합재료에도 유효하다.

⟫ 7. 투과 전자현미경의 응용

2종류의 석면 해석 예를 〈그림 4.51〉에 나타낸다. TEM의 경우는 EDS 분석과 함께
전자회절 도형을 얻을 수 있다. 원소 분석만으로는 시료 분류가 어려운 경우에도 전자
회절을 이용하면 보다 확실해진다.

⟫ 8. 정리

지금까지 SEM과 TEM의 기본 원리와 응용에 대해 해설했다. SEM은 표면 관찰에
적절하고, 비교적 큰 시료를 취급할 수 있다. 시료 제작도 용이하므로 시료의 넓은 범
위에서 정보를 얻을 수 있다. 한편, TEM은 원자 단위의 미세한 정보를 얻을 수 있다.
그러나 시료는 작고(3mm 지름 이내) 전자선을 투과시킬 필요가 있기 때문에 시료 제
작에 노력이 필요한 경우가 많다. 따라서 효율적으로 시료를 관찰하려면 SEM, TEM
두 가지 이점을 살려서 구분, 사용하는 것이 중요하다.

1) 環境省水・大気環境局大気環境課：有害大気汚染物質測定方法マニュアル・排ガ
ス中の指定物質の測定方法マニュアル，2008（最新版は2011）
http：//www.env.go.jp/air/osen/manual2/index.html

2) 笠間健嗣：これならわかるマススペクトロメトリー　第2章 質量分離装置の常識，
化学同人，2001

3) 渡辺欣愛，柏平伸幸，牧野和夫，桐田久和子，西川雅高，渡辺靖二，四ノ宮美保，
大高広明共著，日本環境測定分析協会編：改訂　新明解　分析技術者のための環境分
析技術手法，しらかば出版，2009

4) 日本質量分析学会出版委員会編：マススペクトロメトリーってなぁに？，国際文
献印刷社，2007

5) 環境庁環境安全課：LC/MSを用いた化学物質分析マニュアル，2000年4月

6) M. Uebori, K. Imamura：Analysis of Aliphatic and Aromatic Carbonyl
Compounds in Ambient Air by LC/MS/MS, Ana.Sci., 20, pp. 1459-1462, 2004

7) A. Walsh：The application of atomic absorption spectra to chemical analysis,
Spectrochim. Acta, Vol. 7, pp. 108-117, 1955

8) B. V. L'vov：Vergleich von Atomabsorption und Atomfluoreszenz in der
Graphitkuvette The analytical use of atomic absorption spectra Spectrochim. Acta,
Vol. 17, pp. 761-770, 1961

9) H. Massman：Spectrochim. Acta Part B, Vol. 23, pp. 215-226, 1968

10) JIS K 0211：2005　分析化学用（基礎部門）

11) JIS K 0121：2006　原子吸光分析通則

12) JIS K 0102：2008　工場排水試験方法

13) 環境省：大気中微小粒子状物質（PM$_{2.5}$）成分測定暫定マニュアル（改訂版），環境省，
2007

14) C. Vandecasteele, C. B. Block（原口紘炁，寺前紀夫，古田直紀，猿渡英之共訳）：
微量元素分析の実際，丸善株式会社，1995

15) R. S. Houk：Mass spectrometry of inductively coupled plasmas, Anal. Chem. 58,
97A-98A, 100A-105A, 1986

16) 原口紘炁，稲垣和三：ICP-MS, ICP-AESによる堆積物，河川水，海水の分析，
ぶんせき，7，pp. 494-503，1998

17) N. Furuta, A. Iijima, A. Kambe, K. Sakai, K. Sato：Concentrations, enrichment
and predominant sources of Sb and other trace elements in size classified airborne
particulate matter collected in Tokyo from 1995 to 2004, J. Environ. Monit., 7, pp.
1155-1161, 2005

18) A. Iijima, K. Sato, T. Ikeda, H. Sato, K. Kozawa and N. Furuta：Concentration
distributions of dissolved Sb（III）and Sb（V）species in size-classified inhalable
airborne particulate matter, J. Anal. At. Spectrom., 25, pp. 356-363, 2010

19) A. Iijima, H. Tago, K. Kumagai, M. Kato, K. Kozawa, K. Sato and N. Furuta：
Regional and seasonal characteristics of emission sources of fine airborne
particulate matter collected in the center and suburbs of Tokyo, Japan as
determined by multielement analysis and source receptor models, J. Environ.
Monit., 10, pp. 1025-1032, 2008

20) SEM 走査電子顕微鏡 A ～ Z　SEM を使うため基礎知識，日本電子株式会社

21) 柴田昌照：日本電子ニュース，Vol. 35, No. 1 p. 24, 2003

22) 堀内繁雄：高分解能電子顕微鏡 -原理と応用-，共立出版，1991

23) 今野豊彦：物質からの回折と結像 -透過電子顕微鏡法の基礎-，共立出版，2003

24) 田中道義，出井哲彦：透過電子顕微鏡用語辞典（工業調査会），p.140，2005

25) 藤本文範，小牧研一郎共編：イオンビーム工学 – イオン・固体相互作用編，内田老鶴圃，2005

제 **5** 장

분석 · 분석값의 신뢰성

5.1 분석의 신뢰성

우리의 건강을 보호하고 안전한 생활환경을 보전하기 위해서 대기오염물질에 대응해 환경기준이 정해지고 규제되고 있다. 때문에 다양한 대기오염물질을 신뢰성 높게 모니터링해야 한다. 모니터링에는 앞에 설명한 것 같은 각종 분석기기나 측정기를 사용해 출력된 수치에 의해 환경기준을 충족시켰는지 여부를 판단한다.

이 수치의 신뢰성을 평가하려면 몇 가지 과제를 검토해 높은 신뢰성을 달성한다. 즉, 어느 시료에 포함되어 있는 어떤 분석 대상물을 분석 혹은 측정하려고 할 때 ① 적응하는 분석방법의 신뢰성, ② 사용하는 분석기기 혹은 측정기기의 신뢰성(성능), ③ 분석 혹은 측정하는 사람의 신뢰성(기능) 및 ④ 일상적으로 사용하고 있는 분석 시스템의 신뢰성이 각각 어떻게 확보되고 있는가가 중요하다. 이 4가지를 평가함으로써 분석·측정의 신뢰성을 추측할 수 있다.

최근에는 이러한 분석·측정의 신뢰성을 확보하는 방법 중 하나로서, 국제적으로 통용되는 조직(분석기관)의 자격에 시험소 인정제도가 보급되어 있다. 분석기술은 개인의 자질에 근거하는 경우가 많지만, 조직으로부터 분석값이 보고되는 것을 생각하면 개인의 자질만을 생각할 것이 아니라 조직 안의 개인의 자질을 생각하는 것이 중요해졌다.

어쨌든, 개인 분석자로부터 보고된 분석값의 신뢰성이 높으면 조직으로부터 보고된 분석값의 신뢰성도 높아지므로 그 체제 구축이 필수 불가결하다. 때문에 분석기관은 분석장치·분석기기의 정비는 물론이고 분석 조작 매뉴얼이나 분석환경의 정비, 분석자에 대한 교육 훈련·감독 지도, 분석 결과의 타당성 확인·평가·검증 등이 끊임없이 이루어지는 시스템을 구축하는 것이 필요하고, 거기에 속하는 분석자도 높은 신뢰성을 확보할 수 있도록 노력하지 않으면 안 된다.

◐ 1. 시험소 인정제도

시험소 인정제도는 최근 국제적인 물류의 증가, 전 세계적인 환경문제의 심각화, 건강·안전·안심에 관한 의식 고취 등에 의해 국가 간 혹은 시험소(분석소, 분석기관 혹은 교정기관) 간의 분석값 일치에 대한 중요성이 강하게 인식되게 되어 생긴 국제적인 제도로, 분석의 품질보증(quality assurance)을 확보하는 시스템이다.

분석값 혹은 측정값의 질을 보증하기 위해서는 분석의 관리(quality control), 즉 분석장치의 관리·교정·유지를 질 높은 상태로 실시하지 않으면 안 되며, 순서지를 작성해 측정의 불확실도를 확인하고 트레이서빌리티를 증명하는 것이 필수 조건으로 요구되고 있다.

시험소 인정제도는 ISO 9000 시리즈에서 제시된 시험소의 시스템에 대한 품질보증이나 품질관리에 관한 매니지먼트 시스템의 신뢰성은 물론이고 시험소의 기술적 능력의 신뢰성까지 확보하기 위해서 생긴 제도로, ISO 9000 시리즈의 내용도 포함해 제3자 기관에 의해 기술 능력이 인정되어 국제적으로 신뢰성이 통용되는 규격 ISO/ IEC 17025 : 2005(JIS Q 17025 : 2005)로 자리 잡았다.

본 절에서는 시험소 인정제도에 대해 상세하게는 해설하지 않지만 분석값의 신뢰성을 확보하기 위해서 몇 가지 요구사항이 규정되어 있으므로 그것을 참고로 평소의 분석 업무를 실시하면 자연히 신뢰성 높은 분석값이 제출되는 것은 의심할 여지가 없다.

○ 2. ISO/IEC 17025 : 2005(JIS Q 17025 : 2005) 기술적 요구사항

ISO/IEC 17025 : 2005(JIS Q 17025 : 2005)에는 시험소 관리상의 매니지먼트 시스템에 대한 요구사항과 분석기술에 대한 요구사항이 규정되어 있다. 기술적 요구사항의 주요 항목에 시험·교정 방법 및 방법의 타당성 확인, 측정의 트레이서빌리티, 샘플링 등이 기재되어 있다.

이것들을 포함해 규격에 쓰여 있는 기술적 요구사항은 모두 만족되어 시험소는 인정되지만, 단어로서 친숙하지 않은 타당성 확인에 대해서만 해설한다.

○ 3. 분석의 타당성 확인

분석기술의 기본이 되는 분석방법의 타당성 확인은 분석의 신뢰성에 관해 가장 중요하다. 타당성 확인은 밸리데이션(validation)이라고도 하며, 분석이나 시험 혹은 제조설비가 목적에 맞는 제도나 재현성 등의 신뢰성을 가지는 것, 혹은 설비로부터 정상적으로 생산되는 제품이 규격에 합치하는 것을 과학적으로 입증하는 것을 말한다. '합목적성 확인'이라고도 하며, 이를 확보할 수 있어야 신뢰성 있는 분석이라고 할 수 있다. 방법의 타당성 확인에 관한 규격의 일부를 설명한다.

분석방법의 타당성 확인은 분석값의 범위나 불확실도를 주는 분석능 파라미터(정확도, 검출한계, 직선성, 선택성, 반복성, 재현성, 완건성 및 공상관 감도)를 구하게 되어 있지만 분석 전체의 타당성 확인은 이것 이외에 분석자의 기능을 높이는 기능시험을 보는 것이나, 분석의 목적에 합치한 구입기기의 성능과 사용방법을 확인하는 분석장치의 타당성 확인이나 분석 시스템의 적합성을 확인하는 것까지도 포함되어 있다.

특히, 분석능 파라미터의 단어 정확도, 반복성, 재현성은 5.2절 10항 '측정값과 분석값에 관한 용어'에서 해설하였으므로 여기서는 생략하지만, 정확도에는 진도(眞度 : trueness)와 정밀도를 종합적으로 겸비한 의미를 가진다는 것을 강조한다. 검출한계는 시료에 포함되는 분석 대상물질 또는 성분의 검출 가능한 최저량 또는 최저농도이며 정량할 수 없어도 되는 값이다.

정량한계는 적절한 진도와 정밀도를 가지고 정량할 수 있는 분석 대상물질 또는 성분의 최저량 또는 최저농도이다. 직선성은 분석 대상물질의 양 또는 농도에 대해서 측정값이 직선을 부여하는 분석법의 능력으로, 회귀 직선식에서의 직선성이다. 선택성은 시료에 포함되는 분석 대상물질 또는 성분을 분석할 때, 선택한 분석방법에 의해 정확한 값을 제공할 수 있는 능력으로 특이성과도 관련이 있다. 이 특이성은 분석 목적대상물을 매트릭스 혹은 불순물질 중에서 명료하게 구별하는 능력이다. 완건성은 분석조건이 변화했을 때에 측정결과가 영향을 받지 않는 능력이다. 공상관 감도는 선택성과도 관련되지만, 매트릭스 시료나 불순물을 포함한 시료 분석 대상성분이 이러한 영향 없이 검출되는 감도이다.

방법의 타당성 확인

5.4.5.1 타당성 확인이란 의도하는 특정 용도에 대해서 각각의 요구사항이 충족되는지를 조사함으로써 확인해, 객관적인 증거를 준비하는 것이다.

5.4.5.2 시험소·교정기관은 규격 외의 방법, 시험소·교정기관이 설계·개발한 방법, 의도된 적용범위 외에서 사용하는 규격에 규정된 방법 및 규격에 규정된 방법의 확장 및 변경에 대해, 그러한 방법이 의도하는 용도에 적합한지를 확인하기 위해서 타당성 확인을 실시하는 것. 타당성 확인은 해당 적용대상 또는 적용분야의 요구를 만족하기 위해서 필요한 정도까지 폭넓게 실시하는 것. 시험소·교정기관이 얻은 결과, 타당성 확인에 이용한 순서 및 그 방법이 의도하는 용도에 적절한지 아닌지의 표명을 기록하는 것.

주 1. 타당성 확인은 샘플링, 취급 및 운송 순서를 포함하는 경우가 있다.

주 2. 방법의 양부 확정에 이용하는 방법은 다음 사항 가운데 하나 또는 이것들의 조합인 것이 바람직하다.
　　　– 참조 표준 또는 표준물질을 이용한 교정
　　　– 다른 방법으로 얻을 수 있는 결과와 비교
　　　– 시험소 간 비교
　　　– 결과에 영향을 주는 요인의 계통적인 평가
　　　– 방법 원리의 과학적 이해 및 실제 경험에 근거한 결과의 불확실도 평가

주 3. 타당성 확인이 확인된 규격 외의 방법을 변경하는 경우에는 그러한 변경의 영향

을 문서화해, 적절하면 신규 타당성 확인을 실시하는 것이 바람직하다.

5.4.5.3 타당성이 확인된 방법에 의해 얻을 수 있는 값의 범위 및 정확도[예를 들면, 결과의 불확실도, 검출한계, 방법의 선택성, 직선성, 반복성 및 또는 재현성의 한계, 외부 영향에 대한 완건성 또는 시료·시험 대상 모재로부터의 간섭에 대한 공상관 감도(cross-sensitivity)]는 의도하는 용도에 대한 평가에 대해 고객의 요구에 적절한 것.

주 1. 타당성 확인은 요구사항의 명확화, 방법 특성의 확정, 그 방법에 따라 요구사항이 만족되는지의 체크 및 유효성에 관한 표명을 포함한다.

주 2. 방법의 개발을 진행함에 따라 고객의 요구가 여전히 만족되는지를 검증하기 위해 정기적으로 재검토하는 것이 바람직하다. 개발 계획의 수정이 필요한 요구사항의 변경은 승인되고, 권한 부여되는 것이 바람직하다.

주 3. 타당성 확인은 항상 비용, 위험성 및 기술적 가능성의 균형에 의한다.
정보의 부족에 의해 값의 범위 및 불확실도[예를 들면, 정확도, 검출한계, 선택성, 직선성, 반복성, 재현성, 완건성 및 공상관 감도]를 간략한 방법으로밖에 나타내지 못하는 경우가 많이 존재한다.

5.2 분석값의 신뢰성

현재 정량분석에서 어떠한 분석법을 사용하더라도 최종적으로 우리가 보는 것은 분석기나 측정기로부터 얻는 수치이다. 이 수치를 어디까지 신뢰할 수 있는지를 파악히는 것은 분석과 측정에 있어 매우 중요하다. 또, 출력된 수치가 얼마나 신뢰성이 있는지를 통계적으로 다루어 신뢰성을 정량적으로 평가해야 비로소 실시한 분석의 신뢰성을 얻는 것이 가능하다. 본절 에서는 분석값에 관한 통계적인 취급의 기본을 해설한다.

◐ 1. 유효숫자와 수치의 반올림

유효숫자(significant figures)란 측정결과 등을 나타내는 숫자 가운데 자릿수 지정을 나타내는 0을 제외한 의미있는 숫자라고 정의되고 있다. 여기서 자릿수 지정을 나타내는 0이란, 단위를 취하는 방법을 바꾸면 없어진다. 예를 들면 12,000의 수치에서의 0의 취급이다. 12,000은 1.2×10^4으로도 나타낼 수 있고, 1.20×10^4으로도 나타낼 수 있다. 전자에서는 12,000의 0을 3개 제거하고, 후자에서는 0을 2개 제거하고 있다. 전자의 0 3개는 자릿수 지정만을 나타내기 위해서 사용되고, 후자의 0 중 1개는 의미 있는 숫자에 사용되고 있다. 의미 있는 숫자란 측정의 정밀도를 생각한 것으로, 특히 그 자릿수의 숫자에 그 숫자를 쓸 만큼의 합리적인 근거가 있는 것이다. 그러므로 12,000 수치의 유효숫자라고 하면 전자의 표시방법의 경우 2자릿수이며, 후자는 3자릿수이다. 또, 1.200×10^4으로 하면 4자릿수로 나타낼 수 있다. 이와 같이 낮은 자릿수에 0이 있는 수치를 기록하는 경우에는 유효숫자의 자릿수를 명확하게 하는 데에 지수(指數) 표시로 나타내면 좋다.

또, 자릿수를 나타내는 데 유효숫자로 나타내는 경우와 소수점 이하로 나타내는 경우가 있다. 유효숫자의 자릿수를 명확하게 하면 자리를 나타내는 지수(指數) 앞의 숫자는 소수점으로 나타낸다. 이 때 유효숫자의 자릿수를 나타내는 데 소수점 이하의 자릿수로 나타내는 경우가 있다. 앞의 예의 전자의 유효숫자는 소수점 이하 1자릿수이며, 후자는 2자릿수이다.

유효숫자와 밀접한 관계가 있는 것은 수치의 반올림(rounding of numbers)이다. 분석기기나 측정기로부터 얻은 수치의 상당수는 디지털로 표시된다. 그 자릿수도 기기의 신뢰성과 관계없이 수많은 자릿수가 표시된다. 또, 출력된 수치를 농도환산 등의 연산을 실시했을 경우에는 숫자는 무한 자릿수가 나타나는 일도 있다. 함부로 자릿수를 늘려 수치를 쓰면 전혀 의미가 없는 것이다. 이러한 경우 어디까지의 자릿수가 신뢰성 있는지를 나타내는 것이 수치를 반올림하는 취급이다.

유효숫자는 의미 있는 수치, 즉 애매함이 남지 않는 자리까지의 숫자임을 고려하면 유효숫자 자릿수의 1자릿수 아래의 수치를 반올림하는 것이 요구된다. 이 반올림의 일반적 원칙은 사사오입이다.

이 수치의 반올림에 대한 규격은 JIS Z 8401 : 1999에 나타나 있다. 이 규격에서는 반올림 폭이라고 하는 용어가 기록되어 있는데, 반올림 수치를 나타내는 최소단위를 나타내고 있다. 예를 들면, 반올림 폭 : 0.1이라는 것은 소수점 이하 1자릿수까지 가리키는 것으로, 12.1, 12.2, 12.3,……이 된다. 반올림 폭 : 10이라는 것은 1 210, 1 220, 1 230,……이 된다. 반올림 폭, 유효숫자의 자릿수나 소수점 이하의 자릿수를 부르는 법은 모두 같은 개념이다. 이 수치의 반올림 원칙이 사사오입인 것은 앞서 언급했지만 n자릿수까지 구할 때에 $(n+1)$ 자릿수가 n자릿수 1단위의 정확하게 1/2이 되는 경우에는 많은 데이터의 평균을 구하면 큰 쪽에 치우쳐 버리므로 다음과 같이 취급하도록 하고 있다.

즉, n자릿수가 짝수라면 $(n+1)$ 자릿수의 숫자를 버리고, n자릿수가 홀수라면, $(n+1)$ 자릿수의 숫자를 올려 항상 n자릿수가 짝수가 되도록 한다. 예를 들면, 유효숫자 2자릿수로 반올림할 때, 0.465는 0.46으로 하고, 0.455는 0.46으로 한다. 그렇지만 최근에는 전자계산기를 이용한 처리가 일반화되었으므로 앞에서와 같은 경우 모두 n자릿수를 짝수로 하는 방식은 아닌 사사오입하는 방식도 인정되고 있다. 즉, 0.455를

0.46, 0.465를 0.47로 해도 된다.

어느 경우에도 수치의 반올림에서 가장 중요한 것은 1단계에서 반올림해야 한다. 예를 들면, 5.346을 유효숫자 2자릿수로 반올림하는 경우 1단계에서 5.35로 하고, 2단계에서 5.4와 같이 반올림해서는 안 되고, 단번에 1단계에서 5.3과 같이 반올림해야 한다. 하나의 수치를 취급하는 경우에는 수치의 반올림을 올바르게 이해하는 것이 가능하지만, 수치를 곱하거나 나누거나 더하거나 빼는 연산을 실시하면 이것을 잊어 잘못된 반올림을 하는 경우가 많다. 이 경우에도 마지막 연산에서 필요한 자릿수에서 반올림한다.

◯ 2. 연산에서의 유효숫자

분석이나 측정에 있어서 출력된 수치 혹은 판독값을 그대로 결과로서 표시하는 경우는 별로 없다. 많은 경우, 덧셈, 뺄셈, 곱셈, 나눗셈 등의 연산을 한다. 이 경우 수치의 반올림도 방법이 있으므로 기억해 둘 필요가 있다.

덧셈·뺄셈의 경우 모든 수치의 소수점을 맞춰서 연산하고 연산결과는 소수점 이하 자릿수가 최소인 자릿수의 수치에 자릿수를 맞춰 표시한다. 예를 들면, 1.23g의 시료와 5.724g의 시료를 혼합했을 때 전체 시료의 질량은 $1.23+5.724=6.954 \Rightarrow 6.95g$이 된다. 뺄셈을 하면 유효숫자의 자릿수가 줄어드는 경우도 있다. 이것을 자릿수 빼기라고도 한다.

45.0g의 용기에 시료를 넣고 천칭으로 질량을 측정했는데 47.5g이 표시되었다. 이때의 시료 질량은 2.5g이다. 용기 및 시료를 넣은 용기 질량의 유효숫자는 3자릿수이지만, 뺄셈 후 시료 질량의 유효숫자는 2자릿수로 떨어졌다. 또, 10의 정수승배를 나타내는 접두어가 다른 단위로 나타난 수치를 덧셈·뺄셈하는 경우에는 단위를 통일해서 덧셈·뺄셈을 한다.

예를 들면, 1.545g에 55mg을 덧셈할 때의 수치는 mg을 g으로 변환·연산해 1.600g으로 표시한다.

곱셈·나눗셈의 경우, 연산한 후 유효숫자의 자릿수가 최소인 수치의 자릿수에 맞춰 표시한다. 예를 들면 4.23과 0.38의 곱셈을 실시한다. 연산하면 1.6074가 되지만, 연산한 유효숫자의 최소 자릿수는 0.38의 2자릿수이므로 곱은 1.6이 된다. 나눗셈의 경우도 마찬가지이다. 4.56을 13.5742로 나누었을 때의 값은 0.3359314…가 되지만, 유효숫자의 최소 자릿수가 3자릿수이므로 나눈 값은 0.336이 된다.

이상과 같이 덧셈·뺄셈과 곱셈·나눗셈에서는 수치의 반올림이 차이가 나는 것에 주의할 필요가 있다. 또, 일련의 연산이 있을 때는 그때그때 수치를 반올림하는 것이 아니라, 마지막 연산이 종료한 시점에서 앞에 설명한 수치의 반올림을 1회만 실시한다.

만약, 도중의 수치를 표시해야 할 때는 최종 자릿수부터는 2자릿수 정도 넉넉하게 표시하면 좋고, 그 값을 이용해 그 후의 연산을 실시하고, 마지막에 수치를 반올림해서 표시하면 된다. 가끔, 최종 결과의 수치가 계산기에 표시된 자릿수의 수치를 그대로 표시한 보고서를 볼 수 있지만, 각 수치의 유효성을 생각해 표시해야 하고 유효숫자의 자릿수를 생각한 수치에서는 그 수치의 신뢰성을 그 자릿수로부터 추측하는 것이 가능해진다.

마지막으로 참고로 JIS Z 9041-1 : 1999(데이터의 통계적 해석 방법, 제1부 데이터의 통계적 기술)에 평균값과 표준편차의 자릿수를 산출하는 방법이 기술되어 있다. 자세한 것은 〈표 5.1〉에 나타낸 대로이지만 평균값의 자릿수는 측정값과 같거나 그렇지 않으면 1 또는 2자릿수 많이 구하는 것을 추천하며, 표준편차는 유효숫자를 최대 3자릿수까지 내는 것을 추천하고 있다. 즉, 통계적으로 취급할 때는 측정값의 개수가 많아지면 많아질수록 유효숫자의 불확실도가 작아지고 유효숫자의 자릿수가 많아지는 것을 의미하고 있다.

〈표 5.1〉 평균값의 유효자릿 수

측정값의 측정단위	측정값의 개수		
0.1, 1, 10 등의 단위	–	2~20	21~200
0.2, 2, 20 등의 단위	4 미만	4~40	41~400
0.5, 5, 50 등의 단위	10 미만	10~100	101~1,000
평균값의 자릿수	측정값과 같다	측정값보다 1자릿수 많다	측정값보다 2자릿수 많다

○ 3. 테이터의 통계적 취급

측정이나 분석에 의해 얻을 수 있는 수치는 한정된 시료(sample)에 대한 정보량이며 보통은 이 샘플이 속하는 본래 모집단의 성질을 추정하게 된다. 때문에 모집단의 성질을 가정해 그것이 올바른지 여부를 판단(검정)하는 통계적인 취급이 필요해진다. 측정값을 통계적으로 취급하려면 중요한 2종류의 정보가 있다. 즉, 측정값이 어떤 주위에 많이 모이는가 하는 '중심' 혹은 '편차'에 관한 정보와 측정값이 어떻게 분산되는가를 보는 '분산' 정보가 있다. 나중에 설명하겠지만 '편차'의 단어에 대응해 진도(trueness), 분산의 단어에 대응해 정밀도(precision)라는 용어가 있다. 이러한 단어의 상세한 정의는 JIS 규격에서 사용하는 분야에서 다소 다르지만, 지금부터 '중심' 혹은 '편차'에 관련된 통계량 및 '분산'에 관련된 통계량에 대해 대표적인 용어에 대해 설명한다.

◐ 4. '중심' 혹은 '편차'와 관련된 통계량

[1] 평균값

평균값(average 또는 mean value)은 측정값 x_i를 모두 더해 측정값의 개수 n으로 나눈 산술평균(arithmetic mean) $\bar{x}$를 말한다. 통계학에서는 모집단에 대한 평균값을 모평균(population mean)이라 하고, 보통 얻을 수 있는 샘플에 대한 평균값을 '시료 평균'이라고 한다. 측정값을 x_1, x_2 x_3……. x_n으로 하면,

$$\bar{x} = (x_1 + x_2 + \cdots + x_n)/n = \sum_{i=1}^{n} x_i/n$$

이 된다.

[2] 가중치 부여 평균값

가중치 부여 평균값(weighted average)은 한 개씩의 측정값 x_i에 각각 다른 가중값 w_i가 있을 때의 평균값 $\bar{x}_w$를 말한다. 산술평균은 모든 측정값이 동등한 가중치가 있는 경우이다.

$$\bar{x}_w = (w_1 x_1 + w_2 x_2 + \cdots + w_n x_n)/(w_1 + w_2 + \cdots + w_n) = \sum_{i=1}^{n} w_i x_i / \sum_{i=1}^{n} w_i$$

가 된다.

[3] 이동평균

이동평균(moving average)은 측정값 x_i를 연속해 얻을 수 있는 경우에 순서대로 일정한 개수를 취해 그 산술평균을 구할 때, 이들 전체를 말한다. 이동평균은 일종의 수치적인 필터를 건 셈이 된다. 즉, 스펙트럼이나 데이터 등의 평활화에 사용된다. 예를 들면, $(x_1 + x_2 + x_3)/3$, $(x_2 + x_3 + x_4)/3$, $(x_3 + x_4 + x_5)/3$,……이 이동평균이다.

[4] 누적평균

누적평균(cumulative average)은 측정값 x_i를 연속해 얻을 수 있는 경우에 각각의 측정값을 한 개씩 더해 각각의 단계에서 산술평균을 취하는 것을 말한다. 각 단계의 산술평균을 제1 누적평균, 제2 누적평균, 제3 누적평균이라고 한다. 즉, x_1, $(x_1 + x_2)/2$, $(x_1 + x_2 + x_3)/3$,……이 된다.

[5] 중앙값

중앙값(median)는 메디안이라고도 하며, 측정값 x_i를 내림차순 혹은 오름차순으로 배열해 정확히 한가운데(중앙)에 해당하는 값을 말한다. 측정값의 개수가 짝수일 때는

중앙에 있는 2개 측정값의 산술평균을 중앙값으로 한다. 최근에는 기능시험 등의 평가에 이 값이 잘 사용된다.

[6] 중점값

중점값(mid range)은 측정값 x_i 중에서 최댓값 x_{max}와 최솟값 x_{min}의 산술평균을 말한다. 즉, $(x_{max}+x_{min})/2$가 중점값이다.

[7] 모드

모드(mode)는 측정값 x_i가 다수 있는 경우에 같은 값이 몇 번이나 출현하고 그것들 중에서 가장 빈도가 많이 나타나는 값을 말한다. 즉, 도수분포에서는 최대 출현 빈도를 갖는 구간의 대푯값이며, 이산분포에서는 확률이 최대가 되는 값이고, 연속분포에서는 확률밀도가 최대가 되는 값이다.

❂ 5. '분산'과 관련된 통계량

[1] 제곱합

제곱합(sum of squares)은 각각의 측정값 x_i와 평균값 $\bar{x}$의 차이$(x_i-\bar{x})$의 제곱의 합 S를 말한다. 즉

$$S = \sum_{i=1}^{n} (x_i-\bar{x})^2 = \sum x_i^2 - \left(\sum_{i=1}^{n} x_i \right)^2 / n$$

이 되고, 각 측정값의 제곱의 합으로부터 각 측정값의 합을 제곱해, 그것을 측정 개수로 나눈 값으로부터 뺀 값이 제곱합이 된다.

[2] 분산

분산(variance)은 제곱합 S를 정보의 자유도의 수로 나눈 값을 말한다. 여기서 자유도는 정보의 수이며, 이 경우 측정의 수에서 1을 뺀 수이다. 1을 빼는 것은 평균값에 의해 정보량이 1만큼 줄었기 때문이다. 즉, 제곱합를 구성하고 있는 $(x_n-\bar{x})$의 값은 $\sum_{i=1}^{n} (x_i-\bar{x})=0$인 것으로부터 $(x_1-\bar{x})$, $(x_2-\bar{x})$, ……, $(x_{n-1}-\bar{x})$의 값을 알면, 자동적으로 정해져 버리기 때문이다. 이러한 분산 V를 불편분산(unbiased variance)이라고 한다. 분산 V를 식으로 나타내면

$$V = S/(n-1) = \sum_{i=1}^{n} (x_i-\bar{x})^2 / (n-1) = \left[\sum x_i^2 - \left(\sum_{i=1}^{n} x_i \right)^2 / n \right] / (n-1)$$

가 된다.

[3] 표준편차

표준편차(standard deviation)는 분산 V의 제곱근 s를 말하고, 분산을 나타내는 통계량에서는 대표적이다. 즉,

$$s = \sqrt{V} = \sqrt{S/(n-1)} = \sqrt{\sum_{i=1}^{n}(x_i - \overline{x})^2/(n-1)}$$

이 된다.

[4] 상대표준편차와 변동계수

표준편차 s를 평균값 $\overline{x}$로 나눈 값을 상대표준편차(relative standard deviation) RSD 혹은 변동계수(coefficient of variation) CV라고 하며, 보통은 백분율(%)로 나타낸다. 상대적인 분산의 통계량을 나타내는 것이다. 즉,

$RSD = CV = s/\overline{x} \times 100[\%]$가 된다.

[5] 범위

범위(range)는 모든 측정값 중에서 최대인 수치 x_{max}와 최소인 수치 x_{min}의 차이 $(x_{max} - x_{min})$를 말하고, R로 나타낸다.

또한, R에 관해서 그 기댓값 $E(R)$와 그 표준편차 $D(R)$는 모집단의 표준편차 σ와 각각 다음과 같은 관계에 있다고 알려져 있다.

$$E(R) = d_2\sigma$$
$$D(R) = d_3\sigma$$

여기서, 계수 d_2와 d_3는 〈표 5.2〉와 같이 주어지고 있으므로 범위의 기댓값 $E(R)$를 R의 평균값 $\overline{R}$로 대표시키면, σ의 추정값 $\hat{\sigma}$(시그마 하트라고 한다)는 다음과 같이 계산할 수 있다. 이때 R의 평균값 수가 10 이하여야 한다.

$$\hat{\sigma} = \overline{R}/d_2$$

이 된다.

또, 측정값의 데이터 수가 10 이하에서 σ의 추정값을 구할 때는

$$\hat{\sigma} = R/d_2$$

이 된다.

데이터 수가 적을 때의 표준편차를 구할 때는 $\hat{\sigma}$를 이용하면 된다.

〈표 5.2〉 범위 R에 관한 계수 d_2와 d_3

데이터 수 n	d_2	d_3
2	1.128	0.853
3	1.693	0.888
4	2.059	0.880
5	2.326	0.864
6	2.534	0.848
7	2.704	0.833
8	2.847	0.820
9	2.970	0.808
10	3.078	0.797

[6] z 스코어

많은 측정값의 모집단은 정규분포(normal distribution)한다고 가정하고 평균값과 표준편차를 산출해 왔다. 모집단의 모평균 μ와 모표준편차 σ인 정규분포는 $\mu=0$과 $\sigma=1$의 정규분포로 변환할 수 있다. 이렇게 변환한 모집단은 〈그림 5.1〉과 같은 표준정규분포(standard normal distribution)가 되어 모든 측정값 x_i는 표준정규분포에 따르는 수치 z로 변환할 수 있다. 이 변환된 수치를 z 스코어라 하고, $z=1$, $z=2$, $z=3$은 각각 표준편차의 1배, 2배, 3배 떨어진 값인 것을 의미한다. 즉, z 스코어는

$$z = (x_i - \bar{x})/s$$

가 된다.

여기서 평균값 $\bar{x}$ 대신 중앙값을 이용하고, 표준편차 s 대신 NIQR(normalized interquartile range)의 값을 이용하여 계산할 수도 있다. NIQR의 값은 IQR(interquartile range) 4분위 범위에 0.743의 값을 곱한 수치이다. 4분위 범위는 중앙값을 산출할 때와 마찬가지로 모든 수치를 내림차순 혹은 오름차순으로 배열해 위로부

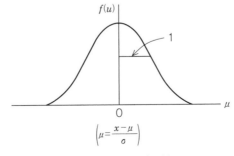

〈그림 5.1〉 표준정규분포

터 1/4의 수치(위 사분위수)와 3/4의 수치(아래 사분위수)를 산출해 이들 수치의 차이가 사분위 범위이다. 0.743을 곱해서 NIQR를 산출하고 있지만 수치의 수가 많으면 이 값은 정규분포의 표준편차와 동일해짐을 의미하고 있다. 데이터 수가 많은 경우에는 중앙값 및 사분위 범위를 구하는 방법은 이상값(異常値)에 영향을 받지 않고 통계량을 산출할 수 있으므로 로부스트한 방법 중 하나이다.

◉ 6. 데이터 표시방법

측정이나 분석으로 얻어진 측정값은 통계량으로서의 데이터이다. 데이터 취급에 대해서는 데이터 분포를 편차와 분산을 나타내는 수치로 나타낼 수 있지만, 분포 전체의 모습을 한눈에 파악하려면 수치를 도표화하는 것이 제일 좋다. 통계적으로 가치 있는 대표적인 그림의 예와 특징을 설명한다.

[1] 히스토그램

히스토그램(histogram)은 수치를 측정 폭별로 정리해 그 폭에 들어가는 수치가 어느 정도의 빈도·도수(frequency)로 출현하는가를 한눈에 알기 쉽게 나타내 분포의 모습을 파악하기 위한 그림(그림 5.2)이다. 일반적으로 가로축이 일정 폭을 가진 측정값, 세로축이 도수이다.

측정값의 폭은 가로축의 폭 수가 10 정도가 되도록 범위 R로부터 계산해 결정한다. 컴퓨터가 탑재된 측정기 등으로부터 디지털식 수치는 측정기의 내부인 수치 폭에 포함되어 있으므로 측정기 등에서 수치를 그림화한 스펙트럼은 히스토그램이라고도 할 수 있지만, 이 경우 가로축의 폭 수는 측정기의 성능에 따라 다양하다.

[2] 꺾은선 그래프

꺾은선 그래프는 시간의 경과와 함께 측정 수치가 어떻게 변화하는가를 한눈에 파악

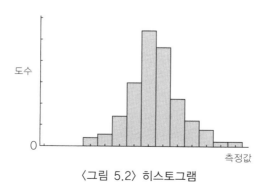

〈그림 5.2〉 히스토그램

하는 데에 적합한 그림이다. 또 환경 모니터링에서의 분석값 혹은 측정값을 플롯해, 환경 모니터링의 이상(異常)이나 분산을 알 수 있는 관리도(그림 5.3)에는 이 꺾은선 그래프가 어울린다.

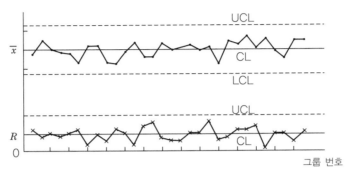

CL : 중심선, UCL : 상방 관리한계, LCL : 하방 관리한계
〈그림 5.3〉 $\bar{x} - R$ 관리도(꺾은선 그래프)

[3] 산포도

산포도(scatter diagram)는 하나의 시료에 대해 짝이 된 2개의 서로 다른 성질의 수치(변수) 사이의 상호관계를 시각적으로 보기 위한 그림이다. 이러한 두 변수 사이의 상관관계를 조사하기 위한 그림을 특별히 상관도라고도 한다. 또, 2개의 수치(변수)를 이용해 연산함으로써 두 변수의 상관관계를 알 수 있다. 상관계수(correlation coefficient) r이 0일 때, 두 변수 사이에는 상관관계가 없겠지만, $r = \pm 1$일 때 두 변수 사이에는 강한 상관이 있다. r의 값이 양(+)일 때는 상관도에서 각 시료의 데이터는 오른쪽 위에 분포하고, r의 값이 음(−)일 때는 오른쪽 아래에 분포한다. 즉, r의 값이 0에 가까운 경우 데이터는 규칙 없이 분산 없게 분포하고 r의 값이 1 혹은 −1에 가까운 경우 데이터는 거의 일직선상에 분포한다. 〈그림 5.4〉에 x와 y가 여러 가지 관계일 때의 상관도를 나타낸다. 또한 r의 값은 제곱합(S_{xx}와 S_{yy})과 편차곱합(S_{xy})으로부터 산출할 수 있다. 2개의 변수를 x_i와 y_i로 하면

$$r = S_{xy} / \sqrt{S_{xx}S_{yy}}$$

가 된다. 여기서,

$$S_{xx} = \sum_{i=1}^{n} (x_i - \bar{x})^2, \ S_{yy} = \sum_{i=1}^{n} (y_i - \bar{y})^2, \ S_{xy} = \sum_{i=1}^{n} (x_i - \bar{x})(y_i - \bar{y})$$

이다.

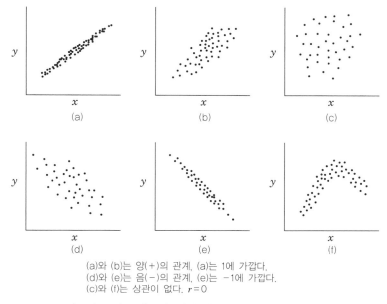

(a)와 (b)는 양(+)의 관계, (a)는 1에 가깝다.
(d)와 (e)는 음(−)의 관계, (e)는 −1에 가깝다.
(c)와 (f)는 상관이 없다. $r = 0$

〈그림 5.4〉 x와 y가 여러 가지 관계일 때의 상관도

⊙ 7. 반복 측정값의 분포

분석 혹은 측정에 의해 얻어진 수치는 분석 혹은 측정 대상물 집단 전체의 수치는 아니다. 여기서 분석 혹은 측정 대상물 집단을 모집단(母集團 : population)이라고 하고, 모집단은 다시 유한한 수로 구성되어 있는 유한 모집단과 무한한 수로 구성되어 있는 무한 모집단으로 구별된다. 그러나 무한수로 구성되어 있지 않아도 측정 대상 수가 충분히 많으면 통계적으로 무한 모집단으로 간주할 수 있다. 이러한 모집단 중에서 일부 분석 혹은 측정 대상물을 뽑아 취한 것을 샘플(sample)이라 하고, 이 작업을 하는 것을 샘플링(sampling)이라고 한다.

모집단의 데이터에는 길이, 무게, 농도, 강도 등과 같이 연속적인 수치를 취하는 계량값과 불량품의 개수, 부적합품의 수, 흠집의 수 등 개수를 세어 얻을 수 있는 계수값으로 나눌 수 있다. 화학분석에 의해 얻은 수치는 계량값이다. 후자의 계수값을 구성하는 모집단의 분포에는 이항(二項) 분포나 푸아송(Poisson) 분포가 있다.

이항분포는 모집단을 어떤 기준으로 2개로 나누어 시료가 한편의 그룹에 들어갈 확률을 나타낸다. 푸아송 분포도 이항분포와 같지만 시료의 수가 많아 출현할 확률이 매우 적은 현상을 대상으로 한 분포이다. 예를 들면 생산공정에서 불량품이 출현하는 확률의 분포이다.

여기서 중요한 것은 계량값의 모집단 분포이다. 많은 시료의 계량값 분포는 일반적

으로 정규분포(normal distribution) (가우스 분포)를 형성한다. 유한분석 혹은 측정 수치로부터의 막대 그래프에서 데이터 수를 늘려 가면 정규분포를 얻을 수 있다. 정규분포를 이루는 함수는 다음과 같이 나타난다.

$$y = \frac{\exp\{-(x-\mu)^2/2\sigma^2\}}{\sigma\sqrt{2\pi}}$$

여기서, μ는 모집단의 기댓값인 평균(모평균)이며, σ는 모집단의 기댓값인 표준편차(모표준편차)이다. 이러한 값은 모집단에서의 독자적인 값이며 모수(population parameter)라 하고, 모집단의 분포를 추측하기 위한 값이 된다. 앞서 설명한 평균 $\bar{x}$나 표준편차 s는 샘플의 수치로부터 계산되는 양으로 통계량(statistic)이라고 하고, 모수를 추측하는 값과 구별된다. 이 정규분포를 그림으로 나타내면 〈그림 5.5〉와 같이 되어 정규분포에 따르는 값은 모평균 μ를 중심으로 $\pm\sigma$의 범위 이내에는 전체의 68.3%가, $\pm2\sigma$ 이내에는 95.4%가, $\pm3\sigma$ 이내에는 99.7%가 들어가게 된다.

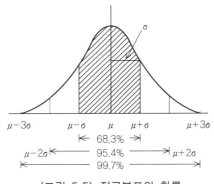

〈그림 5.5〉 정규분포와 확률

◐ 8. 평균값의 분포와 표준편차의 분포

분석시료를 분석하거나 측정할 때는 일반적으로 한정된 적은 수의 반복분석을 한다. 무한에 가까운 분석이나 측정에서 얻어진 수치는 정규분포에 따르고, 그 평균값 $\bar{x}$와 표준편차 s는 모평균 μ나 모표준편차 σ에 한없이 가까운 값을 얻을 수 있다. 그러나 적은 수의 반복분석이나 측정에 의해 얻어진 평균값 $\bar{x}$와 표준편차 s를 여러 번 반복했을 때 이들 값의 분포는 원래 각 수치의 모집단 분포와 달리 새로운 정규분포의 모집단(평균의 집합)이 된다. 즉, 평균값 $\bar{x}$의 분포에서의 새로운 모평균은 원래 모집단의 모평균 μ와 동일하지만 새로운 모집단의 모표준편차는 $\sigma/\sqrt{n}$이 된다. 여기서의 n은 모집단으로부터 샘플링한 수이다. 그리고 원래 모집단의 분포가 정규분포가 아니어도 반복수가 4

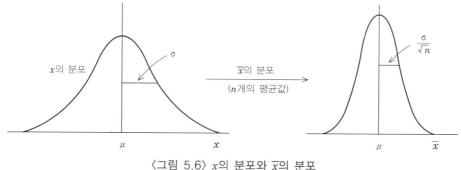

〈그림 5.6〉 x의 분포와 $\bar{x}$의 분포

이상이 되면 평균값의 분포는 정규분포가 된다. 이와 같이 원래 모집단이 정규분포하고 있지 않아도 모집단으로부터 샘플링한 n개 수치의 평균값 분포도 정규분포가 되는 특성을 중심극한정리(central limit theorem)라고 한다. 양쪽 모집단의 차이를 나타낸 것이 〈그림 5.6〉이다. 평균값의 분포가 측정값의 분포보다 뾰족한 것을 알 수 있을 것이다.

◆ 9. 평균값의 신뢰구간

모평균 μ와 모표준편차 σ를 가진 모집단으로부터 n개를 샘플링했을 때의 평균값 분포가 정규분포한다는 것은 8항에서 설명했다. 그 평균은 μ이며, 그 표준편차(평균값의 표준오차라고도 한다)는 $\sigma/\sqrt{n}$이 되는 것을 알 수 있었다. 즉, 원래 모집단의 μ와 σ가 일정하면 모집단으로부터의 샘플링 수를 늘릴수록 평균값의 분포는 좁은 정규분포가 된다. 또, 정규분포를 형성하는 데이터에서 평균을 사이에 두고 표준편차 2배의 값에 들어오는 범위의 데이터에서는 전체의 약 95%의 확률이 됨을 이미 설명했다. 바꾸어 말하면 이 구간의 범위에 들어가는 데이터는 약 95%의 신뢰로 참값이 존재한다고 합리적으로 추정할 수 있다. 이 범위를 신뢰구간(confidence interval)이라고 하며, 그 양단의 값을 신뢰한계(confidence limits)라고 한다. 평균 $\mu=0$, 표준편차 $\sigma=1^2$인 정규분포에서의 95% 신뢰한계와 99% 신뢰한계의 값은 각각 1.96과 2.58이다.

그러므로 샘플 평균값의 95% 신뢰구간은 $\mu-1.96(\sigma/\sqrt{n})$과 $\mu+1.96(\sigma/\sqrt{n})$이 되어 이 범위 내에 95%의 확률로 참값이 존재하게 된다. 실제는 평균값 $\bar{x}$로부터 μ를 추정하게 되므로 95% 신뢰한계를 $\bar{x}\pm1.96(\sigma/\sqrt{n})$으로서 산출할 수 있다. 또한 원래 모집단의 모표준편차 σ는 알 수 없지만, 샘플 수가 많은 경우 $\sigma\fallingdotseq s$로서 추정해 표준편차 s로부터 산출할 수 있다. 즉, $\bar{x}\pm1.96(s/\sqrt{n})$이 된다.

일반적으로는 샘플 수가 적은 경우를 취급하는 경우가 많으며, 또 원래 모집단의 모표준편차 σ의 값이 불명한 경우가 많아 전술한 바와 같이 σ의 추정값을 s로 하면 신뢰도가 낮은 결과가 나온다. 샘플 수가 적을 때 샘플 평균값 μ의 분포는 정규분포가 되지 않아 자유도 $(n-1)$의 t분포(스튜던트 t분포)가 된다고 알려져 있다. 즉,

$$t_{n-1} = (\overline{x} - \mu)/(s/\sqrt{n})$$

이다. t_{n-1}의 값은 자유도에 의해 값이 정해져 있으며, 참고로 〈표 5.3〉에 t분포표의 값을 나타낸다. n의 수가 무한대에 가까워지면 정규분포가 된다. 이것으로부터 샘플 수 n일 때 평균값의 신뢰구간은 신뢰한계 $\overline{x} \pm t_{n-1}(s/\sqrt{n})$의 사이가 된다. 이러한 신뢰한계를 산출하는 방법은 뒤에서 설명하는 불확실도를 구할 때 사용할 수도 있으므로 잘 이해해 둘 필요가 있다.

〈표 5.3〉 신뢰구간에 대한 t_{n-1}의 값

샘플 수	자유도 $n-1$	95% 신뢰구간	99% 신뢰구간
2	1	12.706	63.657
3	2	4.303	9.925
4	3	3.182	5.841
5	4	2.776	4.604
6	5	2.571	4.032
11	10	2.228	3.169
21	20	2.086	2.845
121	120	1.980	2.617
∞	∞	1.960	2.576

◐ 10. 측정값과 분석값에 관한 용어

측정과 분석으로부터 측정값이 어느 주위에 많이 모이는가를 나타내는 '중심' 혹은 '편차'에 관한 통계량과, 측정값이 어떻게 흩어져 있는지를 보는 '분산'의 통계량을 어떻게 산출할 수 있느냐에 대해서는 것은 이미 기술했다. 이러한 통계량을 나타내는 용어 및 그 정의에 대해서는 JIS 혹은 ISO의 각 규격에서 사용되는 분야에 차이가 나므로 주의가 필요하다. 최신 계측·분석분야의 신뢰성에 관한 용어 정의를 체계적으로 정리한 것이 〈그림 5.7〉이다. 이러한 용어는 ISO 5725-1 : 1994(accuracy of measure-ment methods and results)나 JIS Z 8402-1 : 1999(측정방법 및 측정결과의 정확도(진도 및 정밀도), 제1부 : 일반적인 원리 및 정의)에 정리되어 있다.

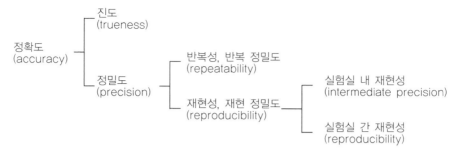

〈그림 5.7〉 계측·분석분야의 신뢰성에 관한 용어체계

'중심' 혹은 '편차'에 관한 정보로서 진도(眞度, trueness)라는 용어가 있으며, '분산'에 관한 정보로서 정밀도(precision)의 용어로 구성되어 종합적 개념으로서 정확도(accuracy)가 용어로서 성립되었다. 정밀도 안에도 반복성(병행 정밀도, repeatability)과 재현성(재현 정밀도, reproducibility)이 있으며, 용어 각각의 의미는 차이가 난다. 반복성은 측정순서, 측정자, 측정장치, 사용조건, 장소에 대해 동일 조건에서 단시간 반복측정을 연속했을 경우의 정밀도로서 정의되고, 재현성은 측정 원리 또는 방법·측정자, 측정장치, 사용조건, 장소, 시간을 바꾸어 측정을 실시했을 경우의 정밀도로서 정의되고 있다.

또한, 재현성은 동일 실험실에서의 재현성인 실험실 내 재현성(intermediate precision, 또는 reproducibility within laboratory)과 다른 실험실 간의 정밀도를 나타내는 실험실 간 재현성(reproducibility)으로 분류된다. 진도 혹은 정밀도에 관한 통계량은 3항에서 설명했지만 진도와 정밀도의 종합적 개념으로 나타내는 통계량은 불확실도(uncertainty)에 의해 결정할 수 있다.

◐ 11. 불확실도

불확실도(uncertainty)는 1993년에 ISO에서 발행된 국제 문서(계측의 불확성도 표현 가이드, GUM : Guide to the expression of Uncertainty in Measurement)에 상세히 제시되어 있다. 본서에서 종래의 오차 개념을 대체하는 새로운 개념으로서 불확실도의 용어가 도입되어 이 개념의 기초, 측정과 분석의 결과에 신뢰성이 생겼다.

이 가이드에 의한 불확실도의 정의는 "측정의 결과에 부수한, 합리적으로 측정량에 결부시킬 수 있는 값의 분산을 특징지우는 파라미터이며, 구체적인 표현 방법으로는 표준편차(혹은 그 배수)에서도 어느 신뢰수준에서의 신뢰구간의 절반이어도 된다."라고 되어 있어 불확실도의 폭 안에 참값이 있다는 것이 된다. 때문에 분석방법, 분석순서, 분석자의 숙련도, 분석기기, 시료의 형태 등에 의해 불확실도를 알 수 있게 되므로 분석 신뢰성 지표라고도 할 수 있다.

또한, 불확실도는 오차(error)와 혼동되는 경우가 있지만 불확실도와 오차는 본질적으로 다르다. 오차는 참값과 측정값의 차이로 정의되고 있다. 참값을 모르면 오차는 구해지지 않는다. 그러나 불확실도는 참값을 몰라도 참값이 존재하는 범위를 추정한 값이라고 할 수 있다.

[1] 불확실도를 추측하는 방법

불확실도를 추측하려면 여러 가지 방법이 있지만 여기서는 일반적인 측정에 관한 불확실도를 구하는 방법을 아래에 소개한다.

① 측정결과를 구하기 위한 순서를 쓰고, 결과를 구하는 계산식을 분명히 한다.

② ①에서 구한 순서 혹은 계산식에서 불확실한 각 요인을 찾는다.

③ 각 요인의 불확실도(표준 불확실도)를 산출해 상대 표준 불확실도를 열거한다.

표준 불확실도(standard uncertainty) u_i는 표준편차의 형태로 나타낸다.

표준 불확실도를 구하는 데 A타입의 평가방법과 B타입의 평가방법, 2가지 방법이 있다.

A타입의 평가방법은 일련의 반복측정에서 통계적 해석에 의해 평가되므로 표준편차로 나타내지는 것이다.

B타입의 평가방법은 통계적 해석방법 이외에 의하여 평가하는 것이다.

예를 들면, 이전 측정 데이터의 불확실도, 교정증명서 등에서 주어진 데이터의 불확실도, 기기사양서에 의한 불확실도, 물리상수의 불확실도 등으로 측정에 의해 직접 얻을 수 없는 것이다.

B타입 평가방법에서의 표준 불확실도의 추정에서는 일정한 확률분포(삼각분포, 동일분포(직사각형분포) 등)를 예상해 그 확률분포로부터 표준편차를 산출해 그 값을 불확실도로 한다. 예를 들면, 문헌 등의 규격값이 $\pm a$일 때 삼각분포를 예상할 수 있으면 이때의 표준 불확실도는 $a/\sqrt{6}$이 된다. 동일분포(직사각형분포)일 때의 표준 불확실도는 $a/\sqrt{3}$이 된다. 동일분포(직사각형분포)는 온도변화의 분포와 같이 어느 일정한 온도 폭 안을 동일한 확률로 출현하는 분포이거나 표준액 증명서에 기록된 불확실도를 동반한 농도 표시이기도 한다. 삼각분포는 전량 피펫이나 전량 플라스크 등 일정한 규격을 바탕으로 출하된 제품의 분포로 규격값 폭의 양단보다는 중심부에 집중하고 있다고 생각되는 것이다.

④ 각 요인의 표준 불확실도를 추측하게 되면 표준 불확실도를 합성한 합성 표준 불확실도(combined standard uncertainty) u_c를 산출한다. 합성 표준 불확실도는 오차 전파법칙과 마찬가지로 각 표준 불확실도 제곱합의 제곱근으로서 나타낸다.

구체적으로는 상대 표준 불확실도를 제곱합한 제곱근으로부터 계산한 상대 합성 표준 불확실도를 구해, 이 값에 측정 평균값 등을 곱해 합성 표준 불확실도를 산출한다.

⑤ 합성 표준 불확실도가 산출되면 이 값에 포함계수(coverage factor) k를 곱해 확장 불확실도(expanded uncertainty) U를 계산한다. 일반적으로 포함계수로서 $k=2$가 이용되는 경우가 많지만, $k=3$의 값도 이용되는 경우도 있다. 정규분포라고 하면, $k=2$는 약 95%, $k=3$은 약 99.7%의 확률에 들어가는 값이다.

⑥ 최종적인 측정결과에는 확장 불확실도를 산출해 표시하지만, 잊지 말고 포함계수도 표시해야 한다. 표시방법으로는,

측정결과의 평균(단위) $\pm U$(단위) (포함계수)로 하든지,

측정결과의 평균(단위), 확장 불확실도(단위), 포함계수 각 값을 동시에 표시한다.

(2) 불확실도의 전파법칙

불확실도의 전파법칙은 일반적인 오차 전파법칙과 동일하다. 각 측정값과 그러한 오차로부터 어떤 측정량을 계산했을 때의 오차를 계산하는 규칙의 개략을 나타내므로 합성 표준 불확실도를 산출하려면 오차를 불확실도로 치환해 이 규칙을 참고로 하면 된다. 정보량(측정량)을 x, y, z, 이들 정보량(측정량)의 오차를 δ_x, δ_y, δ_z로 하고 각 정보량(측정량)의 연산결과를 W, 그 정보량(측정량)의 연산결과 오차를 δ_w로 하면 각 연산결과의 오차는 다음과 같다.

① 합과 차의 오차 $\delta_w = \sqrt{\delta_x^2 + \delta_y^2 + \delta_z^2}$

② 곱과 나눔의 오차 $\left| \dfrac{\delta_w}{W} \right| = \sqrt{\left(\dfrac{\delta_x}{x}\right)^2 + \left(\dfrac{\delta_y}{y}\right)^2 + \left(\dfrac{\delta_z}{z}\right)^2}$

③ 정보량(x)와 상수의 곱의 오차 $\delta_w = |A| \times \delta_x$ 단, $W = A \times x$ (A : 상수)

④ 지수함수에서의 오차 $\dfrac{\delta_w}{W} = |n| \times \dfrac{\delta_x}{x}$ 단, $W = x^n$ (n : 상수)

⑤ 1변수 함수에서의 오차 $dW = \left| \dfrac{dW}{dx} \right| \delta_x$ 단, $W = W(x)$

⑥ 일반식(3변수 함수)에서의 오차(모든 오차가 서로 독립적이며 랜덤일 때)

$$\delta W = \sqrt{\left(\dfrac{\partial W}{\partial x} \delta x\right)^2 + \left(\dfrac{\partial W}{\partial y} \delta y\right)^2 + \left(\dfrac{\partial W}{\partial z} \delta z\right)^2} \quad 단, \ W = W(x, y, z)$$

[3] 검량선법 및 표준첨가법의 분석값 불확실도

일반적으로 정량분석을 실시하는 경우에 검량선법 혹은 표준첨가법에 의해 분석값을

계산하는 경우가 많다. 이 경우 회귀분석에 의해 농도와 신호강도의 관계를 예측하는
회귀직선 $y=ax+b$를 최소제곱법에 의해 구하고, 이 식에 의해 불확실도를 계산한다.
이 때, 농도(x)의 값에 대한 오차가 신호강도(y)의 측정값에 대한 오차에 비해 무시할
수 있을 만큼 작은 것이 전제가 된다. 〈그림 5.8〉에 회귀직선을 나타낸다.

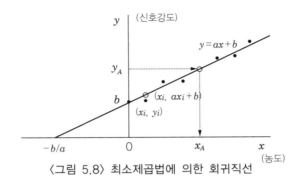

〈그림 5.8〉 최소제곱법에 의한 회귀직선

n개의 측정 데이터의 쌍 (x_1, y_1), (x_2, y_2),……, (x_n, y_n)으로 하면

$$a = \{ \sum (x_i - \overline{x})(y_i - \overline{y}) \} / \sum (x_i - \overline{x})^2$$
$$b = \overline{y} - a\overline{x}$$

를 얻을 수 있다. x와 y는 서로 독립이고, 최소제곱법의 전제로부터 $u^2(x_i)=0$이므로 분
산의 추정값 $u^2(a)$, $u^2(b)$ 및 공분산 추정값 $u^2(a, b)$는

$$u^2(a) = \sum (\delta a/\delta y_i)^2 u^2(y_i)$$
$$u^2(b) = \sum (\delta b/\delta y_i)^2 u^2(y_i)$$
$$u^2(a, b) = \sum (\delta a/\delta y_i)(\delta b/\delta y_i) u^2(y_i)$$

가 된다.

$u^2(y_i)$는 $s^2 = \sum \{(ax_i+b) - y_i\}^2/(n-2)$ (s : 잔차 표준편차 : 수직방향의 회귀직선과 측
정점과의 거리에 관해서)로 추정할 수 있으므로

$$\text{기울기의 분산} : u^2(a) = s^2 \frac{1}{\sum(x_i - \overline{x})^2}$$

$$\text{절편의 분산} : u^2(b) = s^2 \frac{\overline{X}}{\sum(x_i - \overline{x})^2} \quad \text{여기서, } \overline{X} = \left(\sum x_i^2 \right)/n$$

$$\text{공분산} : u^2(a, b) = s^2 \frac{(-\overline{x})}{\sum(x_i - \overline{x})^2}$$

가 된다. 기울기의 분산 및 절편의 분산의 제곱근을 취함으로써 각 분산의 표준편차(불확실도)를 구할 수 있다. 또한, 8항에서 설명한 것처럼 기울기의 분산 및 절편의 분산이 산출되고 있으므로 각각의 신뢰한계를 구할 수 있다. 앞에 설명한 $u(a)$ 및 $u(b)$의 값과 기대하는 신뢰수준에서의 t값과 자유도 $(n-2)$의 값을 이용해

기울기의 신뢰한계 : $a \pm t_{(n-2)} \, u(a)$

절편의 신뢰한계 : $b \pm t_{(n-2)} \, u(b)$

를 얻을 수 있다.

또, $u(a)$ 및 $u(b)$의 값으로부터 상관계수 $r(a, b)$를 구할 수 있다.

즉,

$$r(a, b) = u(a, b) / \{u(a)u(b)\} = \left(-\sum x_i\right) \Big/ \sqrt{n \sum x_i^2} = -\bar{x} / \sqrt{\bar{X}}$$

가 된다.

이상과 같이 검량선이 되는 회귀직선식과 기울기 및 절편 등의 분산을 구할 수 있었지만 실제로 어떤 측정값(관측값) y_A로부터 농도 x_A를 산출해야 하고, 그때의 불확실도(분산의 제곱근)는 다음과 같이 된다.

$$u^2(x_A) = (\delta x_A / \delta_a)^2 u^2(a) + (\delta x_A / \delta b)^2 u^2(b)$$
$$\qquad + 2(\delta x_A / \delta_a)(\delta x_A / \delta b)u(a)u(b)r(a, b)$$
$$u^2(x_A) = \{(y_A - b)^2 / a^4\}u^2(a) + (1/a^2)u^2(b) + 2\{(y_A - b)/a^3\}u(a)u(b)r(a, b)$$

가 된다. 여기서, $u(a, b) = u(a) \, u(b) \, r(a, b)$의 관계가 성립된다.

이와 같이 측정값 y_A로부터 농도 x_A를 산출하는 경우에는 위의 식과 같이 복잡한 식을 사용할 필요가 있지만 표계산을 이용해 간단하게 계산할 수도 있다. 또한, 다음과 같은 근사식을 이용해 계산할 수도 있다.

$$u^2(x_A) = \frac{s^2}{a^2}\left\{1 + \frac{1}{n} + \frac{(y_A - \bar{y})^2}{a^2 \sum (x_i - \bar{x})^2}\right\} \quad \text{여기서, } s^2 = \sum \{(ax_i + b) - y_i\}^2 / (n - 2)$$

y_A의 값을 얻으려면, 가끔 여러 차례의 측정을 실시하는 경우가 있다. m회 측정해 y_A의 값을 얻었을 경우의 불확실도는 다음과 같이 된다.

$$u^2(x_A) = \frac{s^2}{a^2}\left\{\frac{1}{m} + \frac{1}{n} + \frac{(y_A - \bar{y})^2}{a^2 \sum (x_i - \bar{x})^2}\right\}$$

반복하는 얘기지만 n은 회귀직선을 작성하기 위한 측정 데이터 쌍의 개수이며, m은

측정 시료의 측정 반복 수이다. 이 식을 보면 알 수 있듯이 { } 안의 제3항은 $\overline{y_A}$가 y에 가까워지면 제로에 가까워짐을 알 수 있을 것이다. 그러므로 이 회귀직선식을 검량선으로하여 어떤 농도를 구하려고 할 경우에는 검량선 영역의 중앙 정도로 해 측정하면 불확실도가 작아진다. 그리고 측정 쌍의 개수 n이나 측정 반복 수 m을 늘리면 불확실도이 줄어드는 것을 알 수 있을 것이다.

[4] 불확실도 요인 예

불확실도를 추측하는 경우에는 분석값을 제출할 때까지의 각 요인을 설명해야 한다. 그중에서도 주의해야 할 각 항목을 다음에 설명하므로 분석할 때 미리 이러한 요인의 불확실도를 알아 두는 것이 좋다.

① 분석 대상성분의 불완전한 정의(분석해야 할 분석 대상성분의 정확한 화학 형태가 불명료)
② 샘플링에 의한 불확실도(분석되는 시료 전체의 대표성 또는 샘플링 후의 변질 등)
③ 목적성분의 불완전한 추출이나 농축 매트릭스의 효과 및 간섭
④ 샘플링 및 시료 조제 시의 오염
⑤ 측정조작에 영향을 미치는 환경조건 혹은 환경조건의 불충분한 측정
⑥ 시약의 순도
⑦ 아날로그 계측기 판독의 개인편차
⑧ 중량 측정 및 용량 측정의 불확실도
⑨ 분석장치의 편향, 분해능 또는 분별 임계값
⑩ 측정표준 및 표준물질의 표시값
⑪ 기존 상수 및 그 외 파라미터의 값에 부수하는 불확실도
⑫ 측정법 및 분석 조작에서 도입한 근사와 가정
⑬ 컴퓨터 소프트웨어를 사용했을 때의 해석 성능
⑭ 랜덤한 분산

1) James N. Miller & Jane C. Miller 著，宗森　信，佐藤寿邦訳：データのとり方とまとめ方（第2版），共立出版，2004

2) 鐵　健司：新版品質管理のための統計的方法入門，日科技連，2004

3) 永田　靖：入門統計解析法，日科技連，2008

4) 山田剛史，杉澤武俊，村井潤一郎：Rによる統計学，オーム社，2008

5) 藤森利美：分析技術者のための統計的方法（第2版），日本環境測定分析協会，1998

6) 日本規格協会編：JISハンドブック57　品質管理，日本規格協会，2010

7) EURACHEM Guide, The Fitness for Purpose of Analytical Methods, EURACHEM, 1998（http://www.eurachem.org/guides/valid.pdf）

8) JIS Q17025：2005「試験所および校正機関の能力に関する一般要求事項」，日本規格協会

제6장

대기분석 현황과
향후 동향

6.1 대기환경의 과제와 대기분석

 일본의 대기환경 문제는 1950년대 중반부터 서서히 표면화되기 시작해 1960년대 들어 욧카이치(四日市) 석유 콤비네이트(combinate) 주변에서 일어난 욧카이치 천식이라고 하는 대기오염 피해자가 나오면서 대기환경 문제에 대한 인식이 고조되었다.

 그 후에도 고도 경제성장에 의한 경제발전과 함께 산업공해가 심각해져 1967년에는 「공해대책기본법」이 제정되었다. 당시 대기오염 문제의 중심은 황산화물, 질소산화물, 일산화탄소, 광화학 옥시던트, 부유 입자상 물질 등이었고 전국에 이들 물질의 상시 감시 측정망이 정비되어 자동 측정에 의한 대기오염물질의 조사·분석이 본격화되었다.

 1980년대 후반부터는 산성비와 오존층 파괴, 지구 온난화와 같은 지구환경 문제가 부각되어 대기분석도 이온 크로마토그래피를 이용한 강우 성분분석이나 GC/ECD를 이용한 프레온류의 분석 등이 행해졌다.

 1990년대 중반이 되자 대기환경 행정 분야에서도 '리스크'의 개념이 도입되었고, 1996년 대기오염방지법의 개정에 의해 유해 대기오염물질 대책이 마련되었다. 이것은 장기간의 폭로에 의한 건강에 미치는 영향을 미연에 방지하는 것을 목적으로 하며, 환경대기 중의 유해 대기오염물질 모니터링도 장기간의 평균농도를 파악하기 위한 측정법이 채용되었다. 본서에서 해설하고 있는 분석법 대부분은 이 시기부터 정비되어 온 저농도 장기 폭로에 의한 영향을 평가하기 위한 분석법이며, 기본적으로는 24시간 연속 채취와 검출 하한값을 적극적으로 낮춘 미량 유해 화학물질의 검출에 대응하는 것이다.

 유해 대기오염물질 가운데 특히 우선적으로 다룰 필요가 있다고 여겨지는 우선 검사 물질에 대해서는 일부 물질을 제외하고 1998년도부터 전국적인 모니터링이 실시되고 있다. 이 중에서 환경기준이 설정되어 있는 4물질(벤젠, 트리클로로에틸렌, 테트라클로로에틸렌, 디클로로메탄)의 대기 중 농도는 현재까지 일관되게 감소하는 추세이다. 모니터링 개시 초기에는 40% 이상의 측정지점에서 환경 기준값을 초과했던 벤젠도 현재는 대부분의 지점에서 환경 기준값을 밑돌고 있다.

 대기환경 문제가 이와 같이 변천해 온 가운데 현재까지 남겨진 과제 및 새로운 과제로 다음을 들 수 있다.

 첫째로 광화학 옥시던트의 문제이다. 환경 기준값이 설정되어 있는 많은 물질에 대해 대기환경 농도가 개선되었지만 광화학 옥시던트에 대해서는 현재도 대부분의 측정지점에서 환경 기준값을 초과하고 있다. 또, 근래에는 대기 중 평균농도의 상승과 고농도 지역의 광역화 등을 볼 수 있다. 더욱이 지속적으로 120ppb를 넘는다고 판단될 때

발령되는 '광화학스모그 주의보' 발령 일수도 전국적으로 100일 이상이 되어, 아직까지 해결되지 않은 대기오염 문제 중 하나이다. 광화학 옥시던트는 대기 중 질소산화물과 휘발성 유기화합물(VOCs : Volatile Organic Compounds)을 원인물질로 하여 대기 중에서 생성되는 2차 생성 오염물질이다.

광화학 옥시던트의 농도를 낮추려면 질소산화물과 VOC의 배출을 삭감해야 하지만 특히 지금까지 대책이 늦은 VOC의 배출 억제를 위해 2004년에 대기오염 방지법에 VOC 대책이 추가되어, 2005년 6월 1일부터 개정 대기오염방지법이 시행되고 있다.

다음으로 미세 입자상 물질($PM_{2.5}$)에 의한 대기오염을 들 수 있다. $PM_{2.5}$란 "대기 중에 부유하는 입자상 물질로, 입경이 2.5μm인 입자를 50%의 비율로 분리할 수 있는 분립장치를 이용해, 보다 입경이 큰 입자를 제거한 후에 채취되는 입자"라고 정의되고 있다. 종래부터 대책을 취해온 부유 입자상 물질(SPM)에 비해 입경이 작은 입자이며 호흡 시에 기관을 통과해 기관지나 폐까지 도달하기 때문에 건강에 미치는 영향이 다양하다.

2009년 9월에 $PM_{2.5}$에 관한 대기환경기준(연 평균값 : 15μg/m³, 일 평균값 : 35 μg/m³)이 고시되었지만, 지금까지의 조사결과에서는 도시지역을 중심으로 환경기준이 달성되고 있지 않은 상황이라고 생각되고 있다. 향후 전국적인 환경 모니터링과 배출 저감대책이 진행될 예정이다.

또한, 대기분석과 관련된 과제 중 하나로서 잔류성 유기오염물질(POPs : Persistant Organic Pollutants)을 들 수 있다. POPs는 난분해성, 높은 축적성, 장거리 이동성, 유해성(사람의 건강·생태계)을 가진 물질로 국제적으로 협조해 폐기, 저감 등을 실시할 필요가 있기 때문에 '잔류성 유기오염물질에 관한 스톡홀름 협약(POPs 협약)'이 2001년에 채택되어, 2005년 5월에 발효되었다. 2005년 6월에는 일본 내 실시 계획이 책정되었지만 환경성에서는 이에 앞서 2002년도부터 전국적인 모니터링을 실시하고 있다.

본 장에서는 광화학 옥시던트의 저감, $PM_{2.5}$ 대책, POPs 모니터링과 같은 최근의 과제에 관계되는 대기분석법에 대해 해설한다.

6.2 광화학 옥시던트

대기 중에서 광화학 옥시던트를 생성하는 메커니즘은 다음과 같이 생각되고 있다. 대기 중의 OH 라디칼이 VOC나 CO와 반응해 과산화라디칼(RO_2나 HO_2)을 생성하고 NO를 산화해 NO_2를 생성한다. NO_2는 태양 자외선에 의해 광분해를 일으켜 생성한 산소 원자가 산소 분자와 반응함으로써 O_3가 생성된다(그림 6.1).

이 O_3가 광화학 옥시던트의 주요 성분이다. 이 중에서 인위적인 충격이 강한 성분이 NO와 VOC가 된다. 때문에 2004년의 대기오염방지법 개정에 VOC의 배출 억제가 포함되어 있다.

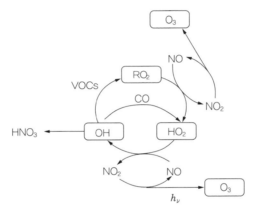

〈그림 6.1〉 광화학 옥시던트 생성 메커니즘

광화학 옥시던트 대책과 관련된 대기분석의 향후 과제로서 ① 대기 중 VOC의 개별 성분 분석 ② 대기 중 옥시던트 생성에 관여하는 반응성 물질의 일괄평가 ③ 발생원 대책으로서의 VOC 간이 측정을 들 수 있다.

◐ 1. 대기 중 VOC의 개별 성분분석

광화학 옥시던트의 생성에 관여하는 VOC는 많이 존재하며, 그 오존의 생성률은 성분에 따라 크게 다르다고 알려져 있다. 대기오염방지법에서의 VOC 배출 억제대책은 수소불꽃 이온화 검출법(FID) 혹은 비분산형 적외선 분석법(NDIR)에 의한 측정으로 평가되는 총 VOC의 대책을 규정하고 있다. 그러나 효율적으로 옥시던트를 삭감하기 위해서는 대기 중 VOC의 개별 성분을 분석해 어느 성분이 광화학 옥시던트 생성에 기여도가 높은지를 평가할 필요가 있다.

대기 중 VOC의 개별 성분 측정에 대해서는 지금까지 국내외에서 많은 보고가 이루어졌다. 이전에는 GC/FID를 이용한 탄화수소류의 측정이나 GC/ECD를 이용한 유기 염소화합물을 측정했다.

그러나 유해 대기오염물질 모니터링에 채용된 캐니스터를 이용한 용기채취법이 보급되면서 많은 성분의 일제분석이 가능하게 되었다. 유해 대기오염물질 측정방법 매뉴얼에 나타나 있는 VOC의 측정방법은 GC/MS를 이용하고 있어 탄화수소, 유기 염소화합물 쌍방을 동시에 측정할 수 있을 뿐만 아니라 알코올이나 에스테르 등의 함산소화합물의 측정도 가능하다[1].

GC/MS에 의한 분석 시에는 감도 향상을 위해서 선택 이온 검출법(SIM법)이 이용되는 경우가 많지만, 탄화수소류는 특징적인 모니터 이온이 적기 때문에 분리가 불충분하면 구조가 유사한 성분의 영향을 받아 측정값에 오차가 생길 가능성이 있다. 특히 탄소 수가 적은 화합물(예를 들면 부탄, 1-부텐, 1,3-부타디엔 등)은 대기 중 농도가 높은 경우가 있어, 인근의 피크 영향을 받지 않게 주의를 기울이지 않으면 안 된다. 칼럼 선택, 온도상승 조건의 설정 등을 검토해 측정 대상물질의 분리조건을 최적화할 필요가 있다. 분리의 향상에는 액체질소 등으로 칼럼 항온조를 실온 이하로 낮추고(예를 들면, 0℃)나서 온도상승하는 것이 유효하다.

또, 에탄, 에틸렌, 프로판 등의 저비점 화합물은 질량수가 작아 GC/MS에 의한 검출이 곤란하다. 이러한 성분은 GC/MS에 의한 일제분석과는 별도로 GC/FID 등을 이용한 분석을 실시할 필요가 있다. 다만 캐니스터로 채취한 대기시료는 대기압 이상의 내압이 있는 한 반복측정이 가능하기 때문에 GC/MS에 의한 분석을 실시한 후 동일 시료에 대해 다른 분석 시스템을 이용해 저비점 화합물을 측정하는 것이 가능하다. 이와 같이 많은 성분을 대상으로 대기 중 VOC를 종합적으로 측정해 나가는 것은 옥시던트 저감 대책을 검토하는 데 유용하다.

〈표 6.1〉에 2007년 도쿄도 내에서 측정한 VOC 105성분의 농도 비율(105성분의 합계를 총 VOC 농도로 했을 경우 각 성분의 비율)과 각 성분의 오존 생성 능률의 비율을 나타냈다[2]. 오존 생성 능률은 각 VOC 농도에 단위 무게당 VOC가 생성할 수 있는 최대 오존 생성량(MIR : Maximum Increment Reactivity)[3]을 곱해 구한 것이다. VOC 105성분에는 캐니스터로 채취, 분석한 성분 외에 알데히드류 2종류와 산화에틸렌이 포함되어 있다.

도쿄도 내 대기 중 VOC 농도는 모든 지점에서 톨루엔, 부탄이 가장 높은 기여 비율(농도)을 나타내고 있고, 기타 고농도 성분으로서 초산에틸, 이소프로필알코올 등이 차지하고 있다. 이러한 측정값을 오존 생성 능률로 변환해 보면 톨루엔이 농도 비율과 마찬가지로 크게 기여하고 있지만, 2위 이하의 성분은 농도 비율에 따라 달라진다. 오존

〈표 6.1〉 도쿄도 내 5지점의 VOC 주요 성분의 대기 중 농도와 오존 생성에 기여하는 비율(2007년도)

대기 중 농도의 기여 비율

순위	고쿠세쓰도쿄(國設東京)(신주쿠) (일반 환경)		아라카와 미나미센쥬(荒川南千住) (일반 환경)		하치만야마(八幡山) (도로변)		히비야(日比谷) (도로변)		마쓰바라바시(松原橋) (도로변)	
	성분명	기여비율 [%]	성분명	기여비율 [%]	성분명	기여비율 [%]	성분명	기여비율 [%]	성분명	기여비율 [%]
1	톨루엔	10.1	톨루엔	14.7	부탄	8.7	톨루엔	8.7	톨루엔	10.3
2	조산에틸	7.1	조산에틸	12.2	톨루엔	8.3	이소프로필알코올	8.7	부탄	6.5
3	아세톤	6.7	이소프로필알코올	9.7	이소프로필알코올	7.8	부탄	7.9	이소펜탄	5.4
4	부탄	6.5	부탄	5.3	이소펜탄	5.3	아세톤	6.8	이소프로필알코올	5.0
5	이소프로필알코올	6.1	프로판	4.0	조산에틸	4.6	조산에틸	6.6	조산에틸	4.8
6	프로판	5.6	메틸에틸케톤	3.5	n-펜탄	4.6	이소부탄	4.3	아세톤	4.3
7	메틸에틸케톤	5.3	아세톤	3.3	이소부탄	4.4	프로판	4.2	n-펜탄	4.3
8	n-펜탄	3.4	이소부탄	2.8	프로판	4.2	n-펜탄	3.7	이소부탄	3.5
9	이소부탄	3.3	n-펜탄	2.6	아세톤	3.4	메틸에틸케톤	3.5	프로판	3.4
10	이소펜탄	3.0	이소펜탄	2.5	n-핵산	3.2	이소펜탄	3.4	m+p-크실렌	2.8
	기타	42.9	기타	39.3	기타	45.5	기타	42.2	기타	49.8

대기 중 농도의 기여 비율

순위	고쿠세쓰도쿄(國設東京)(신주쿠) (일반 환경)		아라카와 미나미센쥬(荒川南千住) (일반 환경)		하치만야마(八幡山) (도로변)		히비야(日比谷) (도로변)		마쓰바라바시(松原橋) (도로변)	
	성분명	기여비율 [%]	성분명	기여비율 [%]	성분명	기여비율 [%]	성분명	기여비율 [%]	성분명	기여비율 [%]
1	톨루엔	17.0	톨루엔	26.8	톨루엔	13.4	톨루엔	15.0	톨루엔	14.7
2	포름알데히드	7.3	포름알데히드	6.4	1-부텐	5.9	포름알데히드	7.3	m+p-크실렌	7.4
3	프로필렌	6.7	아세트알데히드	5.1	프로필렌	5.7	프로필렌	6.0	포름알데히드	5.9
4	m+p-크실렌	6.3	프로필렌	4.9	m+p-크실렌	5.5	아세트알데히드	5.9	프로필렌	5.7
5	아세트알데히드	6.0	m+p-크실렌	4.5	부탄	5.0	m+p-크실렌	5.6	1-부텐	5.3
6	1-부텐	4.3	조산에틸	3.6	시스-2-부텐	4.7	부탄	4.6	1,2,4-트리메틸벤젠	4.2
7	에틸렌	4.2	1-부텐	3.4	에틸렌	4.2	1-부텐	4.6	아세트알데히드	4.1
8	부탄	3.6	부탄	3.2	에틸렌	3.9	에틸렌	4.1	에틸렌	3.8
9	메틸에틸케톤	3.3	이소프로필알코올	3.2	아세트알데히드	3.9	메틸에틸케톤	3.9	이소펜탄	3.3
10	1,2,4-트리메틸벤젠	2.5	에틸렌	2.6	트란스-2-부텐	3.7	이소프로필알코올	2.7	m+p-에틸톨루엔	3.2
	기타	38.7	기타	36.4	기타	44.1	기타	41.4	기타	42.3

생성 능률에서는 알데히드류나 에틸렌, 프로필렌, 1-부텐과 같은 불포화 탄화수소류가 상위를 차지하고 있다.

즉, 농도가 높은 성분을 줄이는 것이 반드시 광화학 옥시던트 저감에 효과적이라고는 할 수 없다. 이와 같이 많은 성분을 측정해 해석·평가하는 것은 유효한 광화학 옥시던트 대책을 검토하는 데 중요한 정보를 제공한다.

◐ 2. 대기 중 옥시던트 생성에 관계하는 반응성 물질의 일괄 평가

대기 중 VOC 성분을 밝히는 것은 광화학 옥시던트 문제를 해결하는 데 매우 중요하다. 그러나 대기 중에는 적어도 수백 종류의 VOC가 존재한다고 생각되며[4], 이러한 성분을 망라하기 위해 일일이 분석하는 것은 현행 GC에 의한 분리와 MS나 FID, ECD에 의한 검출에서는 방대한 노력이 필요하다. 그리고 GC/MS나 GC/FID를 이용한 개별 VOC의 측정에서는 광화학 옥시던트 생성에 관여하는 모든 VOC를 계측한 보증도 얻을 수 없다.

그래서 최근에는 이러한 상향식(bottom-up) 쌓아올림에 의한 광화학 반응성 물질의 계측과는 다른 접근으로서 OH 라디칼의 대기 중 반응성을 측정하고 있다. 그 원리는 인공적으로 OH 라디칼을 대기 중에 생성해 그 감쇠 속도를 측정함으로써 어느 정도의 반응성 물질이 대기 중에 존재하는지를 추정하는 방법이다[5].

이 장치에서는 우선 대기시료를 반응관에 도입해, 반응관에 Nd : YAG 레이저의 제4 고조파(파장 : 266nm, 펄스 폭 : 6ns, 에너지 : 약 20mJ, 반복 주파수 : 2Hz)를 조사한다. 266nm의 자외광을 조사함으로써 대기시료 중의 오존이 광분해해 생성한 O(^{1}D) 원자와 수증기의 반응에 의해 인공적으로 OH 라디칼을 생성한다. 생성한 OH 라디칼의 수명 측정에는 레이저 펌프 프로브법을 이용한 OH 라디칼 수명 측정장치가 이용되고 있다.

생성한 OH 라디칼은 대기 중의 다양한 미량 성분과 반응해 감쇠한다. 이 OH 라디칼의 시간 변화를 레이저 유기형광법(LIF : Laser-induced fluorescence)에 의해 측정함으로써 대기 중에 존재하는 OH 라디칼과 반응하는 물질을 포괄적으로 평가할 수 있다.

수도대학도쿄의 가지이(楮井) 그룹은 이 OH 반응성의 직접 측정과 VOC를 포함한 약 70종류의 다양한 반응성 물질의 화학분석에 의해 추정된 OH 반응성을 비교했다. 그 결과, 겨울철 외에는 계측되지 않는 미지의 OH 라디칼의 반응 상대가 20~30%나 존재함을 보여주었다[5], [6].

3. 발생원 대책으로서의 VOC 간이 측정

2004년에 개정된 대기오염방지법에서는 광화학 옥시던트 대책으로서 2010년의 VOC 배출량을 2000년 대비 30% 정도 삭감하는 것을 목표로 했다. 이 목표는 대략 달성될 전망이지만 대기 중 광화학 옥시던트 농도는 여전히 높은 수준에 있어 향후에도 VOC 배출 삭감은 계속될 것으로 예상된다.

VOC의 배출 삭감은 배출규제에 의한 대책과 사업자의 독자적인 활동에 의한 대책을 병용해 진행하고 있다. 사업자의 독자적인 활동의 경우에는 매일매일의 배출량 관리 파악 등을 위해 사용하기 쉽고 저렴한 VOC 간이 측정기의 개발·보급이 요구되고 있다.

VOC 간이 측정기에는 몇 개의 다른 측정원리를 가진 것이 있는데 각각 측정 정밀도나 감도, 쉬운 이동성 등에 특징이 있다. 여기서는 대표적인 측정원리를 이용한 아래와 같은 4개의 VOC 간이 측정기에 대해 소개한다.

[1] 고분자 박막 팽창에 근거하는 간섭 증폭 반사법(IER법)

고분자 박막을 VOC에 접촉시킴으로써 VOC를 흡수해 그 농도에 대응해 팽윤하는 현상과 그 팽윤의 정도가 빛의 반사와 간섭에 변화를 가져오는 현상을 조합해 VOC 농도를 측정하는 방법이 간섭 증폭 반사법(IER법 : Interference Enhanced Reflection Method)이다.

이 측정 원리를 이용한 시판 측정기는 톨루엔 환산으로 1~2,500ppm, 3~7,500ppm, 10~25,000ppm의 3개 범위를 기기 도입 시에 선택할 수 있다. 소형이고 이동성이 뛰어나며 반복성, 직선성, 응답시간 성능도 충분히 우수하다. 그러나 측정결과가 톨루엔 환산(ppm)으로 표시되기 때문에 톨루엔 이외의 VOC의 경우에는 성분마다 환산계수를 이용해 계산할 필요가 있다. 성분별 측정 감도는 FID와 같이 탄소수에 대응해 일정하지 않기 때문에 다성분 VOC 농도를 측정하는 경우에는 사전에 시료의 조성을 확인할 필요가 있다.

또, 석유계 혼합용제와 같이 성분 조성이 불명한 VOC 측정의 경우에는 환산계수를 이용한 환산은 할 수 없기 때문에 상호검증용 샘플을 동시에 채취해 공정법에 의한 측정과의 보정계수를 구해 둘 필요가 있다.

[2] 촉매 산화-검지관 방식

시료 내의 VOC를 촉매 산화해(300℃, 백금 촉매) 생긴 이산화탄소 농도를 검지관으로 측정하는 방법이다. 시판 측정기의 측정범위는 200~4,000ppmC이다. 이 방법은 VOC를 산화해 이산화탄소량으로 측정하기 때문에 공정법과 마찬가지로 ppmC*에서의 측정이 가능해 측정결과를 공표하거나 평가하는 경우에 유효하다. 시료 가스에는 이산화탄소가 백그라운드로서 반드시 존재하기 때문에 백그라운드 공기를 측정해 둘 필요가 있다. 백그라운드의 이산화탄소에 비해 VOC 농도가 낮은 경우에는 정밀도의 확보에 주의가 필요하다. 또, 이 기종은 디클로로메탄 등의 할로겐계 VOC는 산화 촉매에 영향을 주기 때문에 측정할 수 없다.

[3] 산화물 반도체식 가스 센서

귀금속 등이 첨가된 금속산화물을 감(感)가스 재료로 사용해 소정 온도로 과열하면 VOC 가스와 반응해 전기 저항값이 급격하게 감소하는 산화물 반도체를 이용한 측정기이다.

시판 측정기의 측정범위는 톨루엔 환산으로 1~3,000ppm이다. 이 측정기는 운반성, 조작성이 뛰어나고 다른 간이 측정기에 비해 저렴하다. 그러나 측정값이 시료 내의 산소나 수분의 영향을 크게 받는 것으로 보고되었다. 본체부에 습도 센서를 탑재하고 있지만 공장 등의 굴뚝 가스를 직접 측정하는 경우에는 시료 가스 라인의 습도와 본체의 습도 센서가 링크하지 않는 등 기기의 구조를 잘 이해한 후에 사용해야 한다. 또, 측정 결과가 톨루엔 환산으로 표시되기 때문에 톨루엔 이외의 VOC에서는 성분마다 상대감도를 이용해 환산할 필요가 있다.

[4] 수소불꽃 이온화 검출기(FID)

공정법에서 채용된 검출방법이다. VOC 가스가 수소가스와 함께 노즐로 옮겨져 고온의 불꽃 안에서 탄소와 수소로 열분해한다. 그리고 탄소는 고온에 의해 양이온과 전자가 된다. 이 이온과 전자는 전압을 건 전극에 이끌려 전류가 발생한다. 이 전류가 이온량, 즉 탄화수소의 가스 농도와 비례하므로 가스 농도를 정량할 수 있다. 시판 측정기는 0~100, 0~1,000, 0~10,000ppmC의 3개 범위가 있다. 이 측정기는 공정법과 마찬가지로 ppmC에서의 측정이 가능하고 측정결과의 공표, 평가에 유효하다. 간이 측정기로서는 충분한 측정 정밀도를 가지고 있지만 상당한 중량이 있어 운반성, 휴대성은 나쁘다.

이상과 같이 측정원리와 시판되는 측정기마다 특징이 다르므로 VOC 성분이나 사용 형태에 대응해 간이 측정기를 선택할 필요가 있다. 또 공적 기관에 의해 이러한 측정기의 정밀도를 공정법과 비교한 시험도 행해지고 있어[7] 그 결과 보고 등도 기기 선정 시 참고가 된다. 측정 정밀도가 좋은 것은 VOC 발생시설의 관리나 조사뿐만 아니라, 발생

---

* ppmC는 탄소수가 1인 휘발성 유기화합물의 용량으로 환산한 용량비 백만분율이나 탄소 환산 농도라고도 한다.

원 주변 환경에서의 스크리닝 조사 등에도 활용할 수 있다.

6.3 미세 입자상 물질(PM₂.₅)

◑ 1. 표준측정법

PM₂.₅의 환경기준을 평가하는 표준 측정법에는 필터법이 채용되고 있다. 이것은 샘플러에 의해 일정 유량으로 필터 위에 시료를 포집한 다음, 일정한 칭량 조건에서 시료 채취 전후의 중량 차이를 구함으로써 중량농도를 산정하는 방법이다. 상세한 측정 조건에 대해서는 기본적으로는 미국 EPA의 연방 표준법(FRM : Federal Reference Method)에 준해 규정되고 있다. 미세입자는 조대입자에 비해 습도나 기온 등의 영향을 크게 받지만, FRM은 수분이나 반휘발성물질의 영향에 의한 데이터의 차이를 가능한 한 없앨 수 있도록 세부까지 규격화되었다. 이하에 필터법에 의한 PM₂.₅ 측정 가운데 지금까지의 입자상 물질 측정과 다른 점을 중심으로 해설한다. 〈그림 6.2〉에는 샘플러의 기본 구성을 나타낸다.

[1] 샘플러의 설치 조건

샘플러가 설치면 등으로부터 생기는 분진의 영향을 받지 않게 하기 위해 시료 대기 도입구는 지상 3m 이상 10m 이하에 설치한다. 다만 지상보다 10m 이하에서는 지역 대표성을 얻을 수 없다고 판단되는 경우(예를 들면, 고층 주택지 등)에는 30m를 넘지 않는 범위에서 실태에 맞는 높이에 설치한다.

흡착 등에 의한 PM₂.₅ 입자의 손실을 막기 위해 시료 대기 도입구와 입자 포집부는 수직관으로 연결시키고, 시료 대기 도입구부터 입자 포집부까지의 최대 길이는 5m 이하, 분립장치 출구로부터 입자 포집부까지의 길이는 1.5m 미만으로 한다. 이 때문에 자치단체 등이 설치한 환경대기 상시 감시 측정국에서 이용되고 있는 집합채기 분배관으로부터는 채취할 수 없다. 또, 측정국 내에 샘플러를 설치하는 경우, 보통은 시료 대기 도입구는 천장을 관통시켜 설치해야 한다.

[2] 분립장치의 특성

분립장치는 50% 컷오프(cut off) 지름이 2.5μm인 것으로 한다. 이것은 JIS Z 8851의 규정을 준용하고 있고, 50% 분립 지름이 2.5±0.2μm, 80% 분립 지름에 대해 20% 분립 지름의 비로 규정하는 기울기가 1.5 이하를 만족하는 것으로 하고 있다. 이 조건을 만족하는 분립장치로는 임팩터 방식(관성충돌을 이용한 분립)이나 사이클론 방식(원

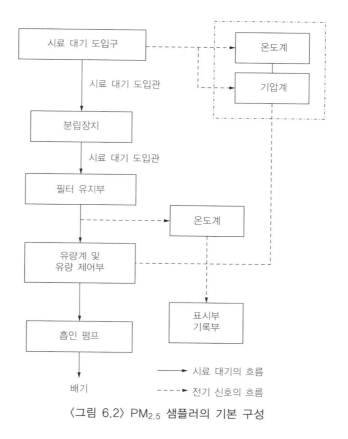

〈그림 6.2〉 PM$_{2.5}$ 샘플러의 기본 구성

심력을 이용한 분립)이 있다. PM$_{2.5}$의 분립에는 안정된 흡인 유량의 확보가 필요하지만, 위의 분립장치는 16.7L/min으로 유량을 설정하면 분립 특성이 확보되는 구조이다. 또한, PM$_{2.5}$의 분립 성능을 확보하기 위해 PM$_{2.5}$ 분립장치 앞에 PM$_{10}$의 분립장치를 설치하는 것이 일반적이다.

[3] 필터의 재질

필터는 발수제(撥水製)가 높고, 가스 흡착이나 흡습이 적고, 충분한 강도를 가질 필요가 있기 때문에 그 재질은 충분한 강도를 가진 PTFE(폴리테트라플루오르에틸렌)로 하고 있다. 지금까지 입자상 물질의 측정에 많이 이용되어 온 석영섬유 필터는 아닌 것에 주의해야 한다.

[4] 항량 조건

필터의 항량화(컨디셔닝)에 대해서는 FRM의 규정을 근거로 해 온도 21.5±1.5℃,

상대습도 35±5℃로 하고, 컨디셔닝 시간은 24시간 이상으로 한다. 측정결과의 재현성을 높이기 위해서는 필터 칭량값의 정밀도가 중요하다. 지금까지 부유 입자상 물질의 칭량 조건은 상대습도 50±5%를 기준으로 했지만, 특히 수분의 영향을 받기 쉬운 $PM_{2.5}$의 측정에 대해서는 측정 데이터의 신뢰성을 확보하기 위해 수분의 영향이 적은 35±5%가 채용되고 있다.

❍ 2. 자동 측정기에 의한 $PM_{2.5}$의 측정

위의 필터법은 번거로울 뿐 아니라 얻어진 측정값이 일 평균값뿐이며, 더욱이 칭량이기 때문에 측정결과를 얻기 위해서 짧아도 며칠이 걸린다. 일상적인 오염 상황 감시나 효과적인 대책의 검토를 위해서 필요한 농도의 시간 변동을 신속히 파악하기 위해서는 자동 측정기에 의한 측정이 유용하다.

$PM_{2.5}$의 자동 측정기는 현 측정원리가 다른 몇 개 기종의 개발과 개량이 진행되고 있다. 그러나 기종 차이에 의해 표준 측정법인 FRM법과의 등가성도 다를 가능성이 있어, 환경성에서는 FRM법과의 등가성을 평가해 환경 기준값을 평가하기 위해서 이용할 수 있는 자동 측정기를 선정해 왔다.

이하에 지금까지 개발된 자동 측정기의 측정원리에 대해 설명한다.

[1] 필터 진동법(TEOM법)

고유의 진동수로 진동하고 있는 원추형 칭량소자의 선단에 필터가 장착되어 필터 위에 포집된 입자상 물질의 중량 증가에 따라 소자의 진동수가 감소하는 원리를 이용한 측정법이다. 소자가 온도의 영향을 받는 것을 이용하여 필터 포집부를 포함한 소자 등을 가온하고 있다. 이 온도는 지금까지 보통은 50℃로 설정되지만 반휘발성물질이 휘발하는 것을 이용하여 특히 겨울철에 측정값이 낮게 나오는 경향을 볼 수 있기 때문에 최근에는 30~40℃로 설정하는 경우도 많다.

[2] β선 흡수법

낮은 에너지의 β선을 물질에 조사했을 경우, 그 물질의 질량에 비례해 β선의 흡수량이 증가하는 원리를 이용한 측정법이다. 1시간마다 여과지 위에 포집한 입자상 물질에 β선을 조사해 투과하는 β선의 강도를 측정함으로써 질량농도를 측정한다. 선원(線源)으로는 ^{14}C나 ^{147}Pm 등이 사용되고 있다.

[3] 광산란법

한쪽에서 입자상 물질에 빛을 조사했을 때에 발생하는 산란 광량을 측정함으로써 대기 중 입자상 물질의 질량농도를 간접적으로 측정하는 방식이다. 입자상 물질에 의한 산란광의 강도는 입자상 물질의 형상, 크기, 굴절률 등에 따라서 다르지만 이러한 조건이 동일하면 산란광의 강도는 입자상 물질의 중량과 비례관계가 있는 것을 이용한 것이다.

현재 이러한 원리를 이용한 것이나 상기 2종의 측정법을 조합한 $PM_{2.5}$ 자동 측정기가 시판되고 있다.

◎ 3. $PM_{2.5}$의 성분분석

$PM_{2.5}$는 발생원으로부터 직접 배출되는 1차 생성 입자와 대기 중의 광화학반응, 중화반응 등에 의해 생기는 2차 생성 입자로 구성된다. $PM_{2.5}$의 원인물질 배출 상황의 파악이나 배출목록의 작성, 대기 중 거동이나 2차 생성기구의 해명 등의 지식을 집적하기 위해서는 질량농도의 측정과 함께 성분분석도 중요하다. $PM_{2.5}$ 발생원의 기여 비율을 파악하기 위해서는 적어도 이온 성분(황산이온, 질산이온, 염화물이온, 나트륨이온, 칼륨이온, 암모늄이온 등), 무기 원소 성분(나트륨, 칼륨, 칼슘, 크롬, 망간, 철 등), 탄소 성분(유기탄소, 무기탄소 및 탄화 보정값)의 조사가 필요하다.

이러한 측정방법에 대해서는 이온 성분에 대해서는 이온 크로마토그래프법, 무기 원소 성분에 대해서는 유도결합 플라즈마 질량분석법(ICP-MS)이나 형광 X선 분석법 등, 탄소 성분에 대해서는 열분리법이 이용된다. 이온 성분과 무기 원소 성분의 측정에 대해서는 기본적으로는 종래부터 행해져 온 분석법이지만, 탄소 성분의 분석에서는 최근 종래의 열분리법으로부터 광학 보정을 도입한 서멀 옵티컬 리플렉턴스법이 주류가 되고 있다. 여기서는 서멀 옵티컬 리플렉턴스법에 의한 유기 탄소(OC), 무기 탄소(EC)의 분석에 대해 해설한다.

입자상 물질 중 OC, EC의 분석은 종래부터 열분리법이 이용되어 탄소 성분을 다른 온도와 산화 환경에서 입자상 물질 시료로부터 유리시켜 측정한다. 이것은 He 분위기에 놓인 시료로부터 유기물을 낮은 온도로 휘발 분리할 수 있으며, EC는 동시에 산화도 분리도 하지 않는다는 가정에 근거하고 있다. 그러나 실제로는 가열 분리 과정에서 유기물이 열분해 탄화되고 OC가 과소평가, EC가 과대평가된다. 이 유기물의 탄화를 보정해 측정하는 방법이 서멀 옵티컬 리플렉턴스법이다. 이 방법으로 유기물의 열분해 탄화를 보정한 결과 종래의 방법과 비교해 30~60% 정도의 차이가 생긴다고 보고되었다[8].

이 방법에서는 열분해의 기여를 보정하기 위해서 레이저광을 시료에 조사해, 시료로부터의 반사와 시료를 투과하는 레이저광 강도를 연속해 모니터함으로써 열분해량을 보정하고 있다. 반사 또는 투과하는 레이저광 강도는 주로 시료 위의 EC량에 따라 변화한다. OC의 열분해가 일어나 EC가 증가하기 시작하면 레이저광의 흡수가 증가해 반사광과 투과광 모두 감소한다. 반대로 EC가 분리하기 시작하면 반사광과 투과광 모두 증가하기 시작한다. 측정 개시 시의 반사 또는 투과하는 레이저광 강도(초기값)로부터 OC의 열분해에 의해 레이저광 강도가 감소한 후, 분석 환경에 산소가 더해지고 EC의 유리에 따라 증가해 다시 초기값으로 돌아오는 시점(분할 시간)을 볼 수 있다. 이 분할 시간까지의 EC 발생분을 OC의 열분해량으로 간주해, EC로부터 뺌과 동시에 OC에 첨가해 보정한다.

측정되는 탄소분획(fraction)은 OC1~4, EC1~3으로 나눌 수 있다. 각 분획의 측정 조건을 〈표 6.2〉에 나타낸다.

분리된 탄소 성분은 가열 이산화망간을 산화촉매로 한 산화로에서 이산화탄소로 변환된다. 그 후 질산니켈 6수화물을 환원촉매로 한 메탄화로에서 메탄으로 환원되어 수소불꽃 이온화 검출기(FID)에서 생성한 메탄을 정량해 시료 내의 탄소량을 산출한다.

〈표 6.2〉 탄소분획과 분석조건

탄소분획	측정조건	
	설정 온도[℃]	분석 분위기
OC1	120	He
OC2	240	He
OC3	450	He
OC4	550	He
EC1	550	98% He+2% O_2
EC2	700	98% He+2% O_2
EC3	800	98% He+2% O_2

6.4 잔류성 유기오염물질(POPs) 모니터링

POPs는 환경 안에서 쉽게 분해되지 않고 생물체 내에 축적되기 쉬우며, 또한 지구상에서 장거리를 이동하기 때문에 발생원으로부터 떨어진 지역의 환경에 영향을 미치는 특징이 있다. 예를 들면 발생·사용 시에 비산하거나, 사용 후에 휘발해 공기 중에 확산된 것이 대기순환으로 극지방으로 이동해, 차가운 공기에 접함으로써 응축해 지상에 하강하는 것을 생각할 수 있다. 때문에 국제적으로 협조해 대책에 나설 필요가 있어 POPs 조약이 채택되었다. 이것에 근거해 책정된 일본 국내 실시 계획에서는 POPs의 환경 감시를 위한 조사가 정해져 있어 수질, 저질, 대기, 생물, 사람 생체 시료의 모니터링이 실시되고 있다.

POPs 모니터링 중 대기분석에 대해서는 석영 섬유필터, 폴리우레탄 폼, 활성 탄소 섬유 펠트를 조합해 채취하고 추출, 클린업, 농축 후 가스 크로마토그래프 고분해능 질량분석계(GC/HRMS)로 정량한다. 환경성의 조사에서 이용한 대기 중 POPs의 분석 흐름을 〈그림 6.3〉에 나타낸다.

POPs는 환경 농도가 낮기 때문에 대용량 시료채취와 불순물 제거를 위한 복잡한 클린업이나 농축 조작이 필요해 분석조작 중의 오염이나 회수율 저하 등의 가능성이 있다.

최근 이러한 과제를 분석기기의 성능 향상에 의해 해결하기 위한 기기 개발이 진행되고 있다. 일례로서 GC의 분리성능을 향상시켜 고정밀도·고감도·신속하게 다성분 동시 측정을 행하기 위한 다차원 GC 시스템이나 GC×GC 시스템이 개발되어 실용 단계에 있다. 이것은 조성이 복잡한 시료 내에 포함된 미량성분을 정밀하게 분석하는 데 적합하고, 환경시료 내의 POPs 분석 외 석유 정제품이나 향료 분석 등에 응용할 수 있다.

멀티 디멘저널 GC 시스템은 2개의 칼럼 항온조를 연결한 구조로 되고 있다. GC에 도입된 시료는 첫 번째 칼럼에서 분리되지만, 분리가 나쁜 분획(fraction)을 하트컷(heart-cut)해 두 번째 칼럼에 도입함으로써 분리성능을 향상시켰다. 첫 번째 칼럼에서는 불순성분과 분리할 수 없었던 피크를 칼럼이나 온도상승 조건이 다른 두 번째 항온조에 도입해 분리함으로써 불순성분의 영향을 저감하고, 고감도·고정밀도 측정을 가능하게 하고 있다. 검출기로는 FID나 MS 등의 장착이 가능하다.

GC×GC 시스템은 하나의 오븐 안에 2종류의 칼럼을 직결해 1차원 칼럼으로 용출해 낸 성분을 몇 초간의 짧은 동안 일정 간격으로 트랩해, 트랩된 모든 성분을 연속적으로 2차원 칼럼으로 분리한다. 이것에 의해 1회 측정으로 2차원 크로마토그램을 얻을 수

조사 대상물질명	분석법 플로 차트	비고

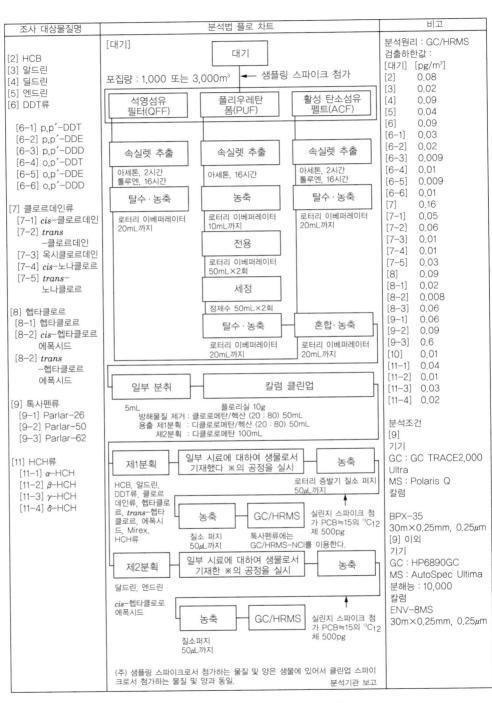

[2] HCB [3] 알드린 [4] 딜드린 [5] 엔드린 [6] DDT류 　[6-1] p,p′-DDT 　[6-2] p,p′-DDE 　[6-3] p,p′-DDD 　[6-4] o,p′-DDT 　[6-5] o,p′-DDE 　[6-6] o,p′-DDD [7] 클로르데인류 　[7-1] cis-클로르데인 　[7-2] trans 　　-클로르데인 　[7-3] 옥시클로르데인 　[7-4] cis-노나클로르 　[7-5] trans- 　　노나클로르 [8] 헵타클로르 　[8-1] 헵타클로르 　[8-2] cis-헵타클로르 　　에폭시드 　[8-2] trans 　　-헵타클로르 　　에폭시드 [9] 톡사펜류 　[9-1] Parlar-26 　[9-2] Parlar-50 　[9-3] Parlar-62 [11] HCH류 　[11-1] α-HCH 　[11-2] β-HCH 　[11-3] γ-HCH 　[11-4] δ-HCH		분석원리 : GC/HRMS 검출하한값 : [대기]　[pg/m³] [2]　　0.08 [3]　　0.02 [4]　　0.09 [5]　　0.04 [6]　　0.06 [6-1]　0.03 [6-2]　0.02 [6-3]　0.009 [6-4]　0.01 [6-5]　0.009 [6-6]　0.01 [7]　　0.16 [7-1]　0.05 [7-2]　0.06 [7-3]　0.01 [7-4]　0.01 [7-5]　0.03 [8]　　0.09 [8-1]　0.02 [8-2]　0.008 [8-3]　0.06 [9-1]　0.06 [9-2]　0.09 [9-3]　0.6 [10]　　0.01 [11-1]　0.04 [11-2]　0.01 [11-3]　0.03 [11-4]　0.02 분석조건 [9] 기기 GC : GC TRACE2,000 Ultra MS : Polaris Q 칼럼 BPX-35 30m×0.25mm, 0.25μm [9] 이외 기기 GC : HP6890GC MS : AutoSpec Ultima 분해능 : 10,000 칼럼 ENV-8MS 30m×0.25mm, 0.25μm

〈그림 6.3〉 대기 중 POPs의 분석 예

있다. GC×GC 시스템에서는 1차원 칼럼과 2차원 칼럼 사이에 모듈레이터가 장착되어 있어, 이 모듈레이터로 냉매(액체 질소 등)에 의한 크라이오포커싱과 가열 압축 가스(공기, 질소 등)에 의한 순간적인 탈착을 단시간에 반복함으로써 2차원 크로마토그램을 얻고 있다.

모듈레이터에 의해 1차원 칼럼의 용출성분을 좁은 밴드 폭으로 트랩해 탈착할 수 있기 때문에 피크 폭이 샤프해지고, 감도가 향상된다. 또, 1차원과 2차원에 분리 특성이 크게 다른 칼럼을 장착함으로써 분리성능을 향상시킬 수 있다. 검출기도 FID나 사중극형 MS 외에 최근에는 TOF-MS를 장착한 타입도 사용되고 있다.

6.5 맺음말

본 장에서는 현재 조사가 진행되고 향후에도 계속될 것으로 생각되는 대기환경의 과제를 언급하고 그중에서 대기분석과 관련된 사항에 대해 해설했다. 여기서는 광화학 옥시던트, PM$_{2.5}$, POPs에 맞추어 해설했지만, 이 밖에도 대기환경 분야에는 많은 과제가 남아 있다.

PRTR 제도나 화심법(化審法)에서도 대상물질이 추가되는 등 대기환경에서 과제가 되는 물질도 과거에 비하면 현격히 증가하고 있다. 또, 저농도 측정이 요구되고 있다. 이에 대응해 분석기기의 개발도 활발하게 진행되어 고감도 다성분 일제분석도 검토, 개량되고 있다. 그러나 계속 증가하는 미지의 환경오염물질 전부를 측정하는 것은 곤란해 앞으로는 간이분석 기술이나 바이오어세이(bioassay)와 같은 포괄적인 스크리닝 방법을 활용해 고정밀도·고감도 기기분석과 병용해 환경오염물질을 평가하는 방법의 개발이 필요할 것이다.

참고문헌

1) J. Hoshi, S. Amano, Y. Sasaki and T. Korenaga：Determination of Oxygenated Volatile Organic Compounds in Ambient Air Using Canister Collection‐Gas Chromatography/Mass Spectrometry, Analytical Sciences, 23, pp. 987‐992, 2007

2) 星純也，佐々木啓行，天野冴子，樋口雅人，飯村文成，上野広行：大気中VOC成分の経年変化とオゾン生成への寄与について，東京都環境科学研究所年報，2008

3) W. P. L. Carter：Chemical mechanism for VOC reactivity assessment, California Air Resources Board SAPRC‐99, May, 2000

4) A. C. Lewis, N. Carslaw, P. J. Marriott, R. M. Kinghorn, P. Morrison, A. L. Lee, K. D.Bartle and M. J. Pilling：A larger pool of ozone‐forming carbon compounds in urban atmospheres. Nature 405, pp. 778‐781, 2000

5) 吉野彩子，定永靖宗，渡邉敬祐，吉岡篤史，加藤俊吾，宮川祐子，林一郎，市川雅子，松本淳，西山綾香，秋山成樹，梶井克純：OHラジカル寿命観測による都市大気質の診断−東京郊外における総合診断−，大気環境学会誌，40巻，1号，pp. 9‐20，2005

6) 梶井克純，吉野彩子，渡邉敬祐，定永靖宗，松本淳，西田哲，加藤俊吾：都市郊外地域のオキシダント生成能の評価，大気環境学会誌，41巻，5号，pp. 259‐267，2006

7) 上野広行，石井真理奈：VOC簡易測定機の精度等に関する確認試験，東京都環境科学研究所年報，pp. 127‐132，2008

8) 長谷川就一，若松伸司，田邊潔：同一大気試料を用いた熱分離法および熱分離・光学補正法による粒子状炭素成分分析の比較，大気環境学会誌，40巻，5号，pp. 181‐192，2005

찾아보기

|찾아보기|

숫자

1,3-부타디엔······················ 6, 153
2,4-디니트로페닐히드라진(DNPH) ······ 165
2차 전자증배관 검출기 ··············· 190
2차 전자 ························· 207

영문

activity-based sampling ············· 37
aggressive sampling ················ 37
AHERA ························· 128
asbestiform ····················· 118
A분류 물질 ······················· 3
A타입 평가방법····················· 244
B[a]P ······················· 26, 72
B분류 물질 ······················· 3
B타입 평가방법····················· 244
DMF-유파럴법 ··················· 126, 127
DNPH법 ······················ 23, 24
EDS ·························· 125
GC/MS ························ 82
GC ·························· 68
GC-QMS ······················ 144
GC×GC 시스템 ·················· 265
HPLC ························· 68
HSE/NPL 테스트 슬라이드 ··········· 132
IDL ·························· 158
IER법(interference enhanced reflection method)························· 258
IQL ·························· 158
ISO 10312 ············· 128, 135, 136
ISO 13794 ···················· 128
ISO 14966 ················· 125, 137
JIS K 3850-3 ··················· 128
JIS K 3850-2 ··················· 128
KCl 디뉴더 ····················· 34

KD 농축기························ 76, 79
m/z ························· 148
mass-thickness 콘트라스트 ········· 216
MS 튜닝 ······················ 150
ODS ························· 165
OH 라디칼의 대기 중에서의 반응성 측정 ··257
PAH ······················ 25, 71
PFBOA법 ······················ 23
PM$_{2.5}$의 성분분석 ················ 263
PM$_{2.5}$의 자동 측정기 ················ 264
POPs(persistant organic pollutants) 253
RRF ························· 85
SCAN 분석······················ 151
SEM(scanning electron microscope) ·················· 36, 120, 203
SEM법 ····················· 125, 130
SIM 분석······················ 152
SIM법························· 82
SOP ························· 74
static sampling··················· 38
SVOCs ······················ 147
TEM(transmission electron microscope) ·················· 36, 120, 203
TEM법 ····················· 125, 128, 138
TEM용 메시 ··················· 135
TEOM법 ······················ 262
t분포························· 242
VOC 간이 측정 ·················· 254
VOHAPs(Volatile Organic Hazardous Air Pollutants) ···················· 14
WD ························· 212
z 스코어 ····················· 236
β선 흡수법 ··················· 262
가스 크로마토그래피 사중극형 질량분석계··144

ㄱ

가열기화법 · 108
가중치 부여 평균값 · · · · · · · · · · · · · · · · · · 233
각섬석계 석면 · · · · · · · · 119, 122, 125, 137
감도의 변동 · 159
강 양이온 교환 수지관 · · · · · · · · · · · · · · · 173
개열 · 148
검량선 · 155, 181
검출 하한값 · · · · · · · · · · · · · · · · · · · 66, 106
검출한계 · 179, 228
계량값 · 239
계수값 · 239
고분자 박막 팽창에 근거하는 간섭 증폭
반사법 · 258
고압 그레디언트형 · · · · · · · · · · · · · · · · · · 163
고정 발생원 주변 · 6
고체흡착-가열탈착-가스 크로마토그래피
질량분석법 · 57
고체흡착-용매추출-질량분석법 · · · · · · · · · 61
공상관 감도 · 227
과망간산칼륨 · 33
광산란법 · 262
광전자증배관 검출기 · · · · · · · · · · · · · · · 189
광화학 옥시던트 · · · · · · · · · · · · · · · · · · · 254
교차오염 · 52
그레디언트 용리 · · · · · · · · · · · · · · · · · · · 165
금 아말감 · 33
꺾은선 그래프 · 237

ㄴ

나프탈렌 · 26, 73
내부 표준가스 · 51
내부표준법 · 198
냉원자형광분석법 · · · · · · · · · · · · · · 108, 113
냉원자흡광분석법 · · · · · · · · · · · · · · 108, 114
냉음극 전계 방출형 · · · · · · · · · · · · · · · · · 205
누적평균 · 233

ㄷ

다원자 이온 · 196
다환 방향족 탄화수소 · · · · · · · · · 25, 17, 154

대기분진 · 186
대기 중 석면 · 122
대기 흡인량 · 31, 102
대기압 화학 이온화법 · · · · · · · · · · · · · · · 169
대물렌즈 · 132
도로변 · 6
도전성 코팅 · 211
동일 분포 · 244
드웰 시간 · 154
디벤조[ah]안트라센 · · · · · · · · · · · · · · · · · 26

ㄹ

람베르트-비어의 법칙 · · · · · · · · · · · · 113, 176
로볼륨 에어 샘플러 · · · · · · · · · · · · · · 30, 35
리딩 · 69

ㅁ

마이크로 퍼지 & 트랩법 · · · · · · · · · · · · · · 55
막대 그래프 · 240
매스 플로미터 · 37
매트릭스 매칭 · 180
매크로스니더 칼럼 · · · · · · · · · · · · · · · 76, 79
매트릭스 모디파이어 · · · · · · · · · · · · · · · 181
매트릭스 · 172
머무름 시간의 변동 · · · · · · · · · · · · · · · · 158
멀티 디멘저널 GC 시스템 · · · · · · · · · · · · 265
멤브레인 필터/카본 페이스트 함침법 · · · · 131
멤브레인 필터 · 36
멤브레인 필터/저온 회화법 · · · · · · · · · · · 129
모표준편차 · · · · · · · · · · · · · · · · · · 236, 240
모드 · 234
모이스처 컨트롤 시스템 · · · · · · · · · · · · · · 55
모집단 · 239
모평균 · 240, 241
목표 정량 하한값 · · · · · · · · · · · · · · · · · · · 90
물리간섭 · 179, 197
미세 입자상 물질(PM25) · · · · · · · · · · · · · 253
미스트 챔버 · 33

ㅂ

반도체 검출기 · 188
반사 전자 · 201

반휘발성 유기화합물···················· 147
발광 스펙트럼 간섭 ··················· 193
백그라운드 ························· 6
베이스라인의 드리프트 ··············· 155
백그라운드 ························· 177
백그라운드 보정····················· 177
밸리데이션 ························· 88
범위 ························· 235
벤조[a]안트라센 ··················· 26, 73
벤조[a]피렌 ······· 7, 26, 27, 72, 164, 173
벤조[b]플루오란텐 ················ 26, 73
벤조[e]피렌 ···················· 3, 71
벤조[ghi]페릴렌 ············· 26, 71, 73
벤조[j]플루오란텐···················· 26, 73
벤조[k]플루오란텐 ················ 26, 73
벽개 입자 ···················· 118, 136
변동계수 ························· 235
부유 입자상 물체 ··············· 29
분광 간섭························· 179
분광기 ························· 188
분산 ························· 234
분석능 파라미터 ··················· 227
분석법 개발사업····················· 7
불확실도 ························· 243
불확실도의 전파법칙 ··············· 245
블랭크 관리 ························· 86
블랭크 시험 ························· 42
비탄성 산란 전자 ··················· 201
비행시간형 질량분석계 ··············· 190
반복성 ························· 243

사문석계 석면····················· 137
사분위 범위 ························· 237
사중극형 질량분석계 ··············· 190
산포도 ························· 238
산화물 반도체식 가스 센서 ··········· 259
삼각분포 ························· 244
상관계수 ························· 238
상대감도계수 ························· 85
상대 표준 불확실도 ··············· 244
상대표준편차 ···················· 235

샘플링 ························· 239
석면 농도 측정법 ··················· 122
석면 SEM 관찰 ··················· 215
선택 반응 모니터링 ··············· 171
선택이온검출법 ··················· 82
선택성 ························· 228
섬유계수 규칙 ··················· 123, 137
섬유상 황산칼슘···················· 137
섬유의 정의······················· 123
세미 인렌즈 ························· 209
소광효과 ························· 114
소다석회 칼럼······················· 112
쇼트키 전계 방출형 ··············· 204
수소 불꽃 이온화 검출기 ··········· 259
수소화물 발생법 ··················· 184
수은 표준가스 ···················· 115
수치의 반올림 ··················· 230
순상 칼럼 크로마토그래피 ··········· 80
순상 크로마토그래피 ··············· 165
시료 농축장치 ···················· 52
시료채취 계획 ···················· 28
시료필터························· 91
시료 ························· 239
시료의 용액화 ···················· 90
실린지법 ························· 49
시험소 인정제도 ··················· 226
신뢰구간 ························· 241
신뢰한계 ························· 241
실험실 간 재현성 ··················· 246
실험실 내 재현성 ··················· 246

아모사이트 ···················· 118, 124
아세나프텐························· 26, 71
아세나프틸렌 ···················· 26, 73
아세톤-트리아세틴법 ··············· 126
아세트알데히드 ············· 164, 173, 174
아세틸아세톤법 ··················· 23
아스펙트비 ························· 136
아웃렌즈························· 209
아이소크라틱 용리 ··············· 165
안트라센 ···················· 26, 73

알데히드의 포집 · 67
암면 · 137
압희석 장치 · 46
압희석법 · 46
액체 크로마토그래프 · · · · · · · · · · · · · · · 162
에너지 분산형 X선 분광장치 · · · · · · · · · · · 125
앤더슨 샘플러 · 30
엔드캡핑 처리 · 168
여기파장 · · · · · · · · · · · · · · · · · · · 164, 167
역상 크로마토그래프 · · · · · · · · · · · · · · · 165
연속식 수소화물 발생 방식 · · · · · · · · · · · · 86
열전자 방출형 · 204
염산히드록실아민 · · · · · · · · · · · · · · · · · · 112
염화제2주석 · 111
오제 전자 · 201
오존 생성률 · 254
오존 스크러버 · 24
오토 샘플러 · 184
완건성 · 227
우선 대응 물질 · · · · · · · · · · · · · · · · · · · 3,4
워킹 디스턴스 · 210
원자흡광분석 · 174
원자화부 · 176
위상 콘트라스트 · · · · · · · · · · · · · · · · · · 216
위상차 현미경 등가값 · · · · · · · · · · · · · · · 136
위상차 현미경 · · · · · · · · · 36, 120, 136
위상판 · 132
유도결합 플라즈마 발광분광분석법 · · · · · ·187
유도결합 플라즈마 질량분석법 · · · · · · · · · 186
유량비 혼합장치 · · · · · · · · · · · · · · · · · · · 48
유량비 혼합법 · 48
유리섬유 · 137
유해 대기오염물질 · · · · · · · · · · · · · · · · · · 2
유효숫자 · 221
이동평균 · 233
이온선 · 188
이온화 갑섭 · 179
이온화 제어 · 172
이온화 촉진 · 172
이중수속형 질량분석계 · · · · · · · · · · · · · · 190
이중측정 · · · · · · · · · · · · · · · 42, 107, 161
인렌즈 · 209

인퓨전 분석 · 171
인데노[1,2,3- cd]피렌 · · · · · · · · · · · · 26, 73
인젝터 · 163
인증 표준물질 · 108
인터페이스 · 169
일렉트로 스프레이 이온화법 · · · · · · · · · · 169
일반 환경 · 6

ㅈ

자동주입장치 · 184
자외·가시 흡광광도 검출기 · · · · · · · · · · · 164
잔류성 유기오염물질 · · · · · · · · · · · · · · · 253
장치 검출 하한값 · · · · · · · · · · · · · · · · · · 158
재현 정밀도 · 243
재현성 · 243
저압 그래디언트형 · · · · · · · · · · · · · · · · · 163
저압식 수소화물 발생 방식 · · · · · · · · · · · 185
저진공 SEM · 216
전기가열식 원자흡광분석법 · · · · · · · · · · · 175
전기전도도 검출기 · · · · · · · · · · · · · · · · · 164
전자현미경법 · · · · · · · · · · · · · · · 123, 125
전자회절 도형 · 218
전자선 회절 · 125
전자총 · 204
접안렌즈용 그레이티클 · · · · · · · · · · · · · 133
정규분포 · 240
정량이온 · 153
정량 하한 · · · · · · · · · · · · · · · 106, 158, 179
정량한계 · 228
정밀도 · 232
정밀도 관리 시험 · · · · · · · · · · · · · · · · · · 42
정적 포집법 · 38
정확도 · 243
제곱합 · 234, 238
제만 효과 · 113
제습관 · 19
제만 분열 보정 · · · · · · · · · · · · · · · · · · · 178
조작 블랭크 · · · · · · · · · · · · · · · · · 104, 160
주사직선 · 148
주사형 전자현미경 · · · · · · · · · · · · · 36, 125
주사형 전자현미경법(SEM) · · · · · · · · 125, 201
중공음극 램프 · 177

중성 원자선 · 188
중심극한정리 · 241
중앙값 · 233
중점값 · 234
지침값 · 117
직사각형 · 245
직선성 · 229
진도 · 232
질량농도 · 31
질량 스펙트럼 간섭 · · · · · · · · · · · · · · · · · 193
질량 전하비 · 148

ㅊ

채널링 콘트라스트 · · · · · · · · · · · · · · · · · · · 213
차지업 현상 · 210
초고속 액체 크로마토그래프 · · · · · · · · · · · 162
촉매 산화−검지관 방식 · · · · · · · · · · · · · · 261
총 섬유수 농도 측정법 · · · · · · · · · · · · · · · 124
총 섬유수 농도 · 123
충돌 유도 해리 · 170

ㅋ

카울 · 37
캐니스터 · 14
코로나 방전 · 170
코로넨 · 27
콜리전 리액션 셀 · · · · · · · · · · · · · · · · · · · 196
콜리전 셀 · 170
쿠데르나 · 데니시 농축기 · · · · · · · · · · · 76, 79
크로시드라이트 · · · · · · · · · 118, 119, 124, 137
크리센 · 26, 73
크리소타일 · · · · 118, 119, 120, 124, 125, 127
클린업 · 80

ㅌ

타당성 확인 · 228
탄성 산란전자 · 201
탈기장치 · 162, 163
탈수 · 79
탈프로톤화 분자 · · · · · · · · · · · · · · · · · · · 170
테일링 · 69
텐덤 질량분석계 · · · · · · · · · · · · · · · · · · · 170

투과파 · 218
투과형 전자현미경(TEM) · · · · · · 36, 120, 201
투과형 전자현미경법 · · · · · · · · · · · · · · · · 125
트레모라이트 · 118
트래블 블랭크 · · · · · · · · · · · · · 87, 104, 160
트레이서빌리티 · 45
특성 X선 · 201
특성값 · 179

ㅍ

패러데이 검출기 · · · · · · · · · · · · · · · · · · · 191
패시브 캐니스터 샘플러 · · · · · · · · · · · · · · 17
패시브 포집법 · 24
페난트렌 · · · · · · · · · · · · · · · · · · · 26, 71, 73
페릴렌 · 26
편광현미경 · 120
편차 · 253
편차곱합 · 238
평균 · 239
평균값 · 233
포름알데히드 · · · · · · · · · · · · · 164, 173, 174
푸아송 분포 · 138
포집관 · 18, 21
포토다이오드 어레이 검출기 · · · · · · · · · · · 164
포함계수 · 245
폴리카보네이트 필터 · · · · · · · · · · · · · · 37, 131
표준가스 · 43
표준 불확실도 · 245
표준상태 · 161
표준작업 절차 · 75
표준 정규분포 · 236
표준첨가법 · · · · · · · · · · · · · · · · · · · 180, 197
표준편차 · 236, 240
푸아송 분포 · 138
프로덕트 이온 · 171
프로톤화 분자 · 170
프리즘 · 189
프리커서 이온 · 171
플라즈마 · 186
플레임 원자흡광분석법 · · · · · · · · · · · · · · · 174
플로 인젝션 분석 · · · · · · · · · · · · · · · · · · · 172
플루오란텐 · · · · · · · · · · · · · · · · · 26, 71, 73

플루오렌 ·························· 26, 73
피렌 ························· 26, 71, 73
피크의 대칭도 ····················· 155
필터 진동법 ······················· 262

ㅎ

하이볼륨 에어 샘플러 ········· 27, 30, 35
함수 실리카겔 ······················ 81
합성 표준 불확실도 ················ 244
형광 검출기························ 167
형광 파장 ····················· 167, 168
화학 간섭 ····················· 179, 196
화학 수식제······················· 181
화학물질 환경 실태조사 ················ 7

확인이온 ························· 153
확장 불확실도 ···················· 245
환경기준(4물질) ····················· 3
환경성 매뉴얼 제4.0판
     ······· 124, 127, 128, 129, 130, 134, 137
환경성 고시 제93호법 ················ 124
환원기화법 ······················· 112
활성 알루미나 ···················· 111
회수시험 ······················ 42, 160
회수율 ·························· 107
회절격자 ························· 189
회절 콘트라스트 ··················· 216
회절파 ·························· 218
휘발성 유기화합물····················· 3

현장에서 필요한
대기 분석의 기초

2023. 5. 3. 초 판 1쇄 인쇄
2023. 5. 10. 초 판 1쇄 발행

감역자 | 히라이 쇼지
편저자 | 사단법인 일본분석화학회
감역 | 박성복
옮긴이 | 오승호
펴낸이 | 이종춘
펴낸곳 | **BM** ㈜도서출판 **성안당**

주소 | 04032 서울시 마포구 양화로 127 첨단빌딩 3층(출판기획 R&D 센터)
      | 10881 경기도 파주시 문발로 112 파주 출판 문화도시(제작 및 물류)

전화 | 02) 3142-0036
     | 031) 950-6300

팩스 | 031) 955-0510
등록 | 1973. 2. 1. 제406-2005-000046호
출판사 홈페이지 | **www.cyber.co.kr**
ISBN | 978-89-315-8207-9 (13450)
정가 | 28,000원

이 책을 만든 사람들
책임 | 최옥현
교정·교열 | 이태원
전산편집 | 김인환
표지 디자인 | 박원석
홍보 | 김계향, 유미나, 이준영, 정단비
국제부 | 이선민, 조혜란
마케팅 | 구본철, 차정욱, 오영일, 나진호, 강호묵
마케팅 지원 | 장상범
제작 | 김유석

■ **도서 A/S 안내**

성안당에서 발행하는 모든 도서는 저자와 출판사, 그리고 독자가 함께 만들어 나갑니다.
좋은 책을 펴내기 위해 많은 노력을 기울이고 있습니다. 혹시라도 내용상의 오류나 오탈자 등이 발견되면 **"좋은 책은 나라의 보배"**로서 우리 모두가 함께 만들어 간다는 마음으로 연락주시기 바랍니다. 수정 보완하여 더 나은 책이 되도록 최선을 다하겠습니다.
성안당은 늘 독자 여러분들의 소중한 의견을 기다리고 있습니다. 좋은 의견을 보내주시는 분께는 성안당 쇼핑몰의 포인트(3,000포인트)를 적립해 드립니다.
잘못 만들어진 책이나 부록 등이 파손된 경우에는 교환해 드립니다.